"十四五"职业教育国家规划教材

 "十三五"职业教育国家规划教材

 "十二五"江苏省高等学校重点教材

机械制造技术

第 2 版

主　编　李建松　许大华
副主编　周　波　徐昆鹏
参　编　邵　卫　余心明　刘运启
　　　　孟　维
主　审　吉　智

机械工业出版社

本书是"十四五"职业教育国家规划教材《机械制造技术》的修订版,"十二五"江苏省高等学校重点教材(编号:2013-1-086)。本书是在高等职业教育应用型人才的培养目标、高等职业教育教学改革要求的基础上,根据编者多年教学、生产实践的经验编写而成的。

本书以项目为引领,采用"教、学、做"一体化的模式,主要内容包括简单轴类零件机械加工工艺的编制、复杂轴类零件机械加工工艺的编制、螺纹类零件机械加工工艺的编制、套类零件机械加工工艺的编制、齿轮类零件机械加工工艺的编制、箱体类零件机械加工工艺的编制、机械产品装配工艺的编制、现代制造技术的运用,共八个项目。

本书可作为高等职业院校机械类专业的教学用书,也可作为相关工程技术人员的参考及培训用书。

本书采用双色印刷,配有二维码资源和电子课件,凡使用本书作为教材的教师可登录机械工业出版社教育服务网 www.cmpedu.com 注册后免费下载。咨询电话:010-88379375。

图书在版编目(CIP)数据

机械制造技术/李建松,许大华主编. —2 版. —北京:机械工业出版社,2023.8(2025.7重印)

"十二五"江苏省高等学校重点教材

ISBN 978-7-111-72059-1

Ⅰ.①机… Ⅱ.①李… ②许… Ⅲ.①机械制造工艺-高等学校-教材 Ⅳ.①TH16

中国版本图书馆 CIP 数据核字(2022)第 217333 号

机械工业出版社(北京市百万庄大街 22 号　邮政编码 100037)
策划编辑:刘良超　　　　　责任编辑:刘良超
责任校对:樊钟英　贾立萍　封面设计:鞠　杨
责任印制:任维东
河北宝昌佳彩印刷有限公司印刷
2025 年 7 月第 2 版第 9 次印刷
184mm×260mm・15 印张・370 千字
标准书号:ISBN 978-7-111-72059-1
定价:49.80 元

封底无防伪标均为盗版

电话服务　　　　　　　　　网络服务
客服电话:010-88361066　　机　工　官　网:www.cmpbook.com
　　　　　010-88379833　　机　工　官　博:weibo.com/cmp1952
　　　　　010-68326294　　金　　书　　网:www.golden-book.com
　　　　　　　　　　　　　机工教育服务网:www.cmpedu.com

关于"十四五"职业教育
国家规划教材的出版说明

为贯彻落实《中共中央关于认真学习宣传贯彻党的二十大精神的决定》《习近平新时代中国特色社会主义思想进课程教材指南》《职业院校教材管理办法》等文件精神，机械工业出版社与教材编写团队一道，认真执行思政内容进教材、进课堂、进头脑要求，尊重教育规律，遵循学科特点，对教材内容进行了更新，着力落实以下要求：

1. 提升教材铸魂育人功能，培育、践行社会主义核心价值观，教育引导学生树立共产主义远大理想和中国特色社会主义共同理想，坚定"四个自信"，厚植爱国主义情怀，把爱国情、强国志、报国行自觉融入建设社会主义现代化强国、实现中华民族伟大复兴的奋斗之中。同时，弘扬中华优秀传统文化，深入开展宪法法治教育。

2. 注重科学思维方法训练和科学伦理教育，培养学生探索未知、追求真理、勇攀科学高峰的责任感和使命感；强化学生工程伦理教育，培养学生精益求精的大国工匠精神，激发学生科技报国的家国情怀和使命担当。加快构建中国特色哲学社会科学学科体系、学术体系、话语体系。帮助学生了解相关专业和行业领域的国家战略、法律法规和相关政策，引导学生深入社会实践、关注现实问题，培育学生经世济民、诚信服务、德法兼修的职业素养。

3. 教育引导学生深刻理解并自觉实践各行业的职业精神、职业规范，增强职业责任感，培养遵纪守法、爱岗敬业、无私奉献、诚实守信、公道办事、开拓创新的职业品格和行为习惯。

在此基础上，及时更新教材知识内容，体现产业发展的新技术、新工艺、新规范、新标准。加强教材数字化建设，丰富配套资源，形成可听、可视、可练、可互动的融媒体教材。

教材建设需要各方的共同努力，也欢迎相关教材使用院校的师生及时反馈意见和建议，我们将认真组织力量进行研究，在后续重印及再版时吸纳改进，不断推动高质量教材出版。

机械工业出版社

前　言

本书是"十四五"职业教育国家规划教材《机械制造技术》的修订版，"十二五"江苏省高等学校重点教材（编号：2013-1-086）。本书是在高等职业教育应用型人才的培养目标、高等职业教育教学改革要求的基础上，根据编者多年教学、生产实践的经验编写而成的。

本书以项目为引领，采用"教、学、做"一体化的模式。在内容安排上，突出了高等职业教育的特点，并遵循现行国家标准。各项目以工作任务作为引导，介绍相关基础知识，最后由学生编制机械加工工艺规程，有利于帮助学生掌握知识，提高解决生产实际问题的能力。为便于学生自学和巩固所学内容，每个项目后都设有思考题。

党的二十大报告提出"实施国家文化数字化战略"。为响应二十大精神，本书力求打造立体化、多元化、数字化教学资源，打通纸质教材与数字化教学资源之间的通道，为混合式教学改革提供保障。为了满足信息化教学的需求，本书将微课视频以二维码链接形式置于书中相关知识点处，学生使用手机扫码即可随时随地获取相关资源。此外，本书融入了素质教育内容，介绍了我国机械制造领域的科研创新以及绿色发展，从而全面提升学生素养，激发学生民族自豪感与使命感，培养更多的服务于国家建设的能工巧匠。本书采用双色印刷，突出了重点内容。

本书由徐州工业职业技术学院李建松、许大华任主编，周波、徐昆鹏任副主编。编写分工为：李建松编写项目一、项目四，许大华编写项目二、项目三，周波编写项目五，余心明编写项目六，邵卫编写项目七，徐昆鹏编写项目八。本书部分项目中零件的机械加工工艺由徐州华东机械有限公司刘运启和徐工集团徐州重型机械有限公司孟维编制。本书使用的部分视频由富兰地提供。江苏安全技术职业学院吉智审阅了本书，并提出了宝贵意见。

由于编者水平所限，书中不足之处在所难免，敬请广大读者批评指正。

编　者

二维码索引

资源名称	二维码	页码	资源名称	二维码	页码
切削速度		10	车端面		38
进给量		10	自定心卡盘		42
背吃刀量		11	一夹一顶安装方式		43
车削外圆		11	双顶尖安装		43
刀具材料硬度的选择		16	使用中心架时的车外圆		44
车刀组成		23	使用中心架时的车端面		44
三轴、四轴、五轴加工机床		36	车刀类型		45
车床组成		37	车刀结构		45
双柱立车		37	轴承锻造毛坯		70

（续）

资源名称	二维码	页码	资源名称	二维码	页码
手工攻螺纹和套螺纹		89	铣齿		140
车螺纹		90	滚齿		141
铣螺纹		90	插齿		142
铣外螺纹		90	剃齿		144
磨螺纹		90	成形法磨齿		146
滚压螺纹		90	孔的加工方法		156
螺纹量规的使用		91	牛头刨床加工平面		166
铣削加工应用		93	龙门刨床加工平面		167
顺铣与逆铣的区别		94	卧式镗床		168
磨外圆		95			

目 录

前　言
二维码索引
项目引入　减速器的结构分析 …………… 1
　　思考题 ……………………………………… 5
项目一　简单轴类零件机械加工工艺的
　　　　编制 ………………………………… 7
　　任务一　切削用量的选择 ………………… 7
　　任务二　刀具材料的选择 ……………… 16
　　任务三　刀具几何参数的选择 ………… 23
　　任务四　切削液的选择 ………………… 30
　　任务五　机床及工艺装备的选择 ……… 35
　　任务六　机械加工方法的选择 ………… 47
　　任务七　简单阶梯轴机械加工工艺的编制 … 49
　　思考题 …………………………………… 60
　　素养提升 ………………………………… 62
项目二　复杂轴类零件机械加工工艺的
　　　　编制 ……………………………… 63
　　任务一　机械加工工艺路线的拟定 …… 63
　　任务二　毛坯的选择 …………………… 67
　　任务三　定位基准的选择 ……………… 70
　　任务四　工序内容的拟定 ……………… 75
　　任务五　复杂阶梯轴机械加工工艺的编制 … 79
　　思考题 …………………………………… 84
　　素养提升 ………………………………… 87
项目三　螺纹类零件机械加工工艺的
　　　　编制 ……………………………… 88
　　任务一　螺纹车刀与螺纹加工方法的选择 … 89
　　任务二　铣削加工方法与铣刀的选择 … 92
　　任务三　磨削加工方法与砂轮的选择 … 100
　　任务四　蜗杆轴零件机械加工工艺的
　　　　　　编制 …………………………… 112
　　思考题 …………………………………… 119
　　素养提升 ………………………………… 119
项目四　套类零件机械加工工艺的
　　　　编制 ……………………………… 121

　　任务一　薄壁套类零件加工方法的选择 … 121
　　任务二　工艺尺寸链的计算 …………… 124
　　任务三　轴套零件机械加工工艺的编制 … 132
　　思考题 …………………………………… 134
　　素养提升 ………………………………… 135
项目五　齿轮类零件机械加工工艺的
　　　　编制 ……………………………… 136
　　任务一　圆柱齿轮结构和精度的分析 … 137
　　任务二　圆柱齿轮热处理方法的选择 … 138
　　任务三　齿形加工方法的选择 ………… 139
　　任务四　齿轮加工机床的选择 ………… 147
　　任务五　圆柱齿轮机械加工工艺过程及
　　　　　　工艺分析 …………………… 149
　　任务六　齿轮零件机械加工工艺的编制 … 150
　　思考题 …………………………………… 153
　　素养提升 ………………………………… 154
项目六　箱体类零件机械加工工艺的
　　　　编制 ……………………………… 155
　　任务一　箱体类零件的功用和结构分析 … 155
　　任务二　箱体类零件机械加工工艺过程及
　　　　　　工艺分析 …………………… 158
　　任务三　孔系加工方法的选择 ………… 159
　　任务四　箱体加工机床的选择 ………… 165
　　任务五　减速器箱体机械加工工艺的
　　　　　　编制 …………………………… 169
　　思考题 …………………………………… 169
　　素养提升 ………………………………… 169
项目七　机械产品装配工艺的编制 …… 172
　　任务一　产品结构装配工艺性的分析 … 172
　　任务二　装配精度的分析 ……………… 176
　　任务三　装配尺寸链的建立 …………… 176
　　任务四　装配方法的选择 ……………… 178
　　任务五　减速器装配工艺的编制 ……… 187
　　思考题 …………………………………… 201
　　素养提升 ………………………………… 202

项目八 现代制造技术的运用 …………… 203
　任务一　电火花加工方法的选择 …………… 203
　任务二　落料凹模机械加工工艺的编制 …… 214
　任务三　制造执行系统认知 ………………… 218
　任务四　数字孪生技术认知 ………………… 223
　思考题 ………………………………………… 229
　素养提升 ……………………………………… 230

参考文献 ………………………………………… 231

项目引入

减速器的结构分析

项目描述

分析减速器的结构。

技能目标

能根据减速器的装配图,对减速器的结构进行分析;分析减速器的工作原理及特点;分析减速器主要零部件的功用。

知识目标

掌握减速器由哪些零部件组成,各零部件的装配关系、装配要求及其配合性质。理解减速器装配技术要求。

0.1 工作任务

图 0-1 所示为圆柱齿轮减速器和蜗杆减速器,观察其内部结构,熟悉其主要零部件,分析其功用和零部件之间的装配关系。

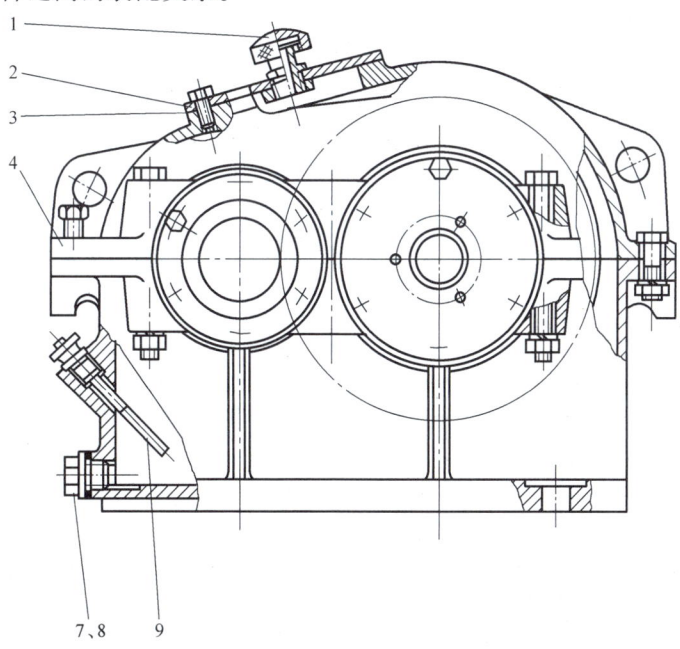

图 0-1 单级圆柱齿轮减速器装配图

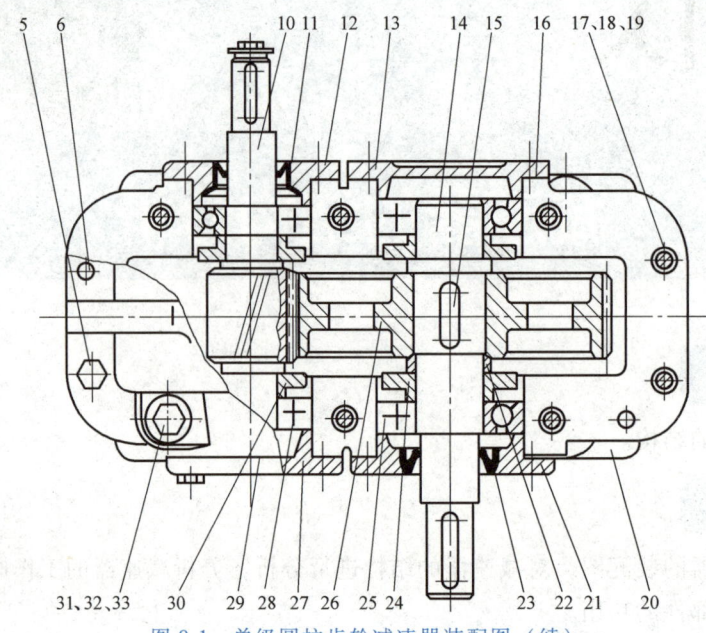

图 0-1 单级圆柱齿轮减速器装配图(续)

1—通气器 2—观察孔盖板 3—纸质密封垫片 4—箱盖 5—启箱螺钉 6—定位销 7—放油螺塞 8、18、32—垫圈 9—油面指示器 10—齿轮轴 11、23—骨架密封圈 12、13、21、27—轴承端盖 14—输出轴 15—平键 16、29—调整垫片 17、31—螺栓 19、33—螺母 20—箱座 22—轴套 24、30—封油环 25、28—轴承 26—大齿轮

0.2 基础知识

减速器是安装在原动机和工作机之间的独立的闭式传动装置,常用来降低转速和增大转矩,以满足工作需要。在某些场合也可用来增速。

在目前用于传递动力与运动的机构中,减速器的应用范围相当广泛。从船舶、汽车、机车、工程机械、机床及自动化生产设备,到日常生活中常见的家电、钟表等;从大动力的传输工作,到小负荷、精确的角度传输,几乎在各种机械的传动系统中都可以见到它的踪迹。

0.2.1 减速器的类型、特点及应用(见表 0-1)

表 0-1 常见减速器的类型、特点及应用

名称		运动简图	特点及应用
单级圆柱齿轮减速器			结构简单。齿轮可采用直齿、斜齿和人字齿等类型。直齿用于速度较低($v \leq 8m/s$)、载荷较轻的传动场合;斜齿用于速度较高的传动场合;人字齿用于载荷较重的传动场合。箱体通常用铸铁制成,单件或小批生产有时采用焊接结构。轴承一般采用滚动轴承,重载或特别高速时采用滑动轴承。其他形式的减速器与此相似
两级圆柱齿轮减速器	展开式		结构简单,但齿轮相对于轴承的位置不对称,因此要求轴有较大的刚度。高速级齿轮的布置须远离转矩输入端,用于载荷比较平稳的场合。高速级齿轮一般采用斜齿,低速级齿轮可采用直齿

(续)

名称		运动简图	特点及应用
两级圆柱齿轮减速器	分流式		结构复杂,但由于齿轮相对于轴承对称布置,与展开式相比载荷沿齿宽分布均匀、轴承受载较均匀。中间轴危险截面上的转矩只相当于轴所传递转矩的一半。适用于变载荷的场合。高速级齿轮一般用斜齿,低速级齿轮可用直齿或人字齿
	同轴式		减速器横向尺寸较小,两对齿轮浸入油中深度大致相同。但轴向尺寸和重量较大,且中间轴较长、刚度差,使沿齿宽载荷分布不均匀。高速轴的承载能力难以充分利用
单级蜗杆减速器	蜗杆下置式		蜗杆在蜗轮下方,啮合处的冷却和润滑都较好,蜗杆轴承润滑也方便,但当蜗杆圆周速度高时,搅油损失大,一般用于蜗杆圆周速度 $v<10m/s$ 的场合
	蜗杆上置式		蜗杆在蜗轮上方,蜗杆的圆周速度可高些,但蜗杆轴承润滑不太方便
两级齿轮-蜗杆减速器			有齿轮传动在高速级和蜗杆传动在高速级两种形式。前者结构紧凑,而后者传动效率高
行星齿轮减速器			与普通圆柱齿轮减速器相比,行星齿轮减速器尺寸小、重量轻,但制造精度要求较高,结构较复杂,在要求结构紧凑的动力传动中应用广泛
摆线针轮减速器			传动比大;传动效率较高;结构紧凑,相对体积小、重量轻;通用于中、小功率,适用性广;运转平稳,噪声低。结构复杂,制造精度要求较高,广泛用于动力传动中

（续）

名称	运动简图	特点及应用
谐波齿轮减速器	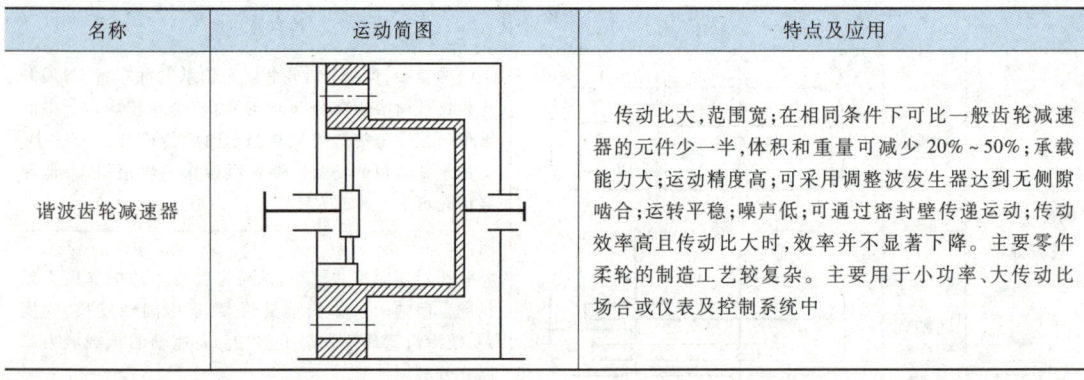	传动比大，范围宽；在相同条件下可比一般齿轮减速器的元件少一半，体积和重量可减少 20%～50%；承载能力大；运动精度高；可采用调整波发生器达到无侧隙啮合；运转平稳；噪声低；可通过密封壁传递运动；传动效率高且传动比大时，效率并不显著下降。主要零件柔轮的制造工艺较复杂。主要用于小功率、大传动比场合或仪表及控制系统中

0.2.2 典型减速器的结构

减速器种类繁多，但其基本结构有很多相似之处，其基本结构由箱体、轴系零件和附件三部分组成。图 0-2a 所示为单级圆柱齿轮减速器的结构图，现结合图 0-1 简要介绍一下减速器的结构。

1. 箱体结构

减速器的箱体用来支承和固定轴系零件，应保证传动件轴线相互位置的正确性，因而轴孔必须精确加工。箱体必须具有足够的强度和刚度，以免引起沿齿轮齿宽上载荷分布不匀。为了增加箱体的刚度，通常在箱体上制出筋板。

图 0-2 常见减速器的结构图
a）圆柱齿轮减速器 b）蜗杆减速器

为了便于轴系零件的安装和拆卸，箱体通常制成剖分式。剖分面一般取在轴线所在的水平面内（即水平剖分），以便于加工。箱盖（件4）和箱座（件20）之间用螺栓（件17、18、19 和件31、32、33）连接成一整体，为了使轴承座旁的连接螺栓尽量靠近轴承座孔，并增加轴承支座的刚性，应在轴承座旁制出凸台。设计螺栓孔位置时，应注意留出扳手空间。

箱体通常用灰铸铁（HT150 或 HT200）铸成，对于受冲击载荷的重型减速器也可采用铸钢箱体。单件生产时为了简化工艺、降低成本，可采用钢板焊接箱体。

2. 轴系零件

该减速器中的齿轮均为直齿轮。因高速级的小齿轮直径和轴的直径相差不大，将小齿轮与轴制成一体（件10）。大齿轮与轴分开制造，用普通平键（件15）做周向固定。轴上零件用轴肩、轴套（件22）、封油环（件24、30）与轴承端盖（件12、13、21、27）做轴向固定。两轴均采用角接触轴承（件25、28）作支承，承受径向载荷和轴向载荷的联合作用。轴承端盖与箱体座孔外端面之间垫有调整垫片（件16、29），以调整轴承游隙，保证轴承正常工作。

该减速器中的齿轮传动采用油池浸油润滑，大齿轮的轮齿浸入油池中，在工作中靠大齿轮的旋转把润滑油带到啮合处进行润滑。滚动轴承采用润滑脂润滑，为了防止箱体内的润滑油进入轴承，应在轴承和齿轮之间设置封油环（件24、30）。轴伸出的轴承端盖孔内装有密封元件，图 0-1 中采用内包骨架旋转轴唇形密封圈（件11、23），对防止箱内润滑油泄漏以及外界灰尘、异物浸入箱体,具有良好的密封效果。

3. 减速器附件

(1) 定位销（件6） 在精加工轴承座孔前,在箱盖和箱座的连接凸缘上配装定位销,以保证箱盖和箱座的装配精度,同时也保证了轴承座孔的精度。两定位圆锥销应设在箱体纵向两侧连接凸缘上,且不宜对称布置,以加强定位效果。

(2) 观察孔盖板（件2） 为了检查传动零件的啮合情况,并向箱体内加注润滑油,在箱盖的适当位置设置一观察孔,观察孔多为长方形,观察孔盖板平时用螺钉固定在箱盖上,盖板下垫有纸质密封垫片（件3）,以防漏油。

(3) 通气器（件1） 通气器用来沟通箱体内、外的气流,使箱体内的气压不会因减速器运转时的油温升高而增大,从而提高了箱体分箱面、轴伸端缝隙处的密封性能,通气器多装在箱盖顶部或观察孔盖上,以便箱内的膨胀气体自由溢出。

(4) 油面指示器（件9） 为了检查箱体内的油面高度,及时补充润滑油,应在油箱便于观察和油面稳定的部位,装设油面指示器。油面指示器分油标和油尺两类,图0-1中采用的是油尺。

(5) 放油螺塞（件7） 换油时,为了排放污油和清洗剂,应在箱体底部、油池最低位置开设放油孔,平时放油孔用放油螺塞旋紧,放油螺塞和箱体结合面之间应加防漏垫圈（件8）。

(6) 启箱螺钉（件5） 装配减速器时,常常在箱盖和箱座的结合面处涂上水玻璃或密封胶,以增强密封效果,但却给开启箱盖带来困难。为此,在箱盖侧边的凸缘上开设螺纹孔,并拧入启箱螺钉。开启箱盖时,拧动启箱螺钉,即可顶起箱盖,使其与箱座分离。

(7) 起吊装置 为了便于搬运,需在箱体上设置起吊装置。图0-1中的箱盖上铸有两个吊耳,用于起吊箱盖,箱座上铸有两个吊钩,用于吊运整台减速器。

图0-2b所示为典型的蜗杆上置式单级蜗杆减速器。与单级圆柱齿轮减速器相比,该类型减速器具有结构紧凑,传动比大,以及在一定条件下可以实现自锁等优点。按照基本结构部件分,该减速器可以分为箱体组件、蜗轮蜗杆组件和轴系组件。箱体组件包括箱体和若干端盖,是蜗杆减速机中所有配件的基座,发挥着支承固定轴系组件、保证传动配件正确相对位置并支承减速器上荷载的作用。蜗轮蜗杆组件的主要作用是传递两交错轴之间的运动和动力。轴系组件主要包括轴和轴承,其主要作用是动力传递、运转并实现与外界的连接。

任务实施

由学生完成。

评价

教师点评。

思 考 题

1. 减速器的类型有哪些？各有何特点？
2. 减速器主要用在哪些场合？
3. 分析图0-3所示减速器的结构。

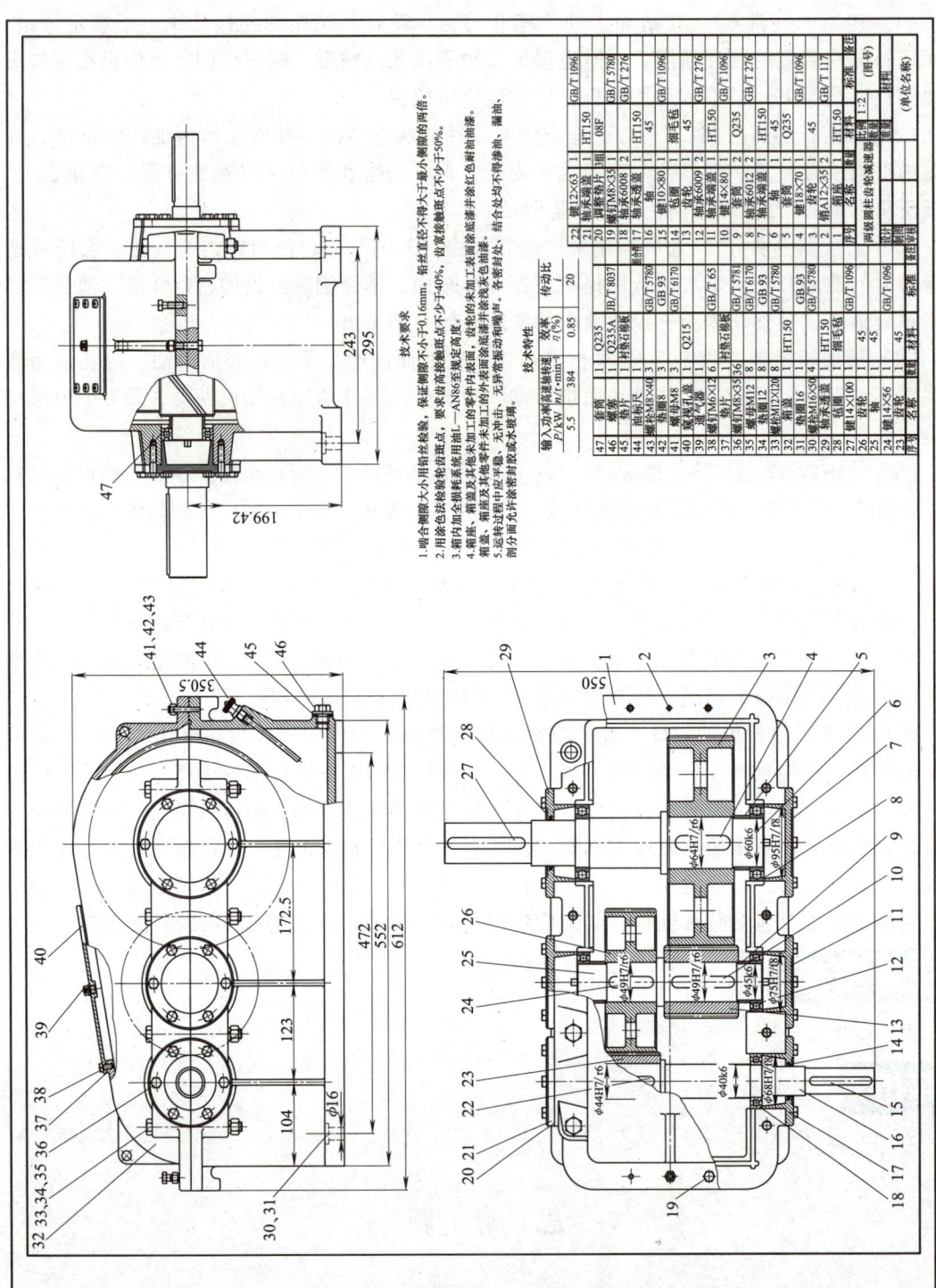

图 0-3 两级圆柱齿轮减速器

项目一

简单轴类零件机械加工工艺的编制

项目描述

编制简单阶梯轴的机械加工工艺。

技能目标

能根据零件图的加工要求,编制简单阶梯轴的机械加工工艺。

知识目标

能够正确选择切削用量、刀具材料、刀具几何参数、切削液、机床及工艺装备、机械加工方法。

任务一 切削用量的选择

任务描述

车削加工简单阶梯轴的外圆,选择切削用量。

根据图 1-1 所示简单阶梯轴零件图的要求,加工 $\phi 40h7$ 的外圆,请选择切削用量。

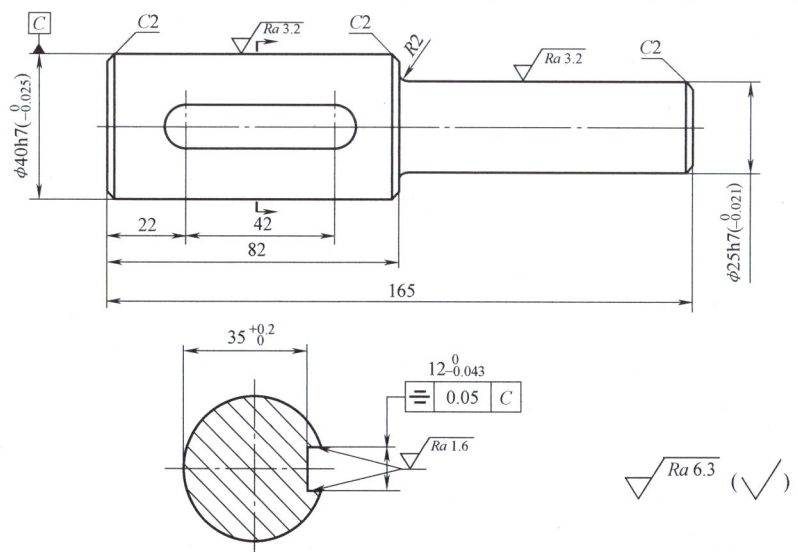

图 1-1 简单阶梯轴零件图

任务分析

根据外圆的加工要求,选择切削速度、进给量和背吃刀量。

加工 $\phi 40mm$ 的外圆,首先要选择切削速度、进给量和背吃刀量,即工件的转速、刀具移动速度和切削工件材料的厚度。

相关知识

轴类零件在机械结构中常用于传递运动和动力,其加工质量直接影响到机械的使用性能和运动精度。轴类零件的主要表面是外圆,车削是加工外圆的主要方法。

1.1 金属切削加工的基本概念

1.1.1 工件的加工表面与切削运动

1. 工件的加工表面及其形成方法

(1) 工件的加工表面 如图 1-2 所示。

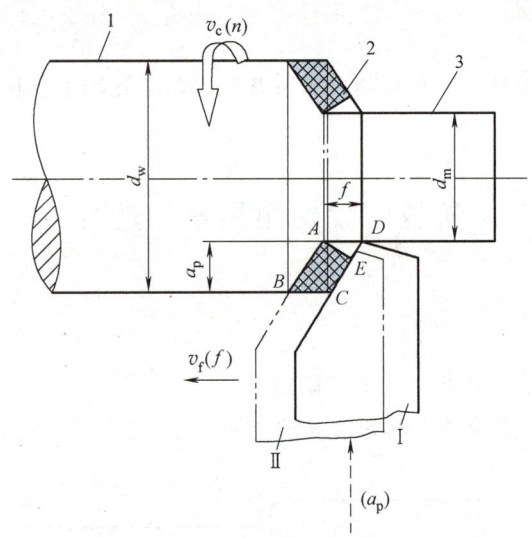

图 1-2 车削运动、切削层及形成表面
1—待加工表面 2—过渡表面 3—已加工表面

1)待加工表面。待加工表面是工件上即将被切去金属层的表面。

2)过渡表面。工件上由刀具切削刃正在切削的表面,即由待加工表面向已加工表面过渡的表面。

3)已加工表面。工件上经刀具切削一部分金属后而形成的新表面。

4)切削层。切削层是指工件上正在被切削刃切削的一层材料,即两个相邻加工表面之间的那层材料。外圆车削时的切削层,就是工件转一转,主切削刃移动一个进给量 f 所切除的一层金属层(图 1-2 中的 $ABCE$)。

(2) 工件表面形成方法

1)轨迹法。通过素线沿导线的运动,形成被加工表面,如图 1-3a 所示。

2)成形法。切削刀具的切削刃与所需形成的素线形状完全吻合,如图 1-3b 所示。

3）相切法。刀具边旋转边做轨迹运动来对工件进行加工,如图 1-3c 所示。

4）展成法。切削刃是一条与需要形成的发生线共轭的切削线,如图 1-3d 所示。

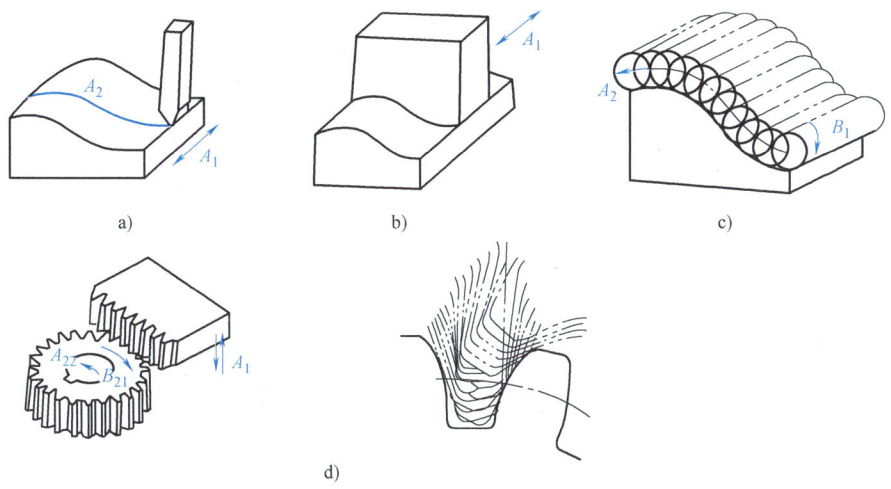

图 1-3 工件表面形成方法

a）轨迹法 b）成形法 c）相切法 d）展成法

2. 切削运动

（1）切削运动的定义　切削运动是指切削过程中刀具相对于工件的运动。

金属切削加工是利用刀具从工件毛坯上切去一层多余的金属,从而使工件达到规定的几何形状、尺寸精度和表面质量的机械加工方法。在金属切削过程中,为了切除多余的金属,使加工工件表面成为符合技术要求的形状,加工时刀具和工件之间必须有一定的相对运动,即切削运动。切削运动包括主运动和进给运动,如图 1-4 所示。

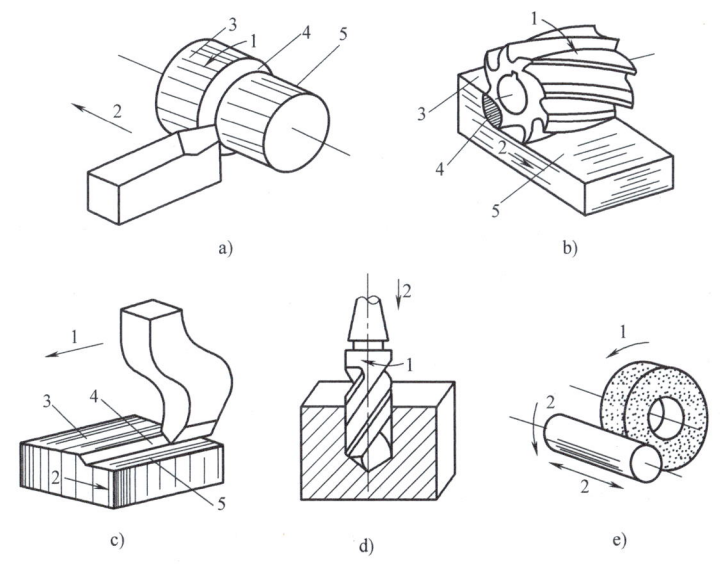

图 1-4 主运动和进给运动

a）车削　b）铣削　c）刨削　d）钻削　e）磨削

1—主运动　2—进给运动　3—待加工表面　4—过渡表面　5—已加工表面

1) 主运动。使工件与刀具产生相对运动以进行切削的最基本的运动，称为主运动。主运动是切削运动中速度最高，消耗功率最大的运动。在切削运动中，主运动只有一个。它可以由工件完成，也可以由刀具完成，可以是旋转运动，也可以是直线运动。例如车削外圆时工件的旋转运动和平面刨削时刀具的直线往复运动都是主运动。

主运动速度即切削速度，车削外圆或用旋转刀具进行切削加工时的切削速度的计算公式为

$$v_c = \frac{\pi d n}{1000}$$

式中　v_c——切削速度（m/min）；
　　　d——工件或刀具直径（mm）；
　　　n——工件或刀具转速（r/min）。

2) 进给运动。使新的切削层不断投入切削，以便切完工件表面上全部余量的运动，称为进给运动。进给运动一般速度较低，消耗的功率较小，可由一个或多个运动组成。它可以是连续的，也可以是间断的。车削外圆时的进给运动是车刀沿平行于工件轴线方向的连续直线运动。平面刨削时的进给运动是工件沿刨削平面且垂直于主运动方向的间歇直线运动。进给运动的速度称为进给速度，以 v_f 表示，单位为 mm/s 或 mm/min。进给速度还可以每转或每行程进给量 f（mm/r 或 mm/st）、每齿进给量 f_z（mm/z）表示。

（2）典型加工方法的加工表面与切削运动　在各种加工方法中，主运动消耗的功率最大、速度较高，而进给运动速度较低、消耗功率小。车削加工的主运动为工件的回转运动，钻削、铣削、磨削时刀具或砂轮的旋转运动为主运动，刨削或插削时刀具的往复直线运动为主运动。

（3）辅助运动　机床上除工作运动外，还有辅助运动。辅助运动是机床在加工过程中，加工工具与工件除工作运动外的其他运动。常见的机床辅助运动有上料、下料、趋近、切入、退刀、返回、转位、超越、让刀（抬刀）、分度、补偿等。上述所列举的辅助运动不是每台机床上都必须具备的，而是根据实际加工需要而定。

1.1.2　切削用量

切削速度、进给量和背吃刀量统称为切削用量。"切削用量"与机床的"工作运动"和"辅助运动"有密切的对应关系。切削速度 v_c 是度量主运动速度的量值；进给量 f 或进给速度 v_f 是度量进给运动速度的量值；背吃刀量 a_p 反映背吃刀运动（切入运动）后的运动距离。

1. 切削速度

切削速度是指刀具切削刃上选定点相对于工件的主运动的瞬时速度，用 v_c 表示，单位为 m/s 或 m/min。

2. 进给量

进给量是工件或刀具每转一转时两者沿进给运动方向的相对位移，用符号 f 表示（图 1-2），单位为 mm/r。

进给速度是指切削刃上选定点相对于工件的进给运动的瞬时速度，用 v_f 表示，$v_f = nf$。

对于铣刀、拉刀等多齿刀具，还应规定每齿进给量，即刀具每转过或移

动一个齿时相对工件在进给运动方向上的位移,符号为 f_z,单位为 mm/z。

3. 背吃刀量

背吃刀量是工件已加工表面和待加工表面的垂直距离,用符号 a_p 表示(图 1-2),单位为 mm。

背吃刀量

1)车削外圆的背吃刀量。

$$a_p = \frac{d_w - d_m}{2}$$

式中　d_w——待加工表面直径（mm）；
　　　d_m——已加工表面直径（mm）。

2)钻孔加工的背吃刀量。

$$a_p = \frac{d_0}{2}$$

式中　d_0——钻头直径（mm）。

3)铣削深度和铣削宽度。如图 1-5 所示,铣削深度是平行于铣刀轴线度量的铣刀与被切削层的啮合量,用 a_p 表示；铣削宽度是垂直于铣刀轴线并垂直于进给方向度量的铣刀与被切削层的啮合量,用 a_e 表示。

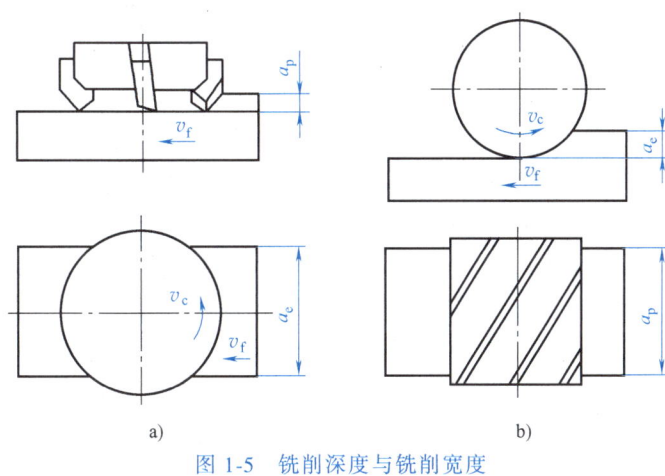

图 1-5　铣削深度与铣削宽度
a)端铣　b)周铣

车削外圆

【例】　图 1-6 所示为车刀车削外圆示意图,请分析：

1)指出已加工表面、待加工表面、过渡表面。

2)指出主运动与进给运动。

3)切削前工件直径为 $\phi80mm$,要求切削后工件直径为 $\phi78mm$,一次切除全部余量,假定工件转速为 300r/min,刀具进给速度为 60mm/min,试求切削用量三要素。

【解】　切削用量计算：

$$a_p = \frac{(80-78)\,mm}{2} = 1mm$$

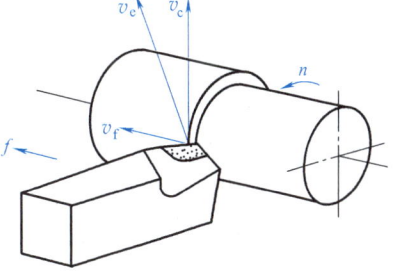

图 1-6　车刀车削外圆示意图

$$f = \frac{v_f}{n} = \frac{60\text{mm}}{300} = 0.2\text{mm/r}$$

$$v_c = \frac{\pi d_w n}{1000}$$

$$= \frac{3.14 \times 80 \times 300}{1000}\text{m/min}$$

$$= 75.36\text{m/min}$$

$$\approx 1.26\text{m/s}$$

1.2 切削用量的选择

目前许多工厂是通过切削用量手册、实践总结或工艺试验来选择切削用量。制订切削用量时应考虑加工余量、刀具寿命、机床功率、表面粗糙度、刀具刀片的刚度和强度等因素。

1. 粗加工切削用量的选择

对于粗加工，在保证刀具具有一定寿命的前提下，要尽可能提高在单位时间内的金属切除量。提高切削用量都能提高金属切除量，但是考虑到切削用量对刀具寿命的影响程度，所以，在选择粗加工切削用量时，应优先选用尽可能大的背吃刀量，其次选用较大的进给量，最后根据刀具寿命选定一个合理的切削速度，这样选择可减少切削时间，提高生产率。背吃刀量应根据加工余量和加工系统的刚度确定。

2. 精加工切削用量的选择

选择精加工或半精加工切削用量的原则是在保证加工质量的前提下，兼顾必要的生产率。进给量根据工件表面粗糙度的要求来确定。精加工时，切削速度应避开易产生积屑瘤的范围，一般硬质合金车刀采用高速切削。

1.2.1 选择切削用量的原则

选择切削用量是切削加工中十分重要的环节，选择合理的切削用量必须考虑合理的刀具寿命。

切削用量的选择是在已经选择好刀具材料和几何角度的基础上，合理地确定背吃刀量 a_p、进给量 f 和切削速度 v_c。所谓合理的切削用量是指充分利用刀具的切削性能和机床性能，在保证加工质量的前提下，获得高的生产率和低的加工成本的切削用量。

不同的加工性质，对切削加工的要求是不一样的。因此，在选择切削用量时，考虑的侧重点也应有所区别。粗加工时，应尽量保证较高的金属切除率和必要的刀具寿命，故一般优先选择尽可能大的背吃刀量 a_p，其次选择较大的进给量 f，最后根据刀具寿命要求，确定合适的切削速度 v_c。精加工时，首先应保证工件的加工精度和表面质量要求，故一般选用较小的进给量 f 和背吃刀量 a_p，而尽可能选用较高的切削速度 v_c。

1. 背吃刀量 a_p 的选择原则

背吃刀量应根据工件的加工余量来确定。粗加工时，除留下精加工余量外，一次进给应尽可能切除全部余量。当加工余量过大，工艺系统刚度较低，机床功率不足，刀具强度不够或断续切削的冲击振动较大时，可分多次进给。切削表面层有硬皮的铸锻件时，应尽量使 a_p 大于硬皮层的厚度，以保护刀尖。半精加工和精加工的加工余量一般较小，可一次切除，但有时为了保证工件的加工精度和表面质量，也可采用二次进给。多次进给时，应尽量将第一次进给的背吃刀量取大些，一般为总加工余量的 2/3~3/4。

在中等功率的机床上，粗加工时的背吃刀量可达 8~10mm，半精加工（表面粗糙度值为 $Ra3.2$~$6.3\mu m$）时，背吃刀量取为 0.5~2mm，精加工（表面粗糙度值为 $Ra0.8$~$1.6\mu m$）时，背吃刀量取为 0.1~0.4mm。

2. 进给量 f 的选择原则

背吃刀量选定后，就应尽可能选用较大的进给量 f。

粗加工时，由于作用在工艺系统上的切削力较大，进给量的选取受到下列因素限制：机床—刀具—工件系统的刚度，机床进给机构的强度，机床有效功率与转矩以及断续切削时刀片的强度。

半精加工和精加工时，最大进给量主要受工件加工表面粗糙度的限制。

3. 切削速度 v_c 的选择原则

在 a_p 和 f 选定以后，可在保证刀具合理寿命的前提下，用计算的方法或用查表法确定切削速度 v_c 的值。在确定具体 v_c 值时，一般应遵循下述原则：

1）粗加工时，背吃刀量和进给量均较大，故选择较低的切削速度；精加工时，则选择较高的切削速度。

2）工件材料的加工性能较差时，应选较低的切削速度，故加工灰铸铁的切削速度应较加工中碳钢的切削速度低，而加工铝合金和铜合金的切削速度则较加工钢件的切削速度高得多。

3）刀具材料的切削性能越好，切削速度可选得越高，因此，硬质合金刀具的切削速度可以比高速钢刀具的切削速度高，而涂层硬质合金、陶瓷、金刚石和立方氮化硼刀具的切削速度又可以比硬质合金刀具的切削速度高。

此外，在确定精加工、半精加工的切削速度时，应注意避开积屑瘤产生的区域；在易发生振动的情况下，切削速度应避开自激振动的临界速度；在加工带硬皮的铸锻件，加工大件、细长件和薄壁件，以及断续切削时，应选用较低的切削速度。

总之，切削用量选择的基本原则是：粗加工时在保证合理的刀具寿命的前提下，首先选尽可能大的背吃刀量 a_p，其次选尽可能大的进给量 f，最后选取适当的切削速度 v_c；精加工时，主要考虑加工质量，常选用较小的背吃刀量和进给量，较高的切削速度，只有在受到刀具等工艺条件限制不宜采用高速切削时才选用较低的切削速度。

1.2.2 背吃刀量的选择

背吃刀量的选择根据加工余量确定。切削加工一般分为粗加工、半精加工和精加工多道工序，各工序有不同的选择方法。

1）粗加工时（表面粗糙度值为 $Ra12.5$~$50\mu m$），在允许的条件下，尽量一次切除该工序的全部余量。中等功率机床，背吃刀量可达 8~10mm。但对于加工余量大，一次进给会造成机床功率或刀具强度不够；或加工余量不均匀，会引起振动；或刀具受严重冲击，易造成刀尖崩刃等情况，需要采用多次进给，如分两次进给，则第一次背吃刀量尽量取大些，一般为加工余量的 2/3~3/4；第二次背吃刀量尽量取小些，可取加工余量的 1/4~1/3。

2）半精加工时（表面粗糙度值为 $Ra3.2$~$6.3\mu m$），背吃刀量一般为 0.5~2mm。

3）精加工时（表面粗糙度值为 $Ra0.8$~$1.6\mu m$），背吃刀量为 0.1~0.4mm。

1.2.3 进给量的选择

粗加工时，进给量主要考虑工艺系统所能承受的最大进给量，如机床进给机构的强度、刀具强度与刚度、工件的装夹刚度等。精加工和半精加工时，最大进给量主要考虑加工精度和表面粗糙度。另外还要考虑工件材料、刀尖圆弧半径、切削速度等,如当刀尖圆弧半径增大,切削速度提高时,可以选择较大的进给量。

在生产实际中,进给量常根据经验选取。粗加工时,可根据工件材料、车刀导杆直径、工件直径和背吃刀量按表1-1进行选取,表中数据是经验值,其中包含了刀杆的强度和刚度。

表1-1 硬质合金车刀粗车外圆及端面的进给量参考值

工件材料	车刀刀杆尺寸 $\dfrac{b}{mm} \times \dfrac{h}{mm}$	工件直径 /mm	背吃刀量 a_p/mm				
			≤3	>3~5	>5~8	>8~12	>12
			进给量 f/mm·r^{-1}				
碳素结构钢、合金结构钢、耐热钢	16×25	20	0.3~0.4	—	—	—	—
		40	0.4~0.5	0.3~0.4	—	—	—
		60	0.5~0.7	0.4~0.6	0.3~0.5	—	—
		100	0.6~0.9	0.5~0.7	0.5~0.6	0.4~0.5	—
		400	0.8~1.2	0.7~1.0	0.6~0.8	0.5~0.6	—
	20×30 25×25	20	0.3~0.4	—	—	—	—
		40	0.4~0.5	0.3~0.4	—	—	—
		60	0.6~0.7	0.5~0.7	0.4~0.6	—	—
		100	0.8~1.0	0.7~0.9	0.5~0.7	0.4~0.7	—
		400	1.2~1.4	1.0~1.2	0.8~1.0	0.6~0.9	0.4~0.6
铸铁及合金钢	16×25	40	0.4~0.5	—	—	—	—
		60	0.6~0.8	0.5~0.8	0.4~0.6	—	—
		100	0.8~1.2	0.7~1.0	0.6~0.8	0.5~0.7	—
		400	1.0~1.4	1.0~1.2	0.8~1.0	0.6~0.8	—
	20×30 25×25	40	0.4~0.5	—	—	—	—
		60	0.6~0.9	0.5~0.8	0.4~0.7	—	—
		100	0.9~1.3	0.8~1.2	0.7~1.0	0.5~0.78	—
		400	1.2~1.8	1.2~1.6	1.0~1.3	0.9~1.0	0.7~0.9

注:车刀刀杆尺寸中 b 为宽度,h 为高度。

从表1-1中可以看到,在背吃刀量一定时,进给量随着刀杆尺寸和工件尺寸的增大而增大。加工铸铁时,切削力比加工钢件时小,所以铸铁可以选取较大的进给量。精加工与半精加工时,可根据加工表面粗糙度要求按表1-2选取,既要考虑切削速度和刀尖圆弧半径因素,又要对所选进给量参数进行强度校核,最后根据机床说明书确定。

表1-2 按表面粗糙度选择进给量的参考值

工件材料	表面粗糙度 Ra 值 /μm	切削速度范围 /m·min^{-1}	刀尖圆弧半径 r_ε/mm		
			0.5	1.0	2.0
			进给量 f/mm·r^{-1}		
铸铁、青铜、铝合金	5~10	不限	0.25~0.40	0.40~0.50	0.50~0.60
	2.5~5		0.15~0.25	0.25~0.40	0.40~0.60
	1.25~2.5		0.10~0.15	0.15~0.20	0.20~0.35
碳钢及合金钢	5~10	<50	0.30~0.50	0.45~0.60	0.55~0.70
		>50	0.40~0.55	0.55~0.65	0.65~0.70
	2.5~5	<50	0.18~0.25	0.25~0.30	0.30~0.40
		>50	0.25~0.30	0.30~0.35	0.35~0.50
	1.25~2.5	<50	0.10	0.11~0.15	0.15~0.22
		50~100	0.11~0.16	0.16~0.25	0.25~0.35
		>100	0.16~0.20	0.20~0.25	0.25~0.35

1.2.4 切削速度的选择

常用钢材的切削速度可查阅表1-3。

表 1-3 车削加工常用钢材的切削速度参考值

加工材料		硬度 HBW	a_p /mm	高速工具钢刀具		硬质合金刀具				涂层		陶瓷（超硬材料）刀具		说明
				v_c /m·min^{-1}	f /mm·r^{-1}	材料	未涂层		f /mm·r^{-1}	v_c /m·min^{-1}	f /mm·r^{-1}	v_c /m·min^{-1}	f /mm·r^{-1}	
							焊接式 v_c/m·min^{-1}	可转位 v_c/m·min^{-1}						
易切碳钢	低碳	100~200	1 4 8	55~90 41~70 34~55	0.18~0.20 0.40 0.50	P10 P20 P30	185~240 135~185 110~145	220~275 160~215 130~170	0.18 0.50 0.75	320~410 215~275 170~220	0.18 0.40 0.50	550~700 425~580 335~490	0.13 0.25 0.40	硬度高于300HBW时宜选用W12Cr4V5Co5、W2Mo9Cr4VCo8
	中碳	175~225	1 4 8	52 40 30	0.20 0.40 0.50	P10 P20 P30	165 125 100	200 150 120	0.18 0.50 0.75	305 200 160	0.18 0.40 0.50	520 395 305	0.13 0.25 0.40	
碳钢	低碳	125~225	1 4 8	43~46 34~33 27~30	0.18 0.40 0.50	P10 P20 P30	140~150 115~125 88~100	170~195 135~150 105~120	0.18 0.50 0.75	260~290 170~190 135~150	0.18 0.40 0.50	520~580 365~425 275~365	0.13 0.25 0.40	
	中碳	175~275	1 4 8	34~40 23~30 20~26	0.18 0.40 0.50	P10 P20 P30	115~130 90~100 70~78	150~160 115~125 90~100	0.18 0.50 0.75	220~240 145~160 115~125	0.18 0.40 0.50	460~520 290~350 200~260	0.13 0.25 0.40	
	高碳	175~275	1 4 8	30~37 24~27 18~21	0.18 0.40 0.50	P10 P20 P30	115~130 88~95 69~76	140~155 105~120 84~95	0.18 0.50 0.75	215~230 145~150 115~120	0.18 0.40 0.50	460~520 275~335 185~245	0.13 0.25 0.40	
合金钢	低碳	125~225	1 4 8	41~46 32~37 24~27	0.18 0.40 0.50	P10 P20 P30	105~150 105~120 84~95	170~185 135~145 105~115	0.18 0.50 0.75	220~235 175~190 135~145	0.18 0.40 0.50	520~580 365~395 275~335	0.13 0.25 0.40	
	中碳	175~275	1 4 8	34~41 26~32 20~24	0.18 0.40 0.50	P10 P20 P30	105~115 85~90 67~73	130~150 105~120 82~95	0.18 0.4~0.50 0.5~0.75	175~200 135~160 105~120	0.18 0.40 0.50	460~520 280~360 220~265	0.13 0.25 0.40	
	高碳	175~275	1 4 8	30~37 24~27 18~21	0.18 0.40 0.50	P10 P20 P30	105~115 84~90 66~72	135~145 105~115 82~90	0.18 0.50 0.75	175~190 135~150 105~120	0.18 0.40 0.50	460~520 275~335 215~245	0.13 0.25 0.40	
高强度钢		225~350	1 4 8	20~26 15~20 12~15	0.18 0.40 0.50	P10 P20 P30	90~105 69~84 53~66	115~135 90~105 69~84	0.18 0.40 0.50	150~185 120~135 90~105	0.18 0.40 0.50	380~440 205~265 145~205	0.13 0.25 0.40	

任务实施

由学生完成。

评价

教师点评。

任务二　刀具材料的选择

任务描述

车削加工简单阶梯轴的外圆，选择刀具材料。

任务分析

根据外圆的加工要求，选择刀具。

相关知识

刀具切削性能的好坏，取决于构成刀具切削部分的材料、几何形状和结构尺寸。刀具材料性能的优劣对加工表面质量、加工效率、刀具使用寿命和加工成本都有很大的影响。

刀具材料分工具钢（碳素工具钢、合金工具钢和高速工具钢）、硬质合金、陶瓷、超硬材料（金刚石和立方氮化硼）四大类。碳素工具钢（如 T10A、T12A）及合金工具钢（如 9SiCr），因耐热性较差，通常只用于手工工具及切削速度较低的刀具；陶瓷、金刚石、立方氮化硼仅用于有限的场合。目前，用得最多的刀具材料仍是高速工具钢和硬质合金。

2.1　刀具材料应具备的性能

刀具的切削部分是在高温、高压、振动、冲击以及剧烈摩擦等条件下工作的，因此，刀具切削部分材料的性能应能满足以下基本要求。

1. 较高的硬度

刀具材料的硬度必须高于工件材料的硬度。刀具材料的常温硬度一般要求在 62HRC 以上。

2. 较好的耐磨性

刀具材料应具备较好的耐磨性。刀具的耐磨性既取决于材料的硬度，又与其组成成分、金相组织有关。一般情况下，刀具材料的硬度越高，耐磨性就越好；组成成分中，耐磨的合金碳化物含量越高，晶粒越细，分布越均匀，刀具的耐磨性则越好。

刀具材料硬度的选择

3. 足够的强度和韧性

切削时刀具应能承受各种切削力、冲击和振动，而不至于产生崩刃和断裂。但提高材料的韧性，必然引起其硬度和耐磨性的降低。

4. 较高的耐热性和化学稳定性

耐热性是指刀具材料在高温下保持硬度、耐磨性、强度和韧性的能力，用高温硬度或热硬性（保持刀具切削性能的最高极限温度）表示。它是衡量刀具材料性能的主要标志，耐热性越好，刀具允许的切削速度越高。

化学稳定性是指材料在高温状态下不易与被加工工件材料或周围工作介质发生化学反应的能力，包括抗氧化、抗粘结能力。化学稳定性越高，刀具磨损越慢，加工质量越高。

5. 良好的导热性

刀具材料应具有良好的导热性，刀具材料的热导率越大，则传出的热量就会越多，有利于降低切削区的温度，提高刀具寿命。

6. 良好的工艺性能与经济性

为便于制造，要求刀具材料具有良好的可加工性，包括热加工性能（热塑性、焊接性、淬透性）和机械加工性能，即刀具材料应具有良好的锻造性能、热处理性能、焊接性能、磨削加工性能等。在满足使用要求的情况下应尽可能选择价格低的刀具材料。

选择刀具材料时，很难选到各方面性能都是最好的材料，有时候刀具材料之间的性能是互相矛盾的，所以在选择刀具材料时，应根据加工的实际情况进行选择。

2.2 高速工具钢

高速工具钢是含有较多钨、钼、铬、钒等元素的高合金工具钢。高速工具钢具有较高的硬度（热处理硬度可达62~67HRC）和耐热性（切削温度可达550~600 ℃），且能刃磨锋利，俗称锋钢（风钢）。与碳素工具钢和合金工具钢相比，高速工具钢能提高切削速度1~3倍，提高刀具寿命10~40倍，甚至更多。它可加工包括有色金属、高温合金在内的范围广泛的材料。

高速工具钢具有高的强度（抗弯强度为一般硬质合金的2~3倍，为陶瓷的5~6倍）和韧性，抗冲击振动的能力较强，适宜制造各类刀具。

高速工具钢刀具制造工艺简单，能锻造，容易磨出锋利的切削刃，因此在复杂刀具（钻头、丝锥、成形刀具、拉刀、齿轮刀具等）的制造中，高速工具钢占有重要的地位。

高速工具钢按用途不同，可分为通用型高速工具钢和高性能高速工具钢；按制造工艺方法不同，可分为熔炼高速工具钢和粉末冶金高速工具钢。

通用型高速工具钢是切削硬度在280HBW以下的大部分结构钢和铸铁的基本刀具材料，应用最为广泛。切削普通钢料时的切削速度一般不高于40m/min。通用型高速工具钢一般可分为钨钢和钨钼钢两类，常用牌号分别为W6Mo5Cr4V2。

高性能高速工具钢（如CW6Mo5Cr4V2和W6Mo5Cr4V3）较通用型高速工具钢有更好的切削性能，适合于加工奥氏体不锈钢、高温合金、钛合金和超高强度钢等难加工材料。这类高速工具钢的不同牌号只有在各自的规定切削条件下使用才能达到良好的切削性能。

粉末冶金高速工具钢的优点很多：具有良好的力学性能和可磨削加工性，淬火变形只有熔炼钢的1/3~1/2，耐磨性提高20%~30%，适于制造切削难加工材料的刀具、大尺寸刀具（如滚刀、插齿刀），也适于制造精密、复杂刀具。

表1-4列出了几种常用高速工具钢的牌号、主要性能及用途。

表 1-4 常用高速工具钢的力学性能和适用范围（摘自 GB/T 9943—2008）

牌号	硬度 HRC	冲击韧度 /MJ·m^{-2}	600℃时硬度 HRC	主要性能和适应范围
W18Cr4V (T51841)	63~66	0.18~0.32	48.5	综合性能好，通用性强，可磨性好，适于制造加工轻合金、碳素钢、合金钢、普通铸铁的精加工刀具和复杂刀具，例如螺纹车刀、成形车刀、拉刀等
W6Mo5Cr4V2 (T66541)	63~66	0.30~0.40	47~48	强度和韧性略高于T51841，热硬性略低于T51841，热塑性好，适于制造加工轻合金、碳素钢、合金钢的热成形刀具及承受冲击、结构薄弱的刀具
W2Mo8Cr4V (T62841)	64~66	0.31	50.5	切削性能与T51841相当，热塑性好，适于制作热轧刀具
W9Mo3Cr4V (T69341)	65~66.5	0.35~0.40	—	刀具寿命比T51841和T66541有一定程度提高，适于加工普通轻合金、钢材和铸铁
CW6Mo5Cr4V2 (T66542)	67~68	0.13~0.25	52.1	属于高碳高速工具钢，常温硬度和高温硬度有所提高，适于制造加工普通钢材和铸铁，耐磨性要求较高的钻头、铰刀、丝锥、铣刀和车刀等或加工较硬材料（220~250HBW）的刀具，但不宜承受大的冲击
W6Mo5Cr4V3 (T66543)	65~67	0.25	51.7	属于高钒高速工具钢，耐磨性好，适于切削对刀具磨损极大的材料，如纤维、硬橡胶、塑料等，也用于加工不锈钢、高强度钢和高温合金等，效果也很好
W2Mo9Cr4VCo8 (T72948)	67~69	0.23~0.30	55	属于高钴超硬高速工具钢，有很高的常温硬度和高温硬度，适于加工高强度耐热钢、高温合金、钛合金等难加工材料，T72948可磨性好，适于作精密复杂刀具，但不宜在冲击切削条件下工作
W10Mo4Cr4V3Co10 (T71010)	67~68	0.10	55.5	
W12Cr4V5Co5 (T71245)	66~68	0.25	54	常温硬度和耐磨性都很好，600℃高温硬度接近T72948钢，适于加工耐热不锈钢、高温合金、高强度钢等难加工材料，适合制造钻头、滚刀、拉刀、铣刀等
W6Mo5Cr4V3Co8 (T76438)	66~68	0.30	54	
W6Mo5Cr4V3Al (T66546)	67~69	0.23~0.30	55	属于含铝超硬高速工具钢，切削性能相当于T72948，适于制造铣刀、钻头、铰刀、齿轮刀具和拉刀等，用于加工合金钢、不锈钢、高强度钢和高温合金等
W10Mo4Cr4V3Al	67~69	0.20~0.28	54	
W12Mo3Cr4V3N	67~69	0.15~0.30	55	含氮超硬高速工具钢，硬度、强度、韧性与T72948相当，可作为含钴钢的代用品，用于低速切削难加工材料和低速高精度加工

2.3 硬质合金

硬质合金是使用高硬度、难熔的金属碳化物（WC、TiC等）和金属粘结剂（Co、Ni

等）在高温条件下烧结而成的粉末冶金制品。硬质合金的常温硬度达89~93HRA，在800~1000℃时硬质合金还能进行切削，刀具寿命比高速工具钢刀具高几倍到几十倍，可以加工包括淬硬钢在内的多种材料。但硬质合金的抗弯强度低，冲击韧性差，使用中很少制成整体刀具，一般制成各种形状的刀片，焊接或夹固在刀体上。切削工具用硬质合金分为六类，其基本成分及力学性能见表1-5。

硬质合金刀具适应的加工条件见表1-6。

表1-5 切削工具用硬质合金的基本成分及力学性能

组别		基本成分	力学性能		
类别	分组号		洛氏硬度HRA，不小于	维氏硬度HV_3，不小于	抗弯强度R_{tr}/MPa，不小于
P	01	以TiC、WC为基，以Co(Ni+Mo、Ni+Co)作粘结剂的合金/涂层合金	92.3	1750	700
	10		91.7	1680	1200
	20		91.0	1600	1400
	30		90.2	1500	1550
	40		89.5	1400	1750
M	01	以WC为基，以Co作粘结剂，添加少量TiC(TaC、NbC)的合金/涂层合金	92.3	1730	1200
	10		91.0	1600	1350
	20		90.2	1500	1500
	30		89.9	1450	1650
	40		88.9	1300	1800
K	01	以WC为基，以Co作粘结剂，或添加少量TaC、NbC的合金/涂层合金	92.3	1750	1350
	10		91.7	1680	1460
	20		91.0	1600	1550
	30		89.5	1400	1650
	40		88.5	1250	1800
N	01	以WC为基，以Co作粘结剂，或添加少量TaC、NbC或CrC的合金/涂层合金	92.3	1750	1450
	10		91.7	1680	1560
	20		91.0	1600	1650
	30		90.0	1450	1700
S	01	以WC为基，以Co作粘结剂，或添加少量TaC、NbC或TiC的合金/涂层合金	92.3	1730	1500
	10		91.5	1650	1580
	20		91.0	1600	1650
	30		90.5	1550	1750
H	01	以WC为基，以Co作粘结剂，或添加少量TaC、NbC或TiC的合金/涂层合金	92.3	1730	1000
	10		91.7	1680	1300
	20		91.0	1600	1650
	30		90.5	1520	1500

注：1. 洛氏硬度和维氏硬度中任选一项。
2. 以上数据为非涂层硬质合金要求，涂层产品可按对应的维氏硬度下降30~50。

表 1-6 硬质合金刀具适应的加工条件

组别	作业条件		性能提高方向	
	被加工材料	适应的加工条件	切削性能	合金性能
P01	钢、铸钢	高切削速度、小切屑截面,无振动条件下精车、精镗	↑切削速度 ↓进给量	↑耐磨性 ↓韧性
P10	钢、铸钢	高切削速度、中、小切屑截面条件下的车削、仿形车削、车螺纹和铣削		
P20	钢、铸钢、长切屑可锻铸铁	中等切削速度、中等切屑截面条件下的车削、仿形车削和铣削、小切削截面的刨削		
P30	钢、铸钢、长切屑可锻铸铁	中或低等切削速度、中等或大切屑截面条件下的车削、铣削、刨削和不利条件下的加工		
P40	钢、含砂眼和气孔的铸钢件	低切削速度、大切削角、大切屑截面以及不利条件下的车、刨削、切槽和自动机床上加工		
M01	不锈钢、铁素体钢、铸钢	高切削速度、小载荷、无振动条件下精车、精镗	↑切削速度 ↓进给量	↑耐磨性 ↓韧性
M10	不锈钢、铸钢、锰钢、合金钢、合金铸铁、可锻铸铁	中和高等切削速度、中、小切屑截面条件下的车削		
M20	不锈钢、铸钢、锰钢、合金钢、合金铸铁、可锻铸铁	中等切削速度、中等切屑截面条件下车削、铣削		
M30	不锈钢、铸钢、锰钢、合金钢、合金铸铁、可锻铸铁	中和高等切削速度、中等或大切屑截面条件下的车削、铣削、刨削		
M40	不锈钢、铸钢、锰钢、合金钢、合金铸铁、可锻铸铁	车削、切断、强力铣削加工		
K01	铸铁、冷硬铸铁、短屑可锻铸铁	车削、精车、铣削、镗削、刮削	↑切削速度 ↓进给量	↑耐磨性 ↓韧性
K10	硬度高于220HBW的铸铁、短切屑的可锻铸铁	车削、铣削、镗削、刮削、拉削		
K20	硬度低于220HBW的灰铸铁、短切屑的可锻铸铁	用于中等切削速度下、轻载荷粗加工、半精加工的车削、铣削、镗削等		
K30	铸铁、短切屑的可锻铸铁	用于在不利条件下可能采用大切削角的车削、铣削、刨削、切槽加工,对刀片的韧性有一定的要求		
K40	铸铁、短切屑的可锻铸铁	用于在不利条件下的粗加工,采用较低的切削速度,大的进给量		
N01	有色金属、塑料、木材、玻璃	高切削速度下,有色金属铝、铜、镁、塑料、木材等非金属材料的精加工	↑切削速度 ↓进给量	↑耐磨性 ↓韧性
N10	有色金属、塑料、木材、玻璃	较高切削速度下,有色金属铝、铜、镁、塑料、木材等非金属材料的精加工或半精加工		
N20	有色金属、塑料	中等切削速度下,有色金属铝、铜、镁、塑料等的半精加工或粗加工		
N30	有色金属、塑料	中等切削速度下,有色金属铝、铜、镁、塑料等的粗加工		

(续)

组别	作业条件		性能提高方向	
	被加工材料	适应的加工条件	切削性能	合金性能
S01	耐热和优质合金,含镍、钴、钛的各类合金材料	中等切削速度下,耐热钢和钛合金的精加工	↑切削速度↓ ←进给量→	↑耐磨性↓ ←韧性→
S10		低切削速度下,耐热钢和钛合金的半精加工或粗加工		
S20		较低切削速度下,耐热钢和钛合金的半精加工或粗加工		
S30		较低切削速度下,耐热钢和钛合金的断续切削,适于半精加工或粗加工		
H01	淬硬钢、冷硬铸铁	低切削速度下,淬硬钢、冷硬铸铁的连续轻载精加工	↑切削速度↓ ←进给量→	↑耐磨性↓ ←韧性→
H10		低切削速度下,淬硬钢、冷硬铸铁的连续轻载精加工、半精加工		
H20		较低切削速度下,淬硬钢、冷硬铸铁的连续轻载半精加工、粗加工		
H30		较低切削速度下,淬硬钢、冷硬铸铁的半精加工、粗加工		

注:不利条件指原材料或铸造、锻造的零件表面硬度不匀,加工时的切削深度不匀,间断切削以及振动等情况。

2.4 涂层刀具和其他刀具材料

1. 涂层刀具

涂层刀具是在韧性较好的硬质合金刀具或高速工具钢刀具基体上,涂覆一薄层耐磨性高的难熔金属化合物而获得的。

常用的涂层材料有碳化钛、氮化钛、氧化铝等。碳化钛的硬度比氮化钛的硬度高,抗磨损性能好,对于会产生剧烈磨损的刀具,采用碳化钛涂层较好。氮化钛与金属的亲和力小,润湿性能好,在容易产生粘结的条件下,采用氮化钛涂层较好。在高速切削产生大量热量的场合,采用氧化铝涂层为好,因为氧化铝在高温下有良好的热稳定性能。

涂层硬质合金刀片的寿命至少可提高1~3倍,涂层高速工具钢刀具的寿命则可提高2~10倍。加工材料的硬度越高,则涂层刀具的效果越好。

2. 陶瓷材料

陶瓷材料是以氧化铝为主要成分,经压制成形后烧结而成的一种刀具材料。它的硬度可达91~95HRA,在1200 ℃的切削温度下仍然可保持80HRA的硬度。另外,它的化学惰性大,摩擦因数小,耐磨性好,加工钢件时的寿命为硬质合金的10~12倍。其最大缺点是脆性大,抗弯强度和冲击韧性低。因此它主要用于半精加工和精加工高硬度、高强度钢和冷硬铸铁等材料。常用的陶瓷刀具材料有氧化铝陶瓷、复合氧化铝陶瓷以及复合氧化硅陶瓷等。表1-7给出了部分陶瓷刀具的牌号及性能参数。

3. 人造金刚石

人造金刚石是通过合金触媒的作用,在高温高压下由石墨转化而成的。人造金刚石具有较高的硬度(显微硬度可达10000HV)和耐磨性。其摩擦因数小,切削刃可以做得非常锋利。因此,用人造金刚石制作刀具可以获得较高的加工表面质量。但人造金刚石的热稳定性较差(不得超过700℃),与铁元素的化学亲和力很强,因此它不宜用来加工钢铁材料的零件。人造金刚石主要用来制作磨具和磨料，用作刀具材料时，多用于在高速下精细车削或镗削有色金属及非金属材料。尤其用它切削加工硬质合金、陶瓷、高硅铝合金及耐磨塑料等高硬度、高耐磨性的材料时，具有很大的优越性。表1-8给出了部分金刚石材料刀具的牌号和性能参数。

表1-7 部分陶瓷刀具的牌号及性能参数

牌号	成分	平均晶粒尺寸/μm	制造方法	密度/$g \cdot cm^{-3}$	硬度HRA(HRN15)	抗弯强度/MPa	断裂韧度/$kJ \cdot m^{-2}$
P_1	Al_2O_3	2~3	冷压	≥3.95	(≥96.5)	500~550	—
P_2	Al_2O_3	1~2		4.35	(≥96.5)	700~800	
M16	Al_2O_3-TiC	<1.5	热压	4.50	≥97	700~850	4.830
M4	Al_2O_3-碳化物-金属	—	热压	5.00	(96.5~97)	800~900	6.616
M5	Al_2O_3-碳化物-金属	<1.5	热压	4.94	(96.5~97)	900~1150	—
M6	Al_2O_3-碳化物-金属		热压		(96.5~97)	800~950	4.947
SG3	Al_2O_3-(W、Ti)C	<1	热压	5.55	94.5~94.8	825	(15)
SG3	Al_2O_3-(W、Ti)C	<0.5	热压	≥6.65	94.7~95.3	800~1180	(15)
SM	Si_3N_4	—	热压	3.26	91~93	750~850	(4)
FT80	Si_3N_4-TiC-Co	—	热压	3.41	93~94	600~800	7.21

注：HRN15是指载荷为150 N的洛氏硬度；陶瓷韧性用断裂韧度表示。

表1-8 部分金刚石和立方氮化硼刀具的牌号与性能参数

类别	牌号	硬度HV	抗弯强度/GPa	热稳定性/℃	适用加工范围
金刚石复合刀片	FJ	≥7000	≥1.5	<800	各种耐磨非金属，如玻璃钢、粉末冶金毛坯、陶瓷材料等；各种耐磨非铁金属，如各种硅铝合金；各种非铁金属光加工
	JRS-F	7200		950(开始氧化)	
立方氮化硼复合刀片	FD	≥5000	≥1.5	≥1000	各种淬硬钢(<65HRC)的粗、精加工；各种高硬度铸铁；各种喷涂、堆焊材料；含钴量(质量分数)大于10%的硬质合金
	LDP-CFⅡ	7000-8000	0.46~0.53	1000~1200	精车、半精车淬硬钢、热喷涂零件，耐磨铸铁、部分高温合金等
	LDP-J-XF				适用于制造异形和多刃(铣刀等)刀具

4. 立方氮化硼

立方氮化硼是由六方氮化硼在高温高压下加入催化剂转变而成的。它是20世纪70年代才发展起来的一种刀具材料，立方氮化硼的硬度很高（可达8000~9000HV），并具有很高的热稳定性（可达1300~1400℃），它的最大优点是在高温（1200~1300℃）时也不易与铁族金属起反应。因此，它能胜任淬火钢、冷硬铸铁的粗车和精车，同时还能高速切削高温合金、热喷涂材料、硬质合金及其他难加工材料。部分立方氮化硼材料刀具的牌号和性能参数详见表1-8。

任务实施

由学生完成。

评价

教师点评。

任务三 刀具几何参数的选择

任务描述

车削加工简单阶梯轴的外圆,选择刀具几何参数。

任务分析

根据外圆的加工要求,选择合适的前角、后角。

相关知识

3.1 车刀的组成

车刀切削部分的构成可归纳为"三面、二刃、一刀尖"。"三面"包括前刀面、主后刀面和副后刀面,"二刃"包括主切削刃和副切削刃,"一刀尖"指刀尖,如图1-7所示。

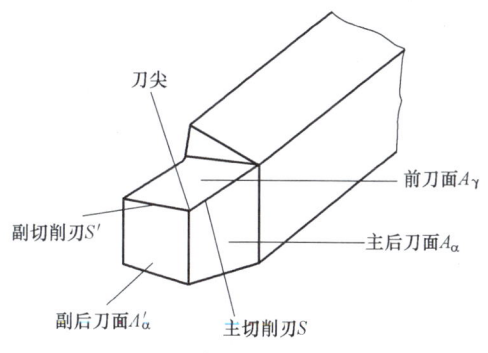

图1-7 车刀切削部分组成

车刀组成

(1)前刀面 A_γ 前刀面是刀具上切屑流过的表面。如果前刀面由多个相交面组成,则从切削刃开始,依次将它们称为第一前刀面、第二前刀面等。

(2)主后刀面 A_α 主后刀面是与工件切削中产生的过渡表面相对的刀具表面。同样也可分为第一后刀面、第二后刀面。

(3)副后刀面 A'_α 副后刀面是与工件上的已加工表面相对的刀具表面。

(4)主切削刃 S 主切削刃是前刀面与主后刀面相交得到的刃边,是前刀面上直接进行切削的锋刃,它完成主要的金属切除工作。

(5)副切削刃 S' 副切削刃是前刀面与副后刀面相交得到的刃边。副切削刃协同主切削刃完成金属的切除工作,最终形成工件的已加工表面。

(6)刀尖 刀尖也称为过渡刃,是指主切削刃与副切削刃连接处相当少的一部分切削刃。它可以是圆弧状的修圆刀尖(为刀尖圆弧半径),也可以是直线状的点状刀尖或倒角刀尖，如图 1-8 所示。

3.2 刀具角度

刀具角度是确定刀具切削部分几何形状的重要参数。用于定义刀具角度的各基准坐标平面称为参考系。

参考系有两种：一种是<u>静止参考系</u>，它是刀具设计时标注、刃磨和测量的基准，以此定义的刀具角度称为刀具标注角度；另一种是<u>工作参考系</u>，它是确定刀具切削工作时角度的基准，以此定义的刀具角度称为刀具工作角度。

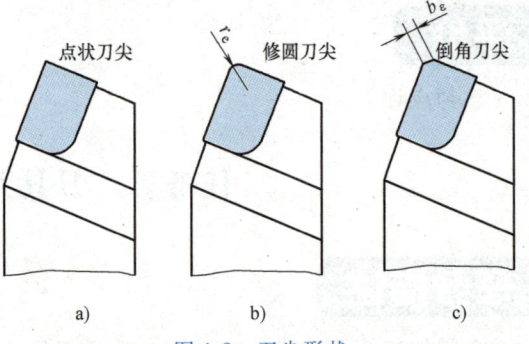

图 1-8　刀尖形状

1. 刀具标注角度

刀具标注角度（静止角度）是在刀具标注角度参考系（静止参考系）内确定的刀具角度，刀具设计图样上所标注的刀具角度就是刀具标注角度。

（1）<u>正交平面参考系</u>　正交平面参考系（主剖面参考系）是由基面、切削平面和正交平面这三个参考平面组成的正交参考系（图 1-9a）。

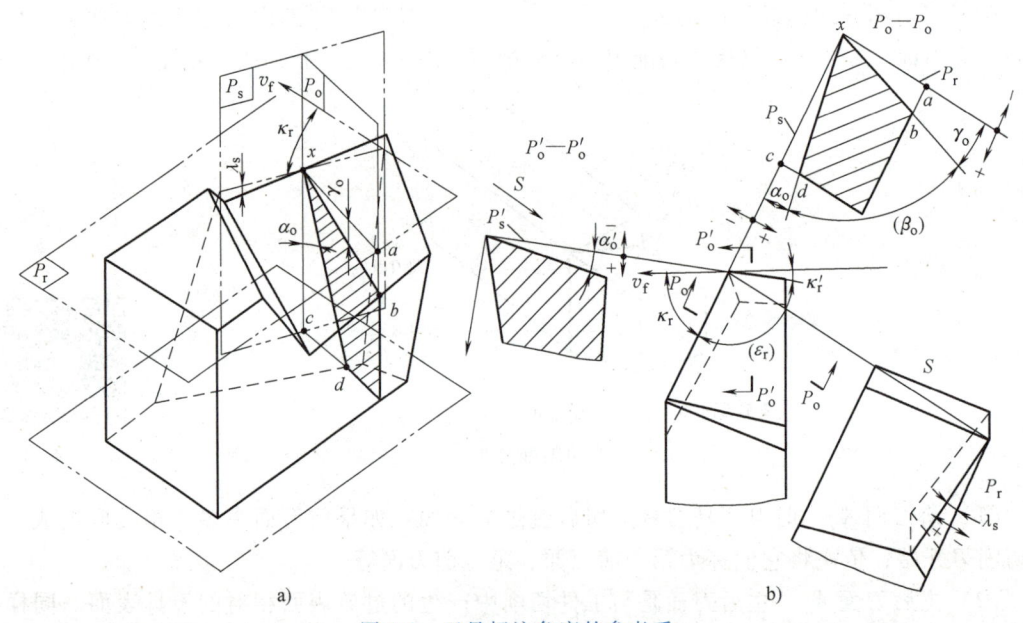

图 1-9　刀具标注角度的参考系

1) 基面 P_r。过切削刃选定点，平行或垂直于刀具上的安装面（轴线）的平面，或者是与该点切削速度矢量相垂直的平面。

车刀的基面可理解为平行于刀具底面的平面。

2) 切削平面 P_s。过切削刃选定点，与切削刃相切并垂直于基面的平面。

3) 正交平面 P_o。过切削刃选定点，同时垂直于基面和切削平面的平面。

（2）<u>在正交平面参考系中标注的角度</u>　把置于正交平面参考系中的刀具，分别向这三个参考平面投影，在各参考平面中便可得到相应的刀具角度（图 1-9b）。

1) 在基面中测量的刀具角度。在基面中测量的刀具角度有主偏角、副偏角和刀尖角。

① 主偏角 κ_r。在基面内，主切削刃的投影线与假定进给运动方向的夹角。

② 副偏角 κ_r'。在基面内，副切削刃的投影线与假定进给运动反方向的夹角。

③ 刀尖角 ε_r。在基面内，主切削刃的投影线和副切削刃的投影线夹角，它是派生角度。

$$\varepsilon_r = 180° - (\kappa_r + \kappa_r')$$

上式是检验标注角度是否正确的验证公式之一。

2) 在切削平面中测量的刀具角度。在切削平面中测量的刀具角度只有刃倾角。

刃倾角 λ_s 是在切削平面内，主切削刃与基面的夹角。刃倾角有正负之分，当刀尖相对基面处于主切削刃上的最高点时，刃倾角为正值；反之，刃倾角为负值；主切削刃与基面平行（或重合）时，刃倾角为 $0°$，如图 1-10a 所示。

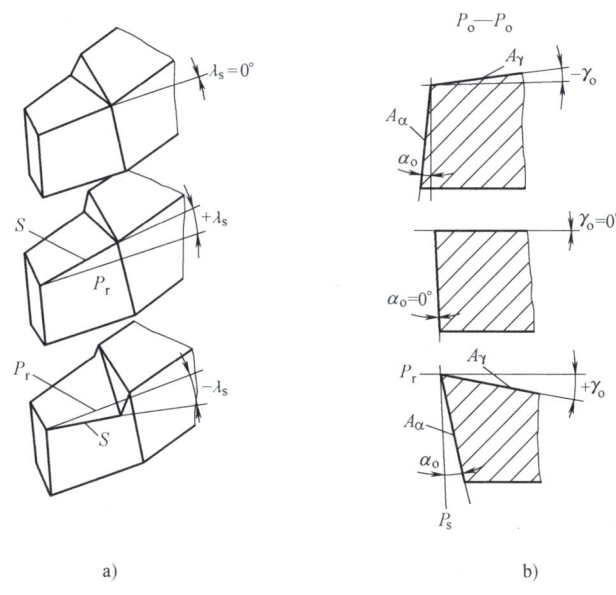

图 1-10 刃倾角、前角正负的规定
a）刃倾角　b）前角

3) 在正交平面中测量的刀具角度。在正交平面中测量的刀具角度有前角、后角和楔角。

① 前角 γ_o。在正交平面中测量的前刀面与基面间的夹角。前角有正负之分：当前刀面与正交平面的交线向里收缩（楔角变小）时，前角为正值；当前刀面与正交平面的交线向外扩张（楔角变大）时，前角为负值；当前刀面与正交平面的交线，与基面重合时，前角为 $0°$，如图 1-10b 所示。

② 后角 α_o。在正交平面中测量的后刀面与切削平面间的夹角。后角也有正负之分：当主后刀面与正交平面的交线向里收缩（楔角变小）时，后角为正值；当主后刀面与正交平面的交线向外扩张（楔角变大）时，后角为负值；当主后刀面与正交平面的交线与主切削平面重合时，后角为 $0°$，如图 1-10b 所示。

③ 楔角 β_o。在正交平面中测量的前刀面与后刀面间的夹角，它是派生角度。

$$\beta_o = 90° - (\gamma_o + \alpha_o)$$

上式是检验标注角度是否正确的验证公式之一。

2. 刀具工作角度

（1）横向进给运动对刀具工作角度的影响　如图1-11所示，在车床上切断和切槽时，刀具沿横向进给，合成运动方向与主运动方向的夹角为 μ，这时工作基面和工作切削平面分别相对于基面、切削平面转过 μ 角。刀具的工作前角 γ_{oe} 和工作后角 α_{oe} 分别为

$$\gamma_{oe} = \gamma_o + \mu$$
$$\alpha_{oe} = \alpha_o - \mu$$
$$\tan\mu = v_f/v_c = \frac{f}{\pi d}$$

式中　f——工件每转一周，刀具的横向进给量（mm/r）；

　　　d——工件加工直径，即刀具上切削刃选定点处的瞬时位置相对于工件中心的直径（mm）。

显然，随着工件加工直径的不断缩小，刀具的工作前角会不断增大，工作后角不断减小。切断车刀逼近工件中心，当工作后角 $\alpha_{oe} \leq 0°$ 时，就不能实现切削，最后出现工件被刀具后刀面撞断的现象。因而，在横向车削时，适当增大 α_o，可补偿横向进给速度的影响。

（2）切削刃安装高低对工作角度的影响　以车刀车外圆为例（图1-12），若不考虑进给运动，并假设 $f=0$，则当切削刃高于工件中心时，工作基面和工作切削平面将转过 θ 角，从而使工作前角和工作后角变化为

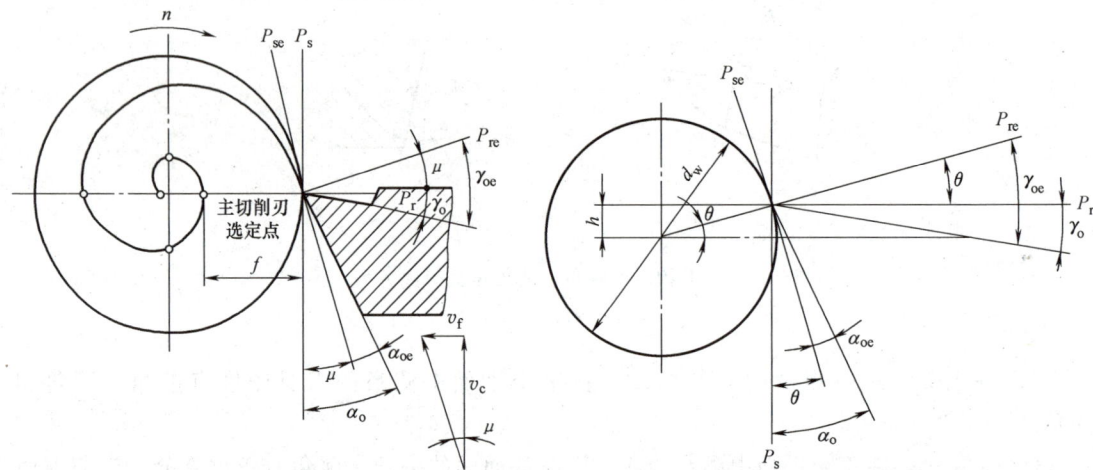

图1-11　横向进给运动对刀具工作角度的影响　　图1-12　切削刃安装高低对工作角度的影响

$$\gamma_{oe} = \gamma_o + \theta$$
$$\alpha_{oe} = \alpha_o - \theta$$
$$\sin\theta = 2\frac{h}{d_w}$$

式中　h——切削刃高于工件中心的数值（mm）；

　　　d_w——工件待加工表面直径（mm）。

当切削刃低于工件中心时，上述角度的变化与切削刃高于工件中心时的情况相反；镗孔时，工作角度的变化与车外圆时的情况相反。

3.3 刀具几何参数的合理选择

刀具几何参数主要包括刃形、刀面形式、刃口形式和刀具角度等。合理选择刀具几何参数，能在保证加工质量和刀具寿命的前提下，达到提高生产率，降低制造、刃磨和使用成本的目的。

1. 刃形、刀面形式与刃口形式

（1）刃形与刀面形式　刃形是指切削刃的形状，有直线刃和空间曲线刃等。合理的刃形能强化切削刃、刀尖，减小单位刃长上的切削负荷，降低切削热，提高抗振性，延长刀具寿命，改变切屑形态，方便排屑，改善加工表面质量等。

刀面形式主要是前刀面上的断屑槽、卷屑槽等。

（2）刃口形式

1）锋刃（图1-13a）。锋刃刃磨简便、刃口锋利、切入阻力小，特别适于精加工刀具。锋刃的锋利程度与刀具材料和楔角的大小有关。

2）倒棱刃（图1-13b）。倒棱刃又称负倒棱，能增强切削刃，提高刀具寿命。

3）消振棱刃（图1-13c）。消振棱刃能产生与振动位移方向相反的摩擦阻尼作用力，有助于消除切削低频振动。

4）白刃（图1-13d），又称刃带。铰刀、拉刀、浮动镗刀、铣刀等，为了便于控制外径尺寸，保持尺寸精度，并有利于支承、导向、稳定、消振及熨压作用，常采用白刃的刃口形式。

5）倒圆刃（图1-13e）。倒圆刃能增强切削刃，具有消振、熨压作用。

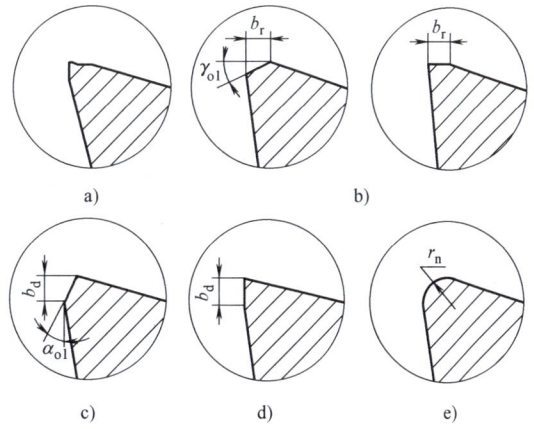

图1-13　常用的几种刃口形式
a）锋刃　b）倒棱刃　c）消振棱刃　d）白刃　e）倒圆刃

2. 刀具几何角度的选择

刀具几何角度对刀具的使用寿命、加工质量的影响举足轻重。不同的刀具角度（如前角、后角），对切削加工的影响不同，选择原则也不同。

（1）前角　前角对切削的难易程度有很大影响。增大前角能使切削刃变得锋利，使切削更为轻快，可以减小切削变形，从而使切削力和切削功率减小。但增大前角会使切削刃和刀尖强度下降，刀具散热体积减小，影响刀具寿命。前角的大小对表面粗糙度、排屑及断屑等也有一定影响。

前角的选用原则如下。

1）工件材料的强度低、硬度低、塑性好时，应取较大的前角；加工脆性材料（如铸铁）时，应取较小的前角；加工淬硬的材料（如淬硬钢、冷硬铸铁等），应取较小的前角，甚至负前角。

2）刀具材料的抗弯强度和韧度高时，可取较大的前角。

3）断续切削或粗加工有硬皮的锻、铸件时，应取较小的前角。

4）工艺系统刚度差或机床功率不足时，应取较大的前角。

5) 成形刀具或齿轮刀具等为防止产生齿形误差，常取较小的前角，甚至采用 0°前角。

(2) 后角　刀具后角的作用是减小切削过程中刀具后刀面与工件切削表面之间的摩擦。后角增大，可减小后刀面的摩擦与磨损，刀具楔角减小，刀具变得锋利，可切下很薄的切削层；在相同的磨损标准 VB 时，所磨去的金属体积减小，使刀具寿命延长；但是后角太大，楔角减小，刃口强度降低，散热体积减少，反而将使刀具寿命缩短，故后角不能太大。

后角的选用原则如下。

1) 精加工刀具及切削厚度较小的刀具（如多刃刀具），磨损主要发生在后刀面上，为降低磨损，应采用较大的后角。粗加工刀具要求切削刃坚固，应采取较小的后角。

2) 工件强度、硬度较高时，为保证刃口强度，宜取较小的后角；工件材料软、黏时，后刀面磨损严重，应取较大的后角；加工脆性材料时，载荷集中在切削刃处，为提高切削刃强度，宜取较小的后角。

3) 定尺寸刀具，如拉刀和铰刀等，为避免重磨后刀具尺寸变化过大，应取较小的后角。

4) 工艺系统刚度差（如切细长轴）时，宜取较小的后角，以减小振动。

(3) 主偏角和副偏角　主偏角和副偏角对刀具寿命影响较大。减小主偏角和副偏角，可使刀尖角增大，刀尖强度延长，散热条件改善，因而刀具寿命得以延长。减小主偏角和副偏角，可降低残留面积的高度，故可减小加工表面的表面粗糙度。主偏角和副偏角还会影响各切削分力的大小和比例。如车削外圆时，增大主偏角，可使背向力 F_p 明显减小，进给力 F_f 增大，因而有利于减小工艺系统的弹性变形和振动。

主偏角的选用原则如下。

1) 在工艺系统刚度允许的条件下，应采取较小的主偏角，以延长刀具的寿命。加工细长轴应用较大的主偏角。

2) 加工很硬的材料时，为减轻单位切削刃上的载荷，宜取较小的主偏角。

3) 在切削过程中，刀具需进行中间切入时，应取较大的主偏角。

4) 主偏角的大小还应与工件的形状相适应，如切阶梯轴时可取主偏角为 90°。

在工艺系统刚度较好时，主偏角宜取较小值，如 $\kappa_r = 30° \sim 45°$；当工艺系统刚度较差或强力切削时，一般取 $\kappa_r = 60° \sim 75°$；车削细长轴时，一般取 $\kappa_r = 90° \sim 93°$，以减小背向力 F_p。

副偏角的选用原则如下。

1) 在不引起振动的条件下，一般取较小的副偏角。精加工刀具必要时可以磨出一段副偏角为 0°的修光刃，以加强副切削刃对已加工表面的修光作用。

2) 当工艺系统刚度差时，应取较大的副偏角。

3) 为保证重磨刀具尺寸变化量小，切断刀、切槽刀及孔加工刀具的副偏角只能取很小值（如 10°~20°）。

副偏角 κ_r' 的大小还可以根据表面粗糙度的要求选取，一般为 5°~15°，粗加工时取大值，精加工时取小值，如图 1-14 所示。

$$R_{max} = \frac{f}{\cot\kappa_r + \cot\kappa_r'}$$

(4) 刃倾角　刃倾角主要影响刀头的强度和切屑流向，如图 1-15 所示。

在加工一般钢料和铸铁时，无冲击负荷时，粗车取 $\lambda_s = 0° \sim -5°$，精车取 $\lambda_s = 0° \sim 5°$；有冲击负荷时，取 $\lambda_s = -5° \sim -15°$；当冲击特别大时，取 $\lambda_s = -30° \sim -45°$。切削高强度钢、冷硬钢时，为提高刀头强度，可取 $\lambda_s = -30° \sim -10°$。

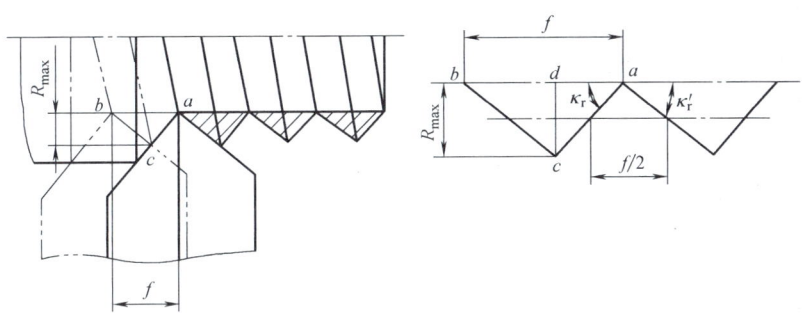

图 1-14　表面粗糙度与主、副偏角的关系

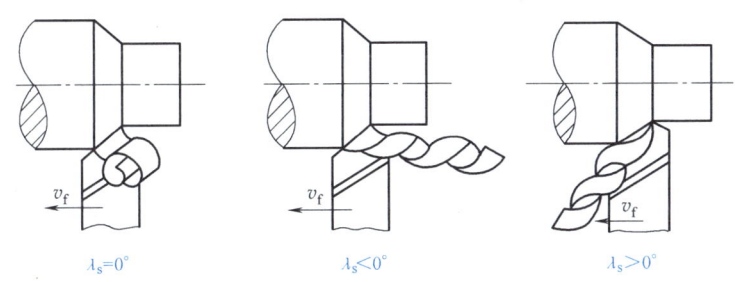

图 1-15　刃倾角对切屑流向的影响

1）单刃刀具采用较大的刃倾角，可使远离刀尖的切削刃首先接触工件，使刀尖免受冲击。

2）对于回转的多刃刀具，如柱形铣刀等，螺旋角就是刃倾角，此角可使切削刃逐渐切入和切出，使铣削过程平稳。

3）可增大实际工作前角，使切削轻快。

4）加工硬材料或刀具承受冲击载荷时，应取较大的负刃倾角，以保护刀尖。

5）精加工时宜取正刃倾角，使切屑流向待加工表面，并可使刃口锋利。

6）内孔加工刀具（如铰刀、丝锥等）的刃倾角方向应根据孔的性质决定。

应当指出，刀具各角度之间是相互联系、相互影响的，孤立地选择某一角度并不能得到所希望的合理值。例如，在加工硬度比较高的工件材料时，为了增加切削刃的强度，一般取较小的后角，但在加工特别硬的材料，如淬硬钢时，通常采用负前角，这时如适当增大后角，不仅可使切削刃易于切入工件，而且还可延长刀具寿命。

任务实施

由学生完成。

评价

教师点评。

任务四　切削液的选择

任务描述

车削加工简单阶梯轴的外圆，选择切削液。

任务分析

根据外圆的加工要求，选择合适的切削液。

相关知识

在金属切削过程中，切削液的主要功能是润滑和冷却，正确地选择切削液能降低切削区温度，减小刀具磨损，延长刀具寿命，改善工件表面粗糙度，提高加工表面质量，保证工件加工精度，提高生产率。

4.1　切削液的作用机理

1. 润滑作用

金属切削时，切屑、工件与刀面间的摩擦可分为干摩擦、流体润滑摩擦和边界润滑摩擦三类。如不用切削液，则形成金属与金属直接接触的干摩擦，此时摩擦因数较大。如果在加切削液后，切屑、工件与刀面之间形成完全的润滑油膜，金属直接接触面积很小或接近于零，则称为流体润滑，流体润滑时摩擦因数很小。

在磨削过程中，加入磨削液后，磨削液在砂轮磨粒、工件及磨粒、磨屑之间形成润滑油膜，使界面间的摩擦力减小，防止磨粒切削刃磨损和黏附切屑，从而减小磨削力和摩擦热，延长砂轮寿命以及提高工件表面质量。

切削速度对切削液的润滑效果影响最大，一般切削速度越高，切削液的润滑效果越低。切削液的润滑效果还与切削厚度、材料强度等切削条件有关。切削厚度越大，材料强度越高，润滑效果越差。

2. 冷却作用

切削液在刀具（或砂轮）、切屑和工件间通过对流和汽化作用把切削热从刀具和工件处带走，从而降低切削温度，减少工件和刀具的热变形，保持刀具硬度，提高加工精度和延长刀具寿命。切削液的冷却性能和其热导率、比热容、汽化热以及黏度（或流动性）有关。水的热导率和比热容均高于油，因此水的冷却性能要优于油。试验表明，切削液只能缩小刀具与切屑界面的高温区域，并不能降低最高温度，一般的浇注方法主要冷却切屑。切削液如喷注到刀具副后刀面处，对刀具和工件的冷却效果更好。

切削液自身温度对冷却效果影响很大。切削液温度太高，则冷却效果差；但切削液温度太低，会导致黏度增大，冷却效果也不好。

3. 清洗作用

在车、铣、钻、磨削等加工时，切屑、铁粉、磨屑、油污、砂粒等常常黏附在工件、刀具或砂轮的表面及缝隙中，同时沾污机床和工件，使刀具或砂轮的切削刃口变钝，影响切削效果。因此，需要浇注和喷射切削液来清洗机床上的切屑和杂物，并将切屑和杂物带走，防止机床和工件、刀具的沾污，使刀具或砂轮的切削刃口保持锋利，达到正常的切削效果。对于油基切削液，黏度越低，清洗能力越强。含有表面活性剂的水基切削液，清洗效果较好，它能形成吸附膜，阻止粒子和油泥等黏附在工件、刀具及砂轮上，同时能渗入到粒子和油泥黏附的界面上并使之分离，随后将其冲走。

4. 缓蚀作用

切削加工中，工件要和环境介质中的一系列腐蚀性物质接触。这需要切削液具有一定的缓蚀能力，保护工件和机床部件不发生腐蚀。切削液中加入了缓蚀添加剂，能与金属表面起化学反应而生成一层保护膜，从而起到缓蚀的作用。

5. 其他作用

除了以上四种作用外，切削液还应具备良好的稳定性，在储存和使用中不产生沉淀或分层、析油等现象。对细菌和霉菌有一定抵抗性，不易发臭、变质；对人体和环境安全，无刺激性气味，便于回收。

4.2 切削液添加剂

为了改善切削液性能所加入的化学物质，称为切削液添加剂，主要有油性添加剂、极压添加剂、表面活性剂等。

1. 油性添加剂

含有极性分子，能与金属表面形成牢固的吸附膜，主要起润滑作用。但这种吸附膜只能在较低温度下起较好的润滑作用，故多用于低速精加工的情况。油性添加剂有动植物油（如豆油、菜籽油、猪油等）、脂肪酸、胺类、醇类及脂类。

2. 极压添加剂

常用的极压添加剂是含硫、磷、氯、碘等的有机化合物。这些化合物在高温下与金属表面起化学反应，形成化学润滑膜。与物理吸附膜相比，化学润滑膜具有更好的耐高温性。

用硫可直接配制成硫化切削油，或在矿物油中加入含硫的添加剂，如硫化动植物油、硫化烯烃等配制成含硫的极压切削油。这种含硫极压切削油使用时能够与金属表面化合，形成的硫化铁膜在高温下不易被破坏；切削钢时在1000 ℃左右仍能保持其润滑性能。但其摩擦因数比氯化铁的大。

含氯极压添加剂有氯化石蜡（氯质量分数为40%～50%）、氯化脂肪酸等。它们与金属表面起化学反应生成氯化亚铁、氯化铁和氯氧化铁薄膜。这些化合物的剪切强度和摩擦因数小，但在300～400 ℃时易被破坏，遇水易分解成氢氧化铁和盐酸，失去润滑作用，同时对金属有腐蚀作用，必须与缓蚀添加剂一起使用。

含磷极压添加剂与金属表面作用生成磷酸铁膜，它的摩擦因数较小。

为了得到性能良好的切削液，通常按实际需要在一种切削液中加入多种极压添加剂。

3. 表面活性剂

表面活性剂是一种有机化合物，它能使矿物油微小颗粒稳定分散在水中，形成稳定的水包油乳化液。表面活性剂的分子由极性基团和非极性基团两部分组成。前者亲水，可溶于水；后者亲油，可溶于油。油和水本来是互不相溶的，加入表面活性剂后，它能定向地排列并吸附在油水两极界面上,极性端向水,非极性端向油,把油和水联系起来,降低油-水的界面张力,使油以微小的颗粒稳定地分散在水中,形成稳定水包油乳化液。

表面活性剂在乳化液中,除了起乳化作用以外,还能吸附在金属表面上形成润滑膜起润滑作用。

表面活性剂种类很多,配制乳化液时,应用最广泛的是阴离子型和非离子型。前者如石油磺酸钠、油酸钠皂等,乳化性能好,并有一定的清洗和润滑性能。后者如聚氯乙烯、脂肪、醇、醚等,不怕硬水,也不受 pH 值的限制。良好的乳化液往往要使用多种表面活性剂,有时还加入适量的乳化稳定剂,如乙醇、正丁醇等。

4.3 切削液的分类与使用

1. 切削液的分类

切削液可分为水溶性和非水溶性两大类。

（1）**水溶液** 水溶液的主要成分是水,为具有良好的缓蚀性能和一定的润滑性能,常加入一定的添加剂（如亚硝酸钠、硅酸钠等）。常用的水溶液有电解质水溶液和表面活性水溶液。电解质水溶液是在水中加入电解质作为缓蚀剂;表面活性水溶液是加入皂类等表面活性物质,增强水溶液的润滑作用。

（2）**切削油** 切削油以矿物油为主要成分,少量为动植物油或混合油,加入各类油性添加剂和极压添加剂,以提高其润滑效果。切削油润滑作用良好,而冷却作用差,多用以减小摩擦,常用于精加工工序,如精刨、珩磨和超精加工等常使用煤油作切削液,而攻螺纹、精车丝杠可用菜籽油之类的植物油等。切削油的组成见表1-9,水溶液和切削油使用性能对比见表1-10。

表 1-9 切削油的组成

基础油	矿物油:煤油、柴油机油、全损耗系统用油 合成油:聚烯烃油、双酯
油性剂	脂肪油:豆油、菜籽油、猪油、鲸油、羊毛脂等 脂肪酸:油酸、棕榈酸等 脂类:脂肪酸酯 高级醇:十八烯醇、十八烷醇等
极压添加剂	氯系:氯化石蜡、氯化脂肪酸酯等 硫系:硫化脂肪油、硫化烯烃、聚硫化合物 磷系:二烷基二硫代磷酸锌、磷酸三甲酚酯、磷酸三乙酯等 有机金属化合物:有机钼、有机硼等
缓蚀剂	石油磺酸盐、十二烯基丁二酸等
铜合金缓蚀剂	苯并三氮唑、巯基苯并噻唑
抗氧化剂	二叔丁基对甲酚、胺系
消泡剂	二甲基硅油
降凝剂	氯化石蜡与萘的缩合物、聚烷基丙烯酸酯等

（3）**乳化液** 乳化液是用乳化油加 70%~98% 的水稀释而成的乳白色或半透明状液体,它由切削油加乳化剂制成。乳化液具有良好的冷却和润滑性能。乳化液的稀释程度根据用途

而定。浓度高,润滑效果好,但冷却效果差;反之,冷却效果好,润滑效果差。低浓度的乳化液用于粗车、磨削;高浓度的乳化液用于精车、精铣、精镗、拉削等。

表 1-10 水溶液和切削油使用性能对比

性能		切削油	水溶液
切削性能	刀具寿命	好	差
	尺寸精度	好	差
	表面粗糙度	好	差
操作性能	机床、工件的防锈蚀	好	差
	油漆的剥落	好	差
	切屑的分离、去除	差	好
	冒烟、起火	差	好
	对皮肤的刺激	差	好
	操作环境卫生	差	好
	防长霉、腐败、变质	好	差
	使用液维护	好	差
	废液处理	好	差
经济性	切削液费用	差	好
	切削液管理费用	好	差
	废液处理费用	好	差
	机床维护保养费用	好	差

2. 切削液的使用

切削液的效果除由本身的性能决定外,还与工件材料、刀具材料、加工方法等因素有关,应综合考虑各方面因素,合理选择切削液,以达到良好的效果。切削液的选用应遵循以下原则。

(1) 粗加工 粗加工时,切削用量大,产生的切削热量多,容易使刀具迅速磨损。此类加工一般采用冷却作用为主的切削液。切削速度较低时,刀具以机械磨损为主,宜选用润滑性能为主的切削液;切削速度较高时,刀具主要是热磨损,应选用冷却为主的切削液。

硬质合金刀具耐热性好,热裂敏感,可以不用切削液。如采用切削液,必须连续、充分浇注,以免冷热不均产生热裂纹而损伤刀具。

(2) 精加工 精加工时,切削液的主要作用是提高工件表面加工质量和加工精度。

加工一般钢件,在较低的速度(6.0~30m/min)情况下,宜选用极压切削油或10%~12%极压乳化液,以减小刀具与工件之间的摩擦和粘结,抑制积屑瘤。

(3) 难加工材料的切削 难加工材料硬质点多,热导率低,切削液不易散出,刀具磨损较快。此类加工一般处于高温高压的边界润滑摩擦状态,应选用润滑性能好的极压切削油或高浓度的极压乳化液。当用硬质合金刀具高速切削时,可选用冷却作用为主的低浓度乳化液。

常用切削液的选用见表 1-11。

表 1-11 常用切削液的选用

加工类型		工件材料					
		碳钢	合金钢	不锈钢及耐热钢	铸铁及黄铜	青铜	铝及合金
车、铣、镗孔	粗加工	3%~5%乳化液	1）5%~15%乳化液 2）5%石墨或硫化乳化液 3）5%氯化石蜡油制乳化液	1）10%~30%乳化液 2）10%硫化乳化液	1）一般不用 2）3%~5%乳化液	一般不用	1）一般不用 2）中性或含有游离酸小于4mg的弱性乳化液
	精加工		1）石墨化或硫化乳化液 2）5%乳化液（高速时） 3）10%~15%乳化液（低速时）	1）氧化煤油 2）煤油75%、油酸或植物油25% 3）煤油60%、松节油20%、油酸20%	黄铜一般不用，铸铁用煤油	7%~10%乳化液	1）煤油 2）松节油 3）煤油与矿物油的混合物
切断及切槽		1）15%~20%乳化液 2）硫化乳化液 3）活性矿油 4）硫化油		1）氧化煤油 2）煤油75%、油酸或植物油25% 3）硫化油85%~87%、油酸或植物油13%~15%	1）7%~10%乳化液 2）硫化乳化液		
钻孔及镗孔		1）7%硫化乳化液 2）硫化切削油		1）3%肥皂+2%亚麻油（不锈钢钻孔） 2）硫化切削油（不锈钢镗孔）	1）一般不用 2）煤油（用于铸铁） 3）菜籽油（用于黄铜）	1）7%~10%乳化液 2）硫化乳化液	1）一般不用 2）煤油 3）煤油与菜籽油的混合油
铰孔		1）硫化乳化液 2）10%~15%极压乳化液 3）硫化油与煤油混合液（中速）		1）10%乳化液或硫化切削油 2）含硫（或氯、磷）切削油		1）2号锭子油 2）2号锭子油与蓖麻油的混合物 3）煤油和菜籽油的混合物	
车螺纹		1）硫化乳化液 2）氧化煤油 3）煤油75%、油酸或植物油25% 4）硫化切削油 5）变压器油70%，氯化石蜡30%		1）氧化煤油 2）硫化切削油 3）煤油60%、松节油20%、油酸20% 4）硫化油60%、煤油25%、油酸15% 5）四氯化碳90%、猪油或菜籽油10%	1）一般不用 2）煤油（铸铁） 3）菜籽油（黄铜）	1）一般不用 2）菜籽油	1）硫化油30%、煤油15%、2号或3号锭子油55% 2）硫化油30%、煤油15%、油酸30%、2号或3号锭子油25%
滚齿插齿		1）20%~25%极压乳化液 2）含硫（或氯、磷）的切削油			1）煤油（铸铁） 2）菜籽油（黄铜）	1）10%~15%极压乳化液 2）含氯切削油	1）10%~15%极压乳化液 2）煤油
磨削		1）电解水溶液 2）3%~5%乳化液 3）豆油+硫磺粉			3%~5%乳化液		磺化蓖麻油1.5%、浓度30%~40%的氢氧化钠，加至微碱性，煤油9%，其余为水

项目一　简单轴类零件机械加工工艺的编制

任务实施

由学生完成。

评价

教师点评。

任务五　机床及工艺装备的选择

任务描述

车削加工简单阶梯轴的外圆，选择机床。

任务分析

根据外圆的加工要求，选择机床、夹具和量具。

相关知识

5.1　机床的选择

1. 普通机床分类

（1）按加工方式、使用的刀具和用途分　我国将机床设备分为11类，每类机床的代号用其名称的汉语拼音的第一个大写字母表示，我国金属切削机床型号的编制就是按这种方法进行的。它包括：

1）车床。代号C，主要用车刀在工件上加工各种旋转表面的机床。

2）钻床。代号Z，主要用钻头在工件上加工孔的机床。

3）镗床。代号T，主要用镗刀在工件上加工已有预制孔的内孔表面的机床。

4）磨床。代号M，用磨具或磨料加工工件各种表面的机床。

5）齿轮加工机床。代号Y，用齿轮切削工具加工齿轮齿面或齿条齿面的机床。

6）螺纹加工机床。代号S，用螺纹切削工具在工件上加工内、外螺纹的机床。

7）铣床。代号X，主要用铣刀在工件上加工各种表面的机床。

8）刨床和插床。代号B，刨床是用刨刀加工工件表面的机床；插床是用插刀加工工件表面的机床。

9）拉床。代号L，用拉刀加工工件各种内、外成形表面的机床。

10）锯床。代号G，用圆锯片或锯条等将金属材料锯断或加工成所需形状的机床。

11）其他机床。代号Q，其他金属切削机床，如刻线机、管子加工机床等。

（2）其他主要分类

1）按工件大小和机床质量分。分为仪表机床；中小型机床（<10t）；大型机床（≥10t）；重型机床（≥30t）；超重型机床（≥100t）。

2）按加工精度分。分为普通精度级（P）、精密级（M）和高精度级（G）。

35

3) 按工艺范围分。分为通用机床（可加工多种工件，完成多种工序的使用范围较广的机床，如卧式车床、万能升降台铣床、摇臂钻床等）；专门化机床（用于加工形状相似而尺寸不同的工件的特定工序的机床，如滚齿机、曲轴磨床、凸轮车床、精密丝杠车床等）；专用机床（用于加工特定工件的特定工序的机床，如汽车发动机气缸体钻孔组合机床、机床主轴箱孔的专用镗床等）。

4) 按机床自动化程度分。可分为手动操作机床、半自动机床、自动机床。半自动机床和自动机床统称为自动化机床。

2. 数控机床的分类

1) 按控制系统特点分。可分为点位控制数控机床（只要求刀具先快后慢准确定位，如数控钻床、数控压力机等）、直线控制数控机床（仅控制一根轴，刀具仅平行于坐标轴做直线运动）、轮廓控制数控机床（刀具相对工件的运动可实现对两个或多个坐标轴同时进行控制，可加工平面曲线轮廓或空间曲面轮廓，如数控车、铣、磨床，加工中心等）。

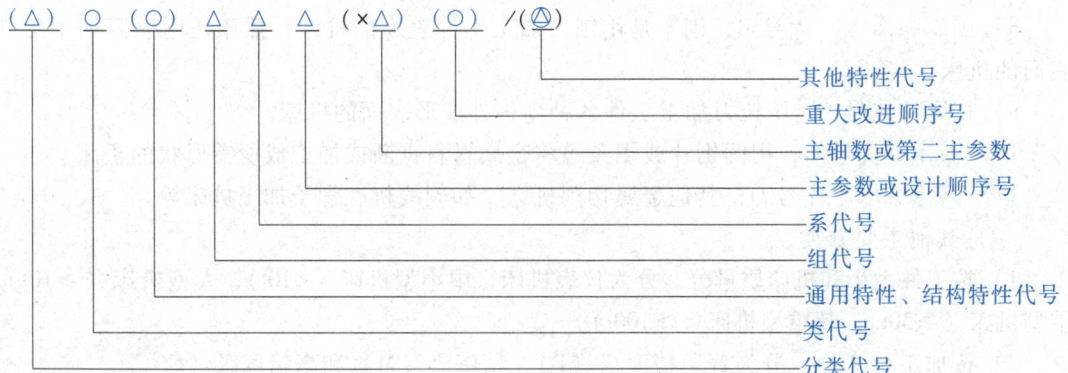

三轴、四轴、五轴加工机床

2) 按数控机床中轮廓控制同时控制的轴数分。分为两轴同时控制（2D）、两轴半控制（任意两轴同时控制）、三轴同时控制（3D）、多轴控制（4D、5D……）。

3) 按位置控制方式分。分为开环控制（用步进电动机驱动，无检测元件）、反馈补偿型开环控制（用步进电动机驱动，反馈用位置检测元件装在丝杠上或工作台上）、半闭环控制（伺服电动机驱动，位置检测元件装在电动机上或丝杠上）、反馈补偿型半闭环控制（伺服电动机驱动，位置检测元件装在电动机上或丝杠上，反馈用位置检测元件装在工作台上）、闭环控制（伺服电动机驱动，位置检测元件装在工作台上）。

4) 其他分类。如按数控装置类别分为硬件数控机床（NC）和软件数控机床（CNC）；按加工方式分为金属切削数控机床、特种加工数控机床、无屑加工数控机床、其他数控机械设备（如工业机器人、三坐标测量机）等。

3. 机床设备的型号

机床型号是机床产品的代号。我国的机床设备型号是由汉语拼音字母及阿拉伯数字按一定规律组成的，用以简明表示机床类型、主要技术参数、使用性能和结构特点的一组代号。在 GB/T 15375—2008《金属切削机床　型号编制方法》标准中，介绍了各类通用机床和专用机床型号的表示方法。下面简单介绍通用机床型号的表示方法。

通用机床型号由基本部分和辅助部分组成，中间用"/"（读作"之"）隔开。基本部分需统一管理，辅助部分纳入型号与否由企业自定。其表示方法为：

（△）○（○）△△△（×△）（○）/（◎）

其他特性代号
重大改进顺序号
主轴数或第二主参数
主参数或设计顺序号
系代号
组代号
通用特性、结构特性代号
类代号
分类代号

例如，CA6140 型卧式车床型号的含义是

因此，"CA6140"表示"床身上最大回转直径为 400mm，具有 A 式新结构特征的卧式车床"。

机床通用特性代号及其含义等内容，详见国家标准 GB/T 15375—2008。随着我国装备制造业国际化步伐的加快，许多合资企业、外资企业的机床产品采用了与国家标准不同的、原企业在市场上沿用的型号编制习惯。因此理解各机床型号的含义还必须参照相关企业的说明。

4. 机床的选用原则

在选择机床时应遵循下列原则。

1）机床的主要规格尺寸应与工件的外廓尺寸和加工表面的有关尺寸相适应。
2）机床的精度要与工序要求的加工精度相适应。
3）机床的生产率应与零件的生产纲领相适应。
4）尽量利用现有的机床设备。

若需改装旧机床或设计专用机床，应提出任务书，说明与工序内容有关的参数、生产纲领、保证产品质量的技术条件及机床的总体布置等。

5. 普通车床

普通车床按照用途和功能不同，可分为许多类型，如卧式车床、单柱立式车床、落地车床和转塔车床等，如图 1-16～图 1-19 所示。本节内容主要介绍 CA6140 型卧式车床。

双柱立车

车床组成

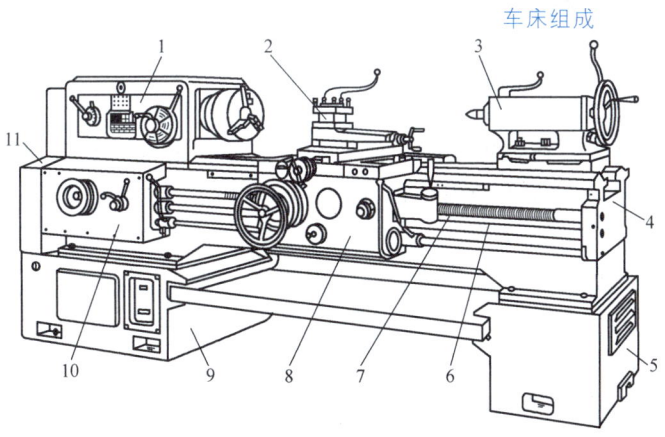

图 1-16 卧式车床

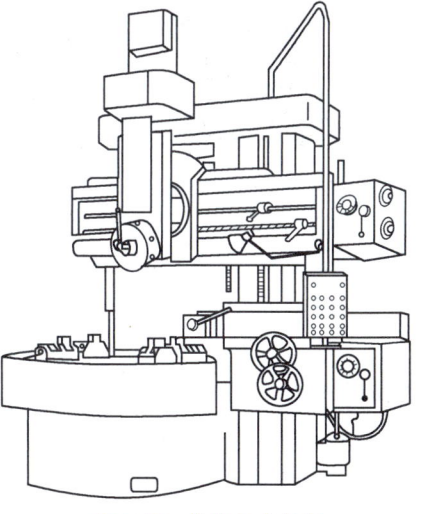

图 1-17 单柱立式车床

1—主轴箱 2—刀架 3—尾座 4—床身 5、9—床脚 6—光杠
7—丝杠 8—溜板箱 10—进给箱 11—交换齿轮箱

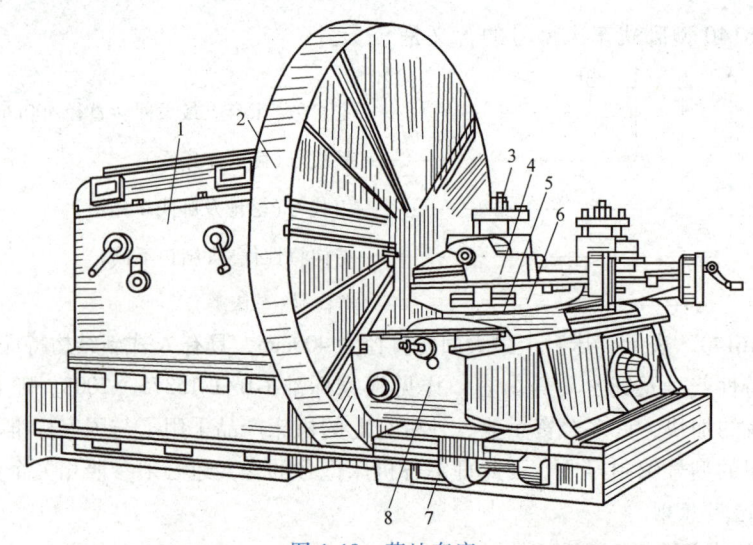

图 1-18 落地车床

1—主轴箱 2—花盘 3—刀架 4—小滑板 5—床鞍
6—中滑板 7—床身 8—底座

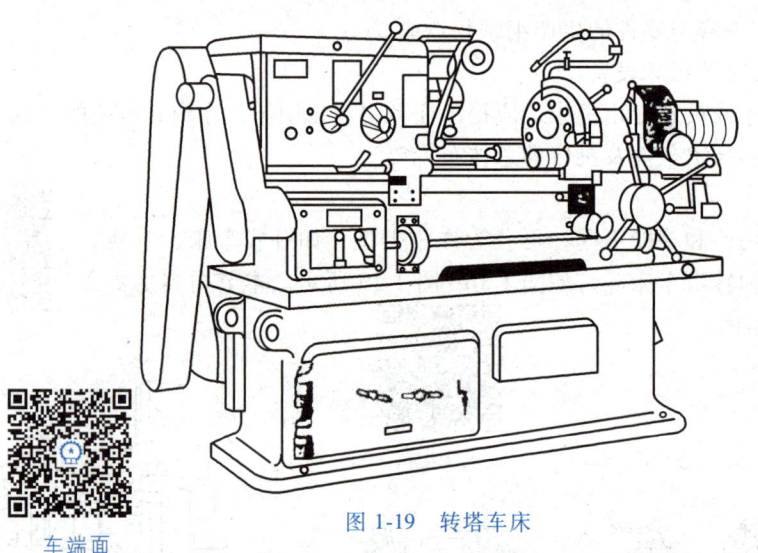

图 1-19 转塔车床

车端面

（1）车床的工艺范围　车床适用于加工各种轴类、套筒类和盘类零件上的回转表面，如内外圆柱面、圆锥面及成形回转表面，车削端面及各种常用的米制、寸制、模数制和径节制螺纹，还可以进行钻孔、扩孔、铰孔、滚花等工作。

（2）CA6140型卧式车床的组成与技术性能　图1-16所示为CA6140型卧式车床，主要组成部件如下：

主轴箱：支承并传动主轴，使主轴带动工件按照规定的转速旋转，实现主运动。

床鞍与刀架：装夹车刀，并使车刀纵向、横向或斜向运动。

尾座：用后顶尖支承工件，并可在其上安装钻头等孔加工工具，以进行孔加工。

床身：车床的基本支承件，在其上安装车床的主要部件，以保持它们的相对位置。

溜板箱：把进给箱传来的运动传递给刀架，使刀架实现纵向进给、横向进给、快速移动或车螺纹。其上有各种操作手柄和操作按钮，方便工人操作。

进给箱：改变加工螺纹时的螺距或机动进给的进给量。

CA6140型卧式车床主要技术性能参数如下。

床身上最大工件回转直径	400mm
最大工件长度（4种规格）	750mm、1000mm、1500mm、2000mm
最大车削长度	650mm、900mm、1400mm、1900mm
刀架上最大工件回转直径	210mm
主轴转速　　正转24级	10~1400r/min
反转12级	14~1580r/min
进给量　　　纵向进给量64级	0.028~6.33mm/r
横向进给量64级	0.014~3.16mm/r
床鞍与刀架快速移动速度	4m/min
车削螺纹范围　米制螺纹44种	$T=1~192$mm
寸制螺纹20种	$a=2~24$牙/in⊖
模数制螺纹39种	$m=0.25~48$mm
径节制螺纹37种	$D_P=1~96$牙/in
主电动机	7.5kW，1450r/min

6. 数控车床

数控车床是一种使用编程控制，以数字指令方式来完成零件的加工的车床。数控车床通用性强，加工灵活，能够适应工件品种和规格的频繁变化，能够满足多品种、小批量和生产自动化的要求，是应用范围较为广泛的一种数控机床，约占所有数控机床的25%。

（1）**数控车床的用途**　数控车床和普通车床一样用于加工轴类或盘类回转体零件。由于数控车床可自动完成内外圆柱面、圆锥面、圆弧面、端面和螺纹等工序的切削加工，因而尤其适合加工形状复杂的轴类或盘类零件。

（2）**数控车床的组成及特点**　数控车床在结构上与普通车床相似，仍然由床身、主轴箱、进给传动系统、刀架以及液压、冷却、润滑系统等部分组成，只是数控机床的进给系统与普通车床有着本质上的差别。普通车床将主轴的转动经过交换齿轮架、进给箱、溜板箱传递到刀架，实现纵向和横向进给运动。而数控机床采用伺服（步进）电动机经滚珠丝杠，将主轴的转动传到滑板和刀架，实现纵向（Z向）和横向（X向）进给运动。与普通车床相比，数控车床的传动结构大为简化，精度和自动化程度也有了很大的提高，如图1-20所示。

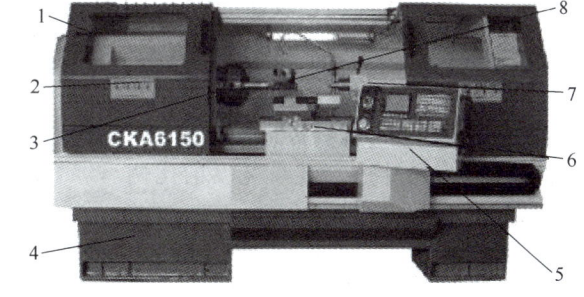

图1-20　典型数控车床结构
1—防护罩　2—主轴箱　3—主轴　4—床身
5—数控系统　6—溜板　7—尾座　8—回转刀架

⊖　1in=25.4mm。

(3) **数控车床的布局** 数控车床的主轴、尾座等部件相对床身的布局形式与普通车床基本一致,而刀架和导轨的布局形式有很大的变化,这将直接影响数控车床的使用性能及机床的结构和外观。另外,数控车床上一般都设有封闭的防护装置。

1) 床身和导轨的布局。数控车床床身和导轨与水平面的相对位置如图 1-21 所示,它有四种布局形式:水平床身、斜床身、水平床身斜滑板和立床身。

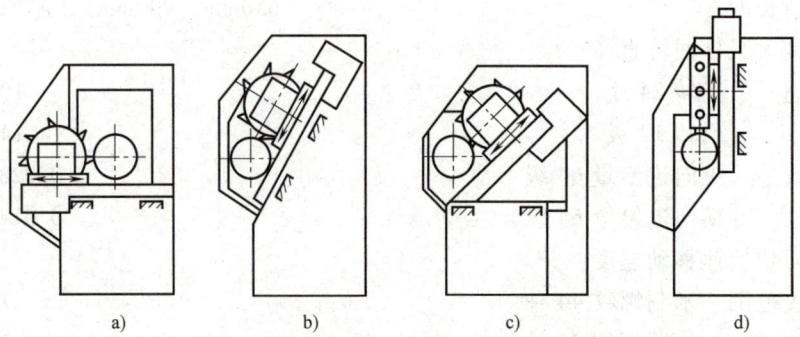

图 1-21 数控车床床身的布局
a) 水平床身 b) 斜床身 c) 水平床身斜滑板 d) 立床身

如图 1-21a 所示,水平床身的工艺性好,便于导轨面的加工。水平床身配上水平放置的刀架可提高刀架的运动精度,一般可用于大型数控车床或小型精密数控车床的布局。但是水平床身由于下部空间小,因而排屑较为困难。从结构尺寸上看,刀架水平放置使得滑板横向尺寸较长,从而加大了机床宽度方向的结构尺寸。

为了减少占用的空间,产生了斜床身配置斜滑板(图 1-21b)的布局形式。此形式普遍用于中、小型数控车床。这种布局形式排屑容易,热铁屑不会堆积在导轨上,也便于安装自动排屑器,操作方便,易于安装机械手以实现单机自动化,机床占地面积小,外形美观,容易实现封闭式防护。

图 1-21c 所示为水平床身配斜滑板的布局形式,并配置倾斜式导轨防护罩。这种布局形式一方面具有水平床身工艺性好的特点,另一方面机床宽度方向的尺寸较水平配置滑板的要小,排屑方便。

斜床身的导轨倾斜角度分别为 30°、45°、60°、75°和 90°(称为立床身,图 1-21d)。倾斜角度小,排屑不便;倾斜角度大,导轨的导向性及受力情况差。导轨倾斜角度的大小还直接影响机床外形尺寸中高度与宽度的比例。综合考虑上面的诸因素,中、小规格的数控车床,其床身的倾斜度以 60° 为宜。

2) 刀架的布局。目前,数控车床多采用回转式刀架,其布局形式有两种:一种是卧式回转刀架,其回转轴垂直于主轴,一般为 4 工位;另一种是立式回转刀架,其回转轴平行于主轴,有 6 工位、8 工位、10 工位和 12 工位等几种。

四坐标轴控制的数控车床,床身上安装有两个独立的滑板和回转刀架,也称为双刀架四坐标数控车床。车床上每个刀架的切削进给量是独立控制的,因此两刀架可以同时切削同一工件的不同部位,既扩大了加工范围,又提高了加工效率,适用于加工曲轴、飞机零件等形状复杂、批量较大的零件。

(4) **数控车床的分类** 随着现代制造技术的不断发展,数控车床的品种不断增多,一般按以下几种方法进行分类。

1）按数控车床的功能分类。

① 经济型数控车床。经济型数控车床一般是在普通车床的基础上改进设计而成的。其主轴采用普通交流异步电动机驱动，可用齿轮分档变速，或用变频器连续无级调速，无专用的主轴驱动单元；进给采用步进电动机开环伺服系统；4工位卧式回转刀架；一般采用以单片机为核心的经济型数控系统，结构简单，价格低廉。

② 全功能型数控车床。全功能型数控车床一般采用斜床身（或水平床身斜滑板）的布局形式，主轴采用专用的主轴驱动单元和主轴电动机，分档无级变速，恒功率范围宽；进给系统为半闭环伺服系统；立式6工位以上的回转刀架；配有液压卡盘和液压尾座；功能完善，自动化程度高，具有高刚度、高精度和高效率等特点。

③ 车削中心。车削中心在外形结构、主传动结构上与全功能型数控车床基本相同，只是增加了主轴的C轴（绕Z轴旋转）功能，并配有钻、铣动力头（刀具旋转）。在工件一次装夹后，它可完成回转类零件的车、铣、钻、铰、攻螺纹等多工序的复合加工。

车削中心的C轴功能可实现主轴定向停机和圆周进给，并在数控系统控制下实现C轴、Z轴插补或C轴、X轴插补，可以在圆柱面上或端面上任意部位钻削、铣削、车螺纹及进行曲面铣加工。

2）按主轴的配置形式分类。

① 卧式数控车床：主轴轴线处于水平位置的数控车床。

② 立式数控车床：主轴轴线处于垂直位置的数控车床。

③ 具有两根主轴的车床，也称为双轴卧式数控车床或双轴立式数控车床。

3）按数控系统控制的轴数分类。

① 两轴控制的数控车床：机床上只有一个回转刀架，可实现两坐标轴控制。

② 四轴控制的数控车床：机床上有两个独立的回转刀架，可实现四坐标轴控制。

5.2 工艺装备的选择

工艺装备主要包括夹具、刀具、量具和辅助工具，其选择是否合理，直接影响工件的加工质量、生产率和加工经济性。

1. 夹具的选择

单件小批生产时，优先考虑采用作为机床附件的各种通用夹具，如卡盘、回转工作台、平口钳等，也可采用组合夹具，如图1-22所示。

大批大量生产时，应根据工序要求设计专用高效夹具；多品种的中批生产可采用可调夹具或成组夹具。

2. 刀具的选择

在选择刀具时主要考虑加工内容、工件材料、加工精度、表面粗糙度、生产率、经济性及所选用的机床的性能等因素。一般应优先采用标准刀具，必要时也可采用各种高生产率的复合刀具及专用刀具，此外，应结合实际情况，尽可能选用各种先进刀具，如可转位刀具、陶瓷刀具、群钻等。

3. 量具的选择

量具主要根据生产类型及加工精度加以选择。单件小批生产采用通用量具，大批大量生产时采用极限量规。检验螺纹的极限量规如图1-23所示。

自定心卡盘

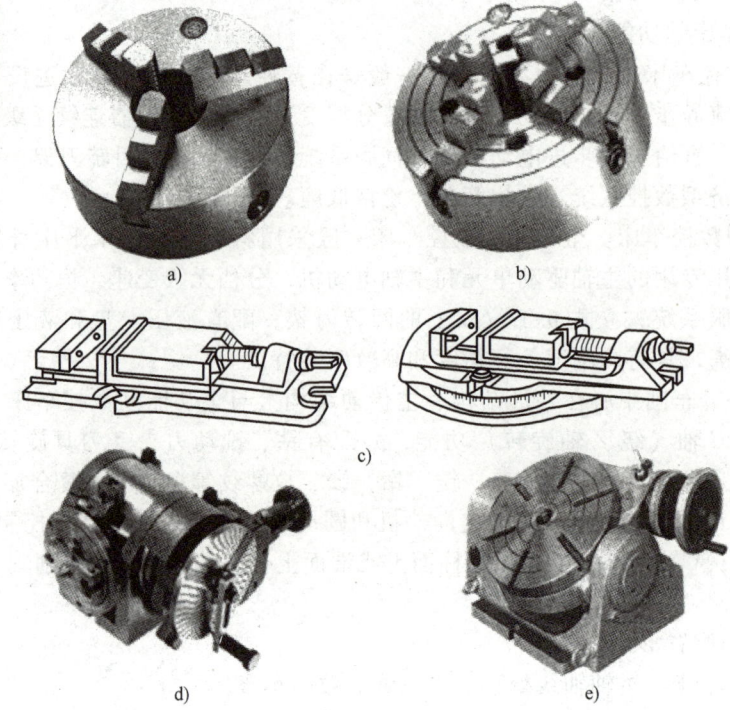

图 1-22　机床通用夹具

a) 自定心卡盘　b) 单动卡盘　c) 机用平口钳　d) 分度头　e) 回转工作台

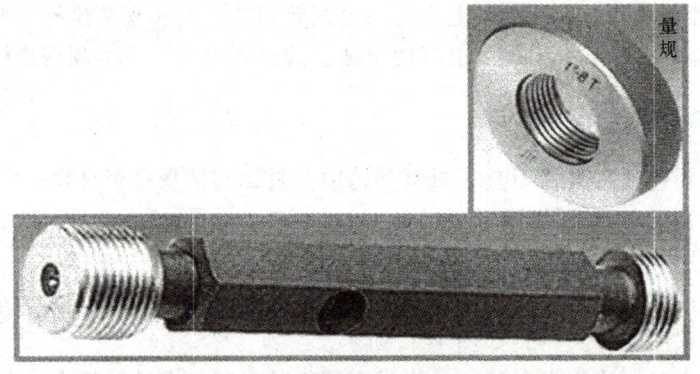

图 1-23　检验螺纹的极限量规

此外，对用于连接机床与刀具的辅具，如刀柄、接杆、夹头等，在选择时也应予以足够的重视。由于数控机床与加工中心的应用日益广泛，辅具的重要性更为明显。若选择不当，对加工精度、生产率、经济性都会产生消极影响。其具体的选择要根据工序内容、刀具和机床结构等因素而定，并且尽量选择标准辅具。

5.3　工件的安装

1. 在自定心卡盘或单动卡盘上找正安装工件

如图 1-24a 所示，自定心卡盘装夹时能自动定心，但其定心精度不高。如图 1-24b 所示，单动卡盘在装夹时，把工件直接夹持在单动卡盘上，根据工件的一个或几个表面，用划针或百分表找正工件准确位置后再进行夹紧。

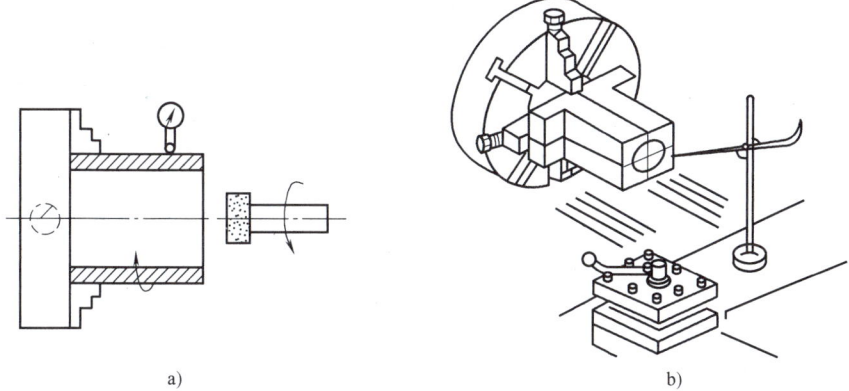

图1-24 自定心卡盘和单动卡盘安装工件

2. 一夹一顶安装工件

如图1-25所示，一夹一顶即轴的一端外圆用卡盘夹紧，另一端用尾座顶尖顶住中心孔的工件安装方式。这种安装方式可提高轴的装夹刚度，此时轴的外圆和中心孔同时作为定位基面，常用于长轴加工及粗车加工中。

3. 在双顶尖间安装工件

在实心轴两端钻中心孔，在空心轴两端安装带中心孔的锥堵或锥套心轴，用车床主轴和尾座顶尖顶两端中心孔的工件安装方式，如图1-26所示。此时定位基准与设计基准统一，能在一次装夹中加工多处外圆和端面，并可保证各外圆轴线的同轴度要求以及端面与轴线的垂直度要求，是车削、磨削加工中常用的工件安装方法。

一夹一顶安装方式

双顶尖安装

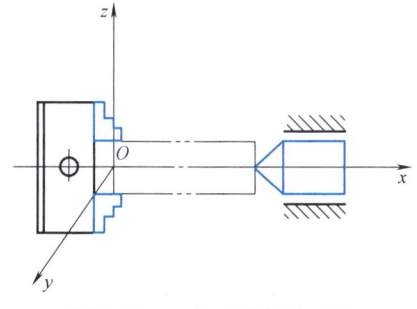

图1-25 一夹一顶安装工件

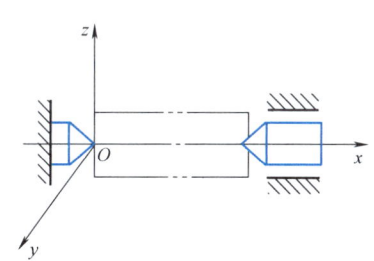

图1-26 双顶尖间安装工件

4. 中心架安装轴类零件

在对细长轴类零件进行粗加工时，为了防止工件变形，常采用中心架安装工件，如图1-27所示。

5. 跟刀架安装轴类零件

在对细长轴类零件进行精加工时，为了防止工件变形，提高工件加工精度，应采用跟刀架安装工件，如图1-28所示。

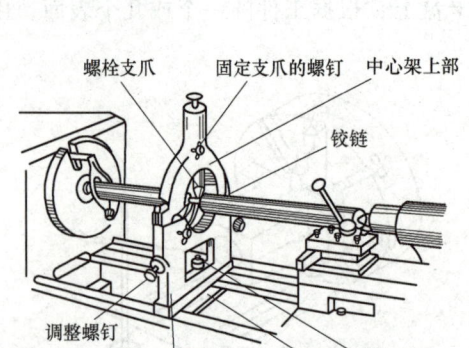
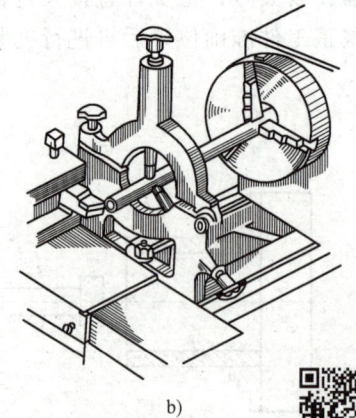

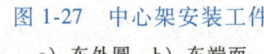

图 1-27 中心架安装工件

a) 车外圆　b) 车端面

使用中心架时的车外圆

使用中心架时的车端面

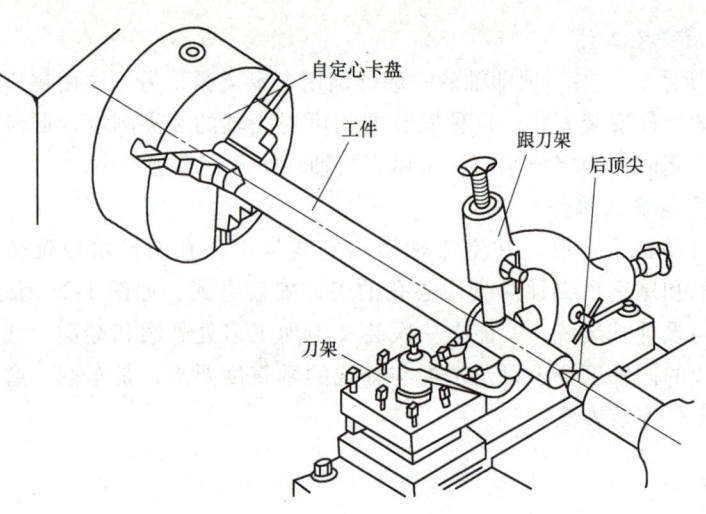

图 1-28 跟刀架安装工件

5.4 车刀的安装

1. 车刀的类型

车刀是金属切削加工中应用最广泛的一种刀具，它可在各种类型的车床上加工外圆、内孔、倒角、切槽与切断，车螺纹以及其他成形面。

车刀的类型很多，按用途可分为以下几类。

1) 偏刀。以 90°偏刀居多，如图 1-29a 所示，用来车削外圆、台阶、端面。由于主偏角大，切削时产生的背向切削力小，故适宜车削细长的轴类工件。

2) 弯头刀。以 45°弯头刀最为常见，如图 1-29b 所示，用来车削外圆、端面、倒角。完成上述加工表面不需转刀架，也不用换刀，可减少辅助时间，提高生产率。

3) 切断刀（切槽刀）。如图 1-29c 所示，用来切断工件或在工件上加工沟槽。

4) **镗刀**。如图 1-29d 所示，用来加工内孔。
5) **圆头刀**。如图 1-29e 所示，用来车削工件台阶处的圆角和圆弧槽。
6) **螺纹车刀**。如图 1-29f 所示，用来车削螺纹。

除此之外，还有端面车刀、直头外圆车刀和成形车刀等。

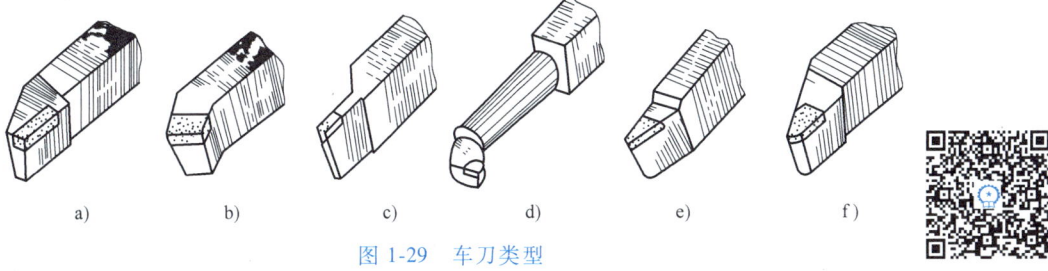

图 1-29　车刀类型

a）偏刀　b）弯头刀　c）切断刀　d）镗刀　e）圆头刀　f）螺纹车刀

车刀类型

按结构不同，车刀可分为以下几类。

1) **整体式高速钢车刀**。如图 1-30 所示，这种车刀刃磨方便，刀具磨损后可以多次重磨。但刀杆也为高速工具钢材料，造成刀具材料浪费。刀杆强度低，当切削力较大时，会造成破坏。一般用于较复杂成形表面的低速精车。

2) **硬质合金焊接式车刀**。如图 1-31 所示，这种车刀是将一定形状的硬质合金刀片钎焊在刀杆的刀槽内制成的。其结构简单，制造刃磨方便，刀具材料利用充分，应用十分广泛。但其切削性能受工人的刃磨技术水平和焊接质量影响，且刀杆不能重复使用，造成材料浪费。

3) **可转位车刀**。用机械夹固的方式将可转位刀片固定在刀槽中而组成的车刀，如图 1-32 所示。其优点是寿命高，刀片更换方便、迅速，并可使用多种材料刀片；其缺点是结构复杂，刃磨较难，使用不灵活，一次性投入较大。

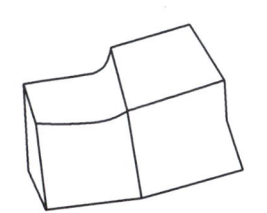 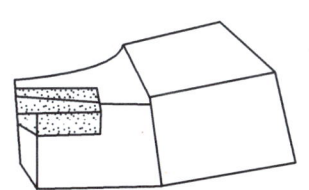 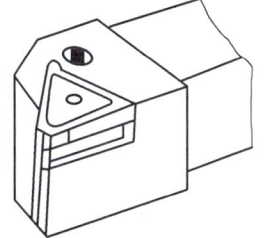 

图 1-30　整体式高速钢车刀　　图 1-31　硬质合金焊接式车刀　　图 1-32　可转位车刀　　车刀结构

2. 车刀的安装要求

1) 车刀刀尖应与工件中心线等高。图 1-33 所示为刀具安装位置对工作角度的影响。车刀的刀尖高于工件中心线，工作前角 γ 增大，而工作后角 α 减小。当刀尖低于工件中心线时，角度的变化情况正好相反。图 1-34 所示为车端面的情况。实际生产中要求车端面、圆锥面、螺纹、成形面时等高安装；粗车孔、切断空心工件时，刀尖应与机床主轴轴线等高；粗车一般外圆、精车孔时，刀尖应与工件中心线等高或稍高于工件中心线。

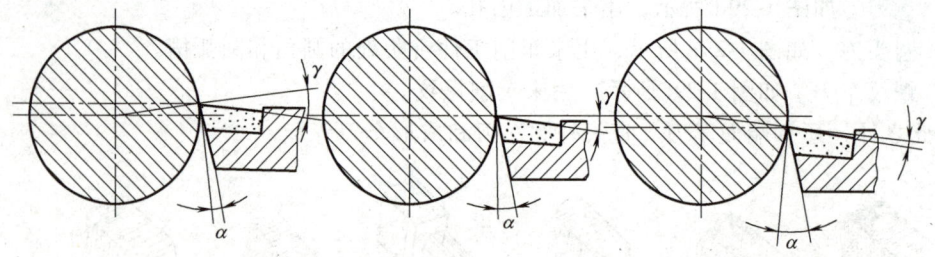

图 1-33　刀具安装位置对工作角度的影响

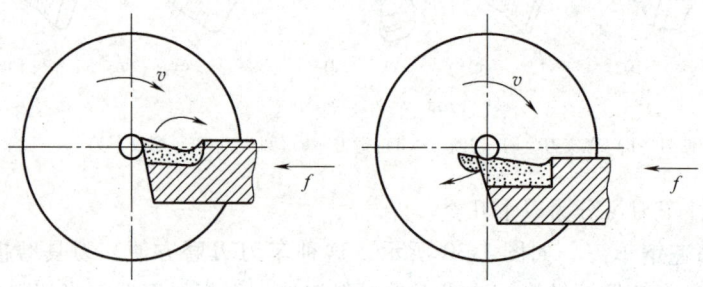

图 1-34　不对准中心线对车端面的影响

2）车刀装夹在刀架上的伸出部分应尽量短，以增强其刚性，如图 1-35 所示。一般车刀伸出长度为刀杆宽度的 1~1.5 倍，下面的垫片数量要尽量少，并与刀架边缘对齐。

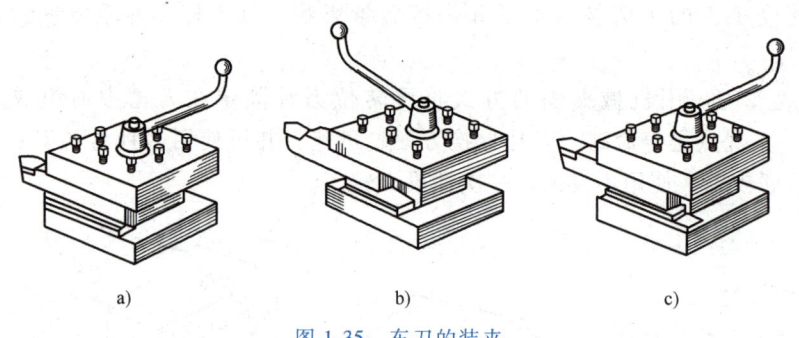

图 1-35　车刀的装夹

a）正确　b）、c）不正确

3. 车刀的材料及选用

1）**高速工具钢**。高速工具钢是含有较多钨、钼、铬、钒等元素的高合金工具钢，热处理后硬度为 62~66HRC，抗弯强度约为 33GPa，耐热性为 550~600℃。高速工具钢又可分为普通高速工具钢、高性能高速工具钢、粉末冶金高速工具钢及涂层高速工具钢。

2）**硬质合金**。硬质合金是由硬度和熔点很高的碳化物（硬质相，如 WC、TiC、TaC、NbC 等）和金属（黏结相，如 Co、Ni、Mo 等）通过粉末冶金工艺制成的。

3）**陶瓷**。陶瓷是以氧化铝或以氧化硅为基体再添加少量金属，在高温下烧结而成的。陶瓷刀具有很高的耐磨性和耐热性，良好的抗黏结性和较低的摩擦因数，化学性能稳定。陶瓷刀具在切削时不易粘刀、不易产生积屑瘤，但其强度和抗热冲击性较差，一般用于在高速下精加工硬材料，如氧化铝复合陶瓷适合于中速下切削冷硬铸铁、淬硬钢等；氮化硅基陶瓷能进行高速切削，故适宜精加工和半精加工，也可加工 51~54HRC 硬度的镍基合金、高锰钢等难加工材料。

4) 金刚石。金刚石的硬度和耐磨性很好，可用于切削硬度高的一些材料，但由于金刚石的耐热度较低，只有 700~800℃，故工作温度不能过高。另外，因其易与碳亲和，因此不宜用于加工含碳的黑色金属。

5) 立方氮化硼。其硬度与耐磨性仅次于金刚石，有较强的抗黏结能力，与钢的摩擦因数小，适用于高速切削钢材及耐热合金。因其价格高，一般用于加工高硬度材料或超精加工。

4. 刀杆截面形状和尺寸的选用

车刀刀杆截面形状有矩形、方形和圆形三种。一般用矩形，切削力较大时采用方形，圆形多用于内孔车刀。刀杆高度 H 可按车床中心高选择。

任务实施

由学生完成。

评价

教师点评。

任务六　机械加工方法的选择

任务描述

车削加工简单阶梯轴的外圆，选择机械加工方法。

任务分析

根据外圆的加工要求，选择车削加工、铣削加工。

相关知识

达到同样质量的加工方法有多种，在选择时一般要考虑下列因素。

1. 各种加工方法所能达到的经济精度和表面粗糙度

任何一种加工方法能获得的加工精度和表面粗糙度都有一个相当大的范围，而高精度的获得一般是以高成本为代价的。不适当的高精度要求，会导致加工成本急剧上升。我们所要求的是在正常加工条件下（采用符合质量标准的设备、工艺装备和标准技术等级的工人，不延长加工时间）所能保证的加工精度和表面粗糙度，这称为经济加工精度，简称经济精度。通常它的范围是比较窄的。例如，公差等级为 IT7 和表面粗糙度值为 $Ra0.4\mu m$ 的外圆表面，精车可以达到，但采用磨削更为经济，而表面粗糙度值为 $Ra1.6\mu m$ 的外圆则多采用车削加工而不采用磨削加工，因为这时车削是经济的。表 1-12 介绍了各种加工方法的经济加工精度和表面粗糙度，在选择零件表面的加工方法时可作为参考。

表 1-12 常用加工方法的经济加工精度和表面粗糙度

加工表面	加工方法	经济加工精度	表面粗糙度值 $Ra/\mu m$
外圆柱面和端面	粗车	IT12~IT11	25~12.5
	半精车	IT10~IT9	12.5~6.3
	精车	IT8~IT7	6.3~1.6
	金刚石车	IT7~IT6	1.6~0.2
	粗磨	IT8~IT7	6.3~1.6
	精磨	IT7~IT6	1.6~0.2
	研磨	IT5	0.4~0.1
	超精加工	IT5	0.1~0.01
	抛光	—	0.1~0.012
圆柱孔	钻	IT12~IT11	25~12.5
	扩	IT10~IT9	6.3~3.2
	粗铰	IT8~IT7	1.6~0.8
	精铰	IT7~IT6	0.8~0.4
	粗拉	IT8~IT7	1.6~0.8
	精拉	IT7~IT6	0.8~0.4
	粗镗	IT12~IT11	25~12.5
	半精镗	IT10~IT9	6.3~3.2
	精镗	IT8~IT7	1.6~0.8
	粗磨	IT8~IT7	1.6~0.8
	精磨	IT7~IT6	0.4~0.2
	珩磨	IT6~IT4	0.8~0.05
	研磨	IT6~IT4	0.1~0.008
平面	粗铣(或粗刨)	IT12~IT11	25~12.5
	半精铣(或半精刨)	IT10~IT8	12.5~3.2
	精铣(或精刨)	IT8~IT7	1.6~0.8
	宽切削刃精刨	IT6	0.8~0.4
	粗拉	IT11~IT10	6.3~3.2
	精拉	IT9~IT6	1.6~0.4
	粗磨	IT8~IT7	1.6~0.8
	精磨	IT6~IT5	0.4~0.2
	刮研	IT9~IT6	1.6~0.4
	研磨	IT5	0.2~0.012

2. 工件材料的性质

加工方法的选择,常受工件材料性质的限制。例如淬火钢淬火后应采用磨削加工;而有色金属磨削困难,常采用金刚镗或高速精密车削来进行加工。

3. 工件的结构形状和尺寸

以内圆表面加工为例：回转体零件上较大直径的孔可采用车削或磨削；箱体上IT7级的孔常用镗削或铰削，孔径较大或长度较短的孔宜采用镗削，孔径较小时宜采用铰削。

4. 生产率和经济性的要求

大批大量生产时，应采用高效率的先进工艺，如拉削内孔及平面等。或从根本上改变毛坯的制造方法，如粉末冶金、精密铸造和模锻等，可大大减少机械加工的工作量。但在生产纲领不大的情况下，应采用一般的加工方法，如镗孔或钻、扩、铰孔及铣、刨平面等。

任务实施

由学生完成。

评价

教师点评。

任务七　简单阶梯轴机械加工工艺的编制

任务描述

根据图1-1的要求，编制机械加工工艺规程。

相关知识

编制机械加工工艺规程，就要熟悉和掌握生产过程、工艺过程和机械加工工艺规程等方面的基本知识。

7.1　生产过程与工艺过程

1. 生产过程

生产过程是指产品由原材料到成品之间的各个相互联系的劳动过程的总和。其中包括原材料的运输和保管、生产准备工作、毛坯制造、零件加工、部件和产品的装配、检验试车和机器的油漆包装等。

为了降低生产成本，一台机器的生产，往往由许多工厂联合起来完成。由若干个工厂共同完成一台机器的生产过程，除了较经济之外，还有利于零、部件的标准化和组织专业化生产。例如，一个汽车制造厂就要利用许多其他工厂的成品（玻璃、电气设备、轮胎、仪表等）来完成整个汽车的生产过程。其他如机床制造厂、轮船制造厂等都是如此。这时，某工厂所用的原材料、半成品或部件，却是另一工厂的成品。

工厂的生产过程，又可按车间分为若干车间的生产过程。某一车间所用的原材料（半成品），可能是另一车间的成品，而它的成品，又可能是某一车间的半成品。

2. 生产系统

（1）系统的概念　任何事物都是由数个相互作用和相互依赖的部分组成的并具有特定功能的有机整体，这个整体就是"系统"。

一个系统至少要由两个要素组合而成，而且这些要素相互联系和相互作用，有其整体的目的性，具有适应其所处环境变化的能力。也就是说，要成为系统，必须具备集合性、相关性、目的性和环境适应性四个属性。

(2) 机械加工工艺系统　一般把机械加工中由机床、刀具、夹具和工件组成的相互作用、相互依赖，并具有特定功能的有机整体，称为机械加工工艺系统，简称为工艺系统。机械加工工艺系统的整体目标是在特定的生产条件下，适应环境要求，在保证机械加工工序质量和产量的前提下，采用合理的工艺过程，并尽量降低工序成本。

(3) 生产系统　如果以整个机械制造工厂为整体，为了实现有效的经营管理，以获得较高的经济效益，则不仅要把原材料、毛坯制造、机械加工、热处理、装配、涂装、试车、包装、运输和保管等物质范畴的因素作为要素来考虑，而且要把技术情报、经营管理、劳动力调配、资源和能源利用、环境保护、市场动态、经济政策、社会问题和国际因素等信息作为对系统影响更大的要素来考虑。

由此可见，生产系统是包括制造系统的更高一级的系统，而制造系统则是生产系统的子系统中比较重要的部分之一。

3. 工艺过程

在生产过程中，我们把用机械加工方法（主要是切削加工方法）按一定顺序逐渐改变毛坯的形状、尺寸、位置和性质，使其成为合格零件所进行的全部过程称为机械加工工艺过程，简称工艺过程。工艺过程又可以具体分为锻造、冲压、焊接、机械加工、热处理、电镀、装配等工艺过程。

零件依次通过的全部加工过程称为工艺路线或工艺流程，工艺路线是制订工艺过程和进行车间分工的重要依据。

7.2　工艺过程的组成

要制订机械加工工艺规程，就要了解工艺过程的组成。

1. 工序

一个或一组工人在一个工作地点，对一个或同时对几个工件连续完成的那一部分工艺过程称为工序。工序是组成工艺过程的基本单元。当加工对象（工件）更换时，或设备和工作地点改变时，或完成工艺工件的连续性有改变时，则形成另一道工序。这里的连续性是指工序内的工作须连续完成。

例如，图1-1所示的阶梯轴，如果各个表面都需要进行机械加工，则根据其产量和生产车间的不同，应采用不同的方案来加工。属于单件、小批量生产时可按表1-13所列方案来加工。

表1-13　单件、小批生产的工艺过程

工序	内　容	设备
10	车端面,钻中心孔,调头车另一端面,钻中心孔	车床
20	车大外圆及倒角,调头车小外圆及倒角	车床
30	铣键槽,去毛刺	铣床

如果属于大批、大量生产，则应改用表1-14所列方案加工。

表 1-14 大批、大量生产的工艺过程

工序	内　　容	设备
10	铣两端面,钻中心孔	专用铣床
20	车大外圆及倒角	车床
30	车小外圆及倒角	车床
40	铣键槽	键槽铣床
50	去毛刺	钳工台

2. 工步与复合工步

在加工表面、切削刀具和切削用量（仅指转速和进给量）都不变的情况下，所连续完成的那部分工艺过程，称为一个工步。图 1-36 所示为底座零件的孔加工工序，它由钻、扩、锪三个工步组成。

对于转塔自动车床的加工工序来说，转塔每转换一个位置，切削刀具、加工表面及车床的转速和进给量都发生改变，这样就构成了不同的工步，如图 1-37 所示。

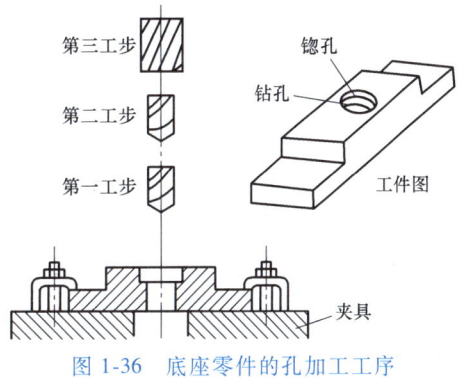

图 1-36　底座零件的孔加工工序

有时为了提高生产率，经常把几个待加工表面用几把刀具同时进行加工，这可看作为一个工步，称为复合工步，如图 1-38 所示。

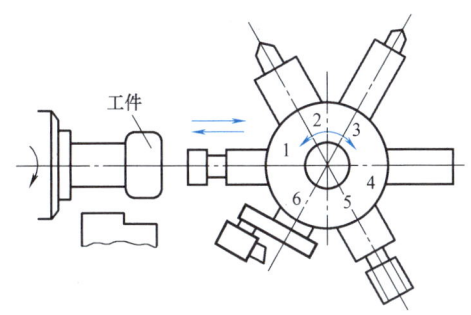

图 1-37　转塔自动车床的不同工步

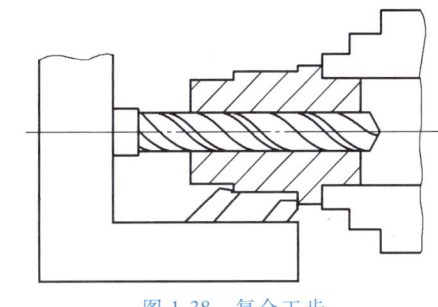

图 1-38　复合工步

3. 走刀

有些工步，由于余量较大或其他原因，需要在同一切削用量（仅指转速和进给量）下对同一表面进行多次切削，这样刀具对工件的每一次切削就称为一次走刀，如图 1-39 所示。

4. 安装

为完成一道工序的加工，在加工前对工件进行的定位、夹紧和调整作业称为安装。在一道工序内，可能只需进行一次安装；也可能要进行多次安装。加工中应尽量减少安装次数，因为这不仅可以减少辅助时间，而且可以减少因安装误差而导致的加工误差。

5. 工位

为了完成一定的工序内容，一次装夹工件后，工件与夹具或设备的可动部分一起相对于刀具或设备的固定部分所占据的每一个位置称为工位。采用多工位夹具、回转工作台或在多

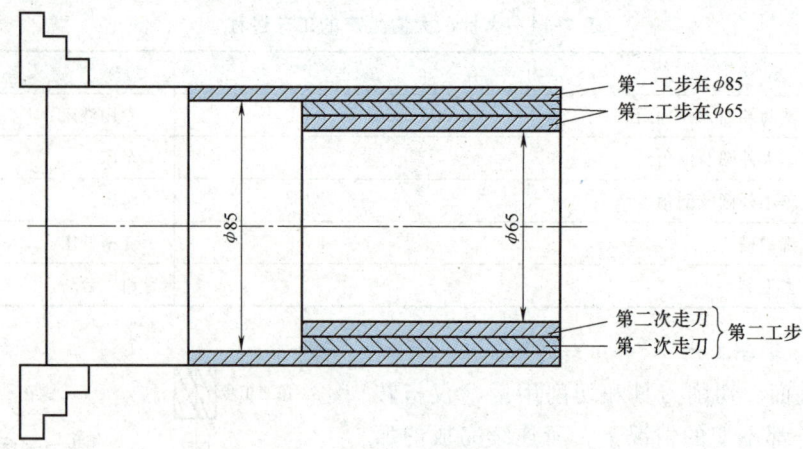

图 1-39 以棒料制造阶梯轴

轴机床上加工时，工件在机床上一次安装后，就要经过多工位加工，如图 1-40 所示。采用多工位加工可以减少工件的安装次数，从而缩短工时，提高工作效率。多工位、多刀或多面加工，使工件几个表面同时进行加工，也可看成一个工步，即复合工步。

7.3 生产类型及其工艺特性

1. 生产纲领

产品的年生产纲领是指企业在计划期内应当生产的产品产量和进度计划。

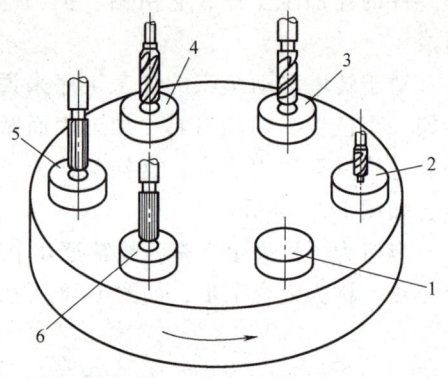

图 1-40 多工位加工
1—装卸工位 2—预钻孔工位 3—钻孔工位
4—扩孔工位 5—粗铰工位 6—精铰工位

零件的生产纲领要计入备品和废品的数量，因此对一个工厂来说，产品的产量和零件产量是不一样的。由于同一产品中，相同零件的数量可能不止一件，所以在成批生产产品的工厂中，也可能有大批大量生产零件的车间。某零件年生产纲领 N 可按下列公式计算。

$$N = Qn(1+\alpha)(1+\beta)$$

式中　Q——产品的年产量（台/年）；

　　　n——每台产品中该零件的数量（件/台）；

　　　α——零件的备品百分率；

　　　β——零件的废品百分率。

其中备品率的多少要根据用户和修理单位的需要考虑。一般由调查及检验确定，可在 0～100% 内变化。由于生产条件不同，各工厂的零件平均废品率也不一样。生产条件稳定，产品定型，如汽车、机床等产品的生产废品率一般为 0.5%～1%；当生产条件不稳定，或新产品试制时，废品率可高达 50%。

2. 生产类型

根据产品的大小、特征、生产纲领、批量及其投入生产的连续性，可分为三种不同的生产类型。

（1）**单件、小批生产**　工厂的产品品种不固定，每一品种的产品数量很少，工厂大多数工作地点的加工对象经常改变。如重型机械、专用设备制造、造船业等一般属于单件生产。

（2）**大量生产**　工厂的产品品种固定，每种产品数量大，工厂内大多数工作地点的加工对象固定不变。如汽车、拖拉机和轴承制造等一般属于大量生产。

（3）**成批生产**　工厂的产品品种基本固定，但数量少，品种较多，需要周期地轮换生产，工厂内大多数工作地点的加工对象是周期性地变换。如通用机床、电动机制造一般属于成批生产。

生产类型决定于生产纲领，但也和产品的大小和复杂程度有关。生产类型与生产纲领的关系见表1-15。

表1-15　生产类型与生产纲领（年产量）的关系

生产类型		同类零件的年产量/件		
		重型零件	中型零件	小型零件
单件生产		5以下	10以下	100以下
成批生产	小批	5~100	10~200	100~500
	中批	100~300	200~500	500~5000
	大批	300~1000	500~5000	5000~50000
大量生产		1000以上	5000以上	50000以上

从表1-15中可以看出，成批生产根据批量大小可分为小批、中批和大批生产。小批生产的特点接近于单件生产；大批生产的特点接近于大量生产；中批生产的特点介于小批和大批生产之间。

采用的生产类型不同，产品的制造工艺、工装设备、技术措施、经济效果等也不同。其工艺特征见表1-16。机械制造技术就是根据不同生产类型的要求和被加工零件的结构及技术要求选择合理的加工方法、确定合理的加工工艺，以保证加工质量、提高生产率、降低加工成本的一门综合技术学科。

表1-16　各种生产类型的工艺特征

项　目	生产类型		
	单件、小批生产	中批生产	大量、大批生产
加工对象	不固定、经常换	周期性地变换	固定不变
机床设备和布置	采用通用设备，按机群式布置	采用通用和专用设备，按工艺路线成流水线布置或机群式布置	广泛采用专用设备，全按流水线布置，广泛采用自动线
夹具	非必要时不采用专用夹具	广泛使用专用夹具	广泛使用高效能的专用夹具
刀具和量具	通用刀具和量具	广泛使用专用刀具、量具	广泛使用高效率专用刀具、量具
毛坯情况	用木模手工造型、自由锻，精度低	金属型、模锻，精度中等	金属型机器造型、精密铸造、模锻，精度高
安装方法	广泛采用划线找正等方法	保持一部分划线找正，广泛使用夹具	不需划线找正，一律用夹具

(续)

项 目	生产类型		
	单件、小批生产	中批生产	大量、大批生产
尺寸获得方法	试切法	调整法	用调整法、自动化加工
零件互换性	广泛使用配刮	一般不用配刮	全部互换,可进行调整
工艺文件形式	过程卡片	工序卡片	操作卡及调整卡
操作工人平均技术水平	较高	中等	较低
生产率	较低	中等	较高
成本	较高	中等	较低

7.4 机械加工工艺规程

1. 机械加工工艺规程的含义

规定零件制造工艺过程和操作方法等的工艺文件称为机械加工工艺规程,简称工艺规程。它是在具体的生产条件下,以最合理或较合理的工艺过程和操作方法,按规定的形式写成工艺文件,经审批后用来指导生产的。

工艺规程是所有有关的生产人员都要严格执行、认真贯彻的纪律性文件,它一般包括零件的加工工艺路线、各工序的具体加工内容、切削用量、工序工时以及所采用的设备和工艺装备等。

工艺规程有以下几方面作用:

(1) **工艺规程是指导生产的主要技术文件**　合理的工艺规程是在总结广大工人和技术人员实践经验的基础上,依据工艺理论和必要的工艺实验而制订的。按照工艺规程组织生产,可以保证产品的质量和较高的生产率与经济效益。因此,在生产中一般应严格地执行既定的工艺规程。实践证明,不按照科学的工艺进行生产,往往会引起产品质量的严重下降,生产率的显著降低,甚至使生产陷入混乱的状态。

但是工艺规程也不应是固定不变的,工作人员应不断总结工人的革新创新,及时地吸取国内外先进技术,对现行工艺不断地予以改进和完善,以便更好地指导生产。

(2) **工艺规程是组织生产和管理工作的基本依据**　由工艺规程所涉及的内容可以看出,在生产管理中,产品投产前原材料及毛坯的供应、通用工艺装备的准备、机床负荷的调整、专用工艺装备的设计和制造、作业计划的编排、劳动力的组织以及生产成本的核算等,都是以工艺规程作为基本依据的。

(3) **工艺规程是新建或扩建工厂或车间的基本资料**　在新建、扩建工厂或车间时,只有根据工艺规程和生产纲领才能正确地确定生产所需的机床和其他设备的种类、规格和数量,确定车间的面积、机床的布置、生产工人的工种、等级和数量以及辅助部门的安排等。

2. 机械加工工艺规程的格式

将工艺规程的内容,填入一定格式的卡片,即成为生产准备和施工所依据的工艺文件。

(1) **机械加工工艺过程卡片**　机械加工工艺过程卡片是以工序为单位详细说明整个工艺过程的工艺文件。它是用来指导工人生产和帮助车间管理人员和技术人员掌握整个零件加工过程的一种主要技术文件。它广泛用于成批生产的零件和小批生产中的重要零件。卡片的内容包括零件的材料牌号、毛坯的制造方法、各个工序的具体内容及加工后要达到的精度和表面粗糙度等,其格式见表 1-17。

表 1-17 机械加工工艺过程卡片格式

（单位名称）		机械加工工艺过程卡片		产品型号	（3）		零件图号	（5）		共 页	第 页
				产品名称			零件名称				（6）
材料牌号	（1）	毛坯种类	（2）	毛坯外形尺寸		每毛坯件数	（4）	每台件数		备注	
工序号	工序名称	工序内容			车间	工段	设备	工艺装备			
（7）	（8）	（9）			（10）	（11）	（12）	（13）			
										工时	
										准终	单件
										（14）	（15）
					设计（日期）	校对（日期）	审核（日期）	标准化（日期）		会签（日期）	
标记	处数	更改文件号	签字	日期	标记	处数	更改文件号	签字	日期		

表 1-17 中编号空格填写的内容说明见表 1-18。

表 1-18　编号空格填写内容说明

空格号	填写内容
(1)	材料牌号。按设计图样要求填写
(2)	毛坯种类。填写铸件、锻件、焊接件和型材等
(3)	进入加工前的毛坯外形尺寸
(4)	每毛坯可制零件数
(5)	每台件数。按产品图样要求填写
(6)	备注。可根据需要填写
(7)	工序号
(8)	各工序名称
(9)	各工序加工内容和主要技术要求。工序中的外协工序也要填写,但只写工序名称和主要技术要求。如热处理的硬度和变形要求、电镀层的厚度等;产品图样标有配做、配钻时,应在配做前的最后一道工序另起一行注明,如:"××孔与××件装配时配钻""××部位与××件装配后加工"等
(10)、(11)	分别填写加工车间和工段的代号或简称
(12)	填写设备的型号或名称,必要时可填写设备编号
(13)	填写工序所使用的夹具、模具、辅具和刀具、量具,其中属于专用的,按专用工艺装备的编号(名称)填写;属于标准的,填名称、规格和精度,有编号的也可填写编号
(14)、(15)	分别填写准备与终结时间和单件时间定额

(2) 机械加工工序卡片　这种卡片更加详细地说明了零件的各个工序应如何进行加工。在机械加工工序卡片上要画出工序简图,注明该工序的加工表面及应达到的尺寸和公差、关键的装夹方式、刀具的类型和位置、进刀方向和切削用量等,见表 1-19。该卡片多用于大批大量或成批生产中比较重要的零件。表 1-19 的填写说明见表 1-20。

任务实施

根据简单阶梯轴的加工要求,编制的机械加工工艺过程卡片见表 1-21。

表 1-19 机械加工工序卡片格式

(单位名称)	机械加工工序卡片	产品型号		零件图号		共 页 第 页
		产品名称		零件名称		
(1)		车间	工序号	工序名称	零件名称	材料牌号
		(2)	(3)	(4)		(5)
		毛坯种类	毛坯外形尺寸	每毛坯可制件数		每台件数
		(6)	(7)	(8)		(9)
		设备名称	设备型号	设备编号		同时工件数
		(10)	(11)	(12)		(13)
		夹具编号	夹具名称			切削液
		(14)	(15)			(16)
		工位器具编号	工位器具名称		工序工时/分	
		(17)	(18)		准终 (19)	单件 (20)
工步号	工步内容		工艺设备	主轴转速 r/min	切削速度 m/s	进给量 mm/r	切削深度 mm	进给速度 m/s	工步工时/min	
									机动	辅助
(21)	(22)		(23)	(24)	(25)	(26)	(27)	(28)	(29)	(30)
				设计（日期）	校对（日期）	审核（日期）	标准化（日期）	会签（日期）		
标记	处数	更改文件号	签字	日期	标记	处数	更改文件号	签字	日期	

表 1-20　编号空格填写内容说明

空格号	填 写 内 容
(1)	对一些难以用文字说明的工序或工步内容,应绘制工序示意图。对工序示意图的要求: 1) 根据零件加工或装配情况可画向视图、剖视图、局部视图;允许不按比例绘制 2) 加工表面应用粗实线表示,其他非加工表面用细实线表示 3) 标明定位基面、加工部位、精度要求、表面粗糙度、测量基准等 4) 标注定位夹紧符号 5) 其他技术要求,如具体的加工要求、热处理、清洗等
(2)	执行该工序的车间名称或代号
(3)~(9)	按机械加工过程卡片的内容填写
(10)~(12)	该工序所用设备的名称和型号
(13)	在机床上同时加工的件数
(14)~(15)	该工序所用的各种夹具的编号(或标准)和名称
(16)	机床所用的切削液的名称和牌号
(17)~(18)	该工步所用的工位器具的编号和名称
(19)~(20)	工序工时的准终、单件时间
(21)	工步号
(22)	各工步的名称、加工内容和主要技术要求
(23)	各工步所用的模具、辅具、刀具、量具
(24)~(28)	切削规范
(29)~(30)	分别填写本工序机动时间和辅助时间定额

表 1-21 简单阶梯轴机械加工工艺过程卡片

（单位名称）		机械加工工艺过程卡片		产品型号		零件图号			共 1 页	第 1 页
				产品名称		零件名称	阶梯轴			
材料牌号	Q235	毛坯种类	圆棒料	毛坯外形尺寸	φ50mm×170 mm	每毛坯件数	1	每台件数	1	备注
工序号	工序名称	工序内容				车间	工段	设备	工艺装备	工时
										准终 | 单件
10	下料	φ50mm×170 mm				下料车间	下料	锯床		
20	车	车端面,钻中心孔,调头车另一端面,钻中心孔				加工车间	车工段	CA6140		
30	车	车大外圆及倒角,调头车小外圆及倒角				加工车间	车工段	CA6140		
40	铣	铣键槽,去毛刺				加工车间	铣工段	X5032		
50	检	检查各部位尺寸								
						设计（日期）	校对（日期）	审核（日期）	标准化（日期）	会签（日期）
标记	处数	更改文件号	签字	日期	标记	处数	更改文件号	签字	日期	

思 考 题

1. 工件表面形成方法有哪几种？
2. 切削运动有哪两种形式？试以外圆的切削过程进行分析。
3. 切削用量包括哪些？请分别说明。
4. 简述选择切削用量的原则。
5. 切削用量的选择方法有哪些？
6. 刀具材料应具备哪些性能？
7. 常用刀具材料可分为哪几类？
8. 常用的硬质合金有哪些种类？
9. 应用高速工具钢制作刀具有哪些优缺点？
10. 车刀切削部分的构成可归纳为"三面、二刃、一刀尖"，请具体说明。
11. 常用的刀具标注角度参考系有哪些？
12. 正交平面参考系是由哪三个参考平面组成的？请分别说明。
13. 正交平面参考系中，标注的角度有哪几个？请分别说明。
14. 横向进给运动对刀具工作角度有何影响？
15. 刀尖安装高低对工作角度有何影响？
16. 简述刀具的前角、后角、主偏角、刃倾角是如何选择的？
17. 加工外圆时，表面粗糙度受哪些因素的影响？如何影响？
18. 常用切削液有哪些种类？分别起什么作用？
19. 怎样选择切削液？
20. 车床按照用途和功能不同，可分为哪些类型？
21. 简述 CA6140 型卧式车床的组成。
22. 简述 CA6140 型卧式车床的工艺范围。
23. CA6140 型卧式车床可加工哪几类螺纹？
24. 简述粗加工与精加工时如何选择切削用量？两者有何不同？
25. 选择机床时应遵循哪些原则？
26. 在卧式车床上，工件的安装方式有哪几种？
27. 图 1-41 所示为一阶梯轴零件，材料为 Q235，小批量生产，试编制机械加工工艺。

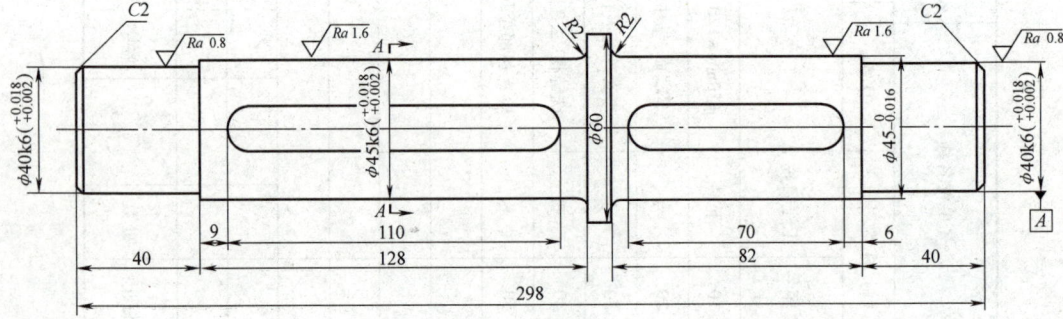

图 1-41 阶梯轴零件图

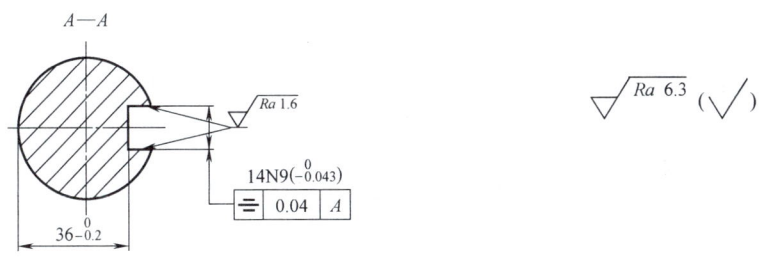

图 1-41 阶梯轴零件图（续）

28. 图 1-42 所示为一阶梯轴零件，材料为 45 钢，调质处理 220~250HBW，小批量生产，试编制机械加工工艺。

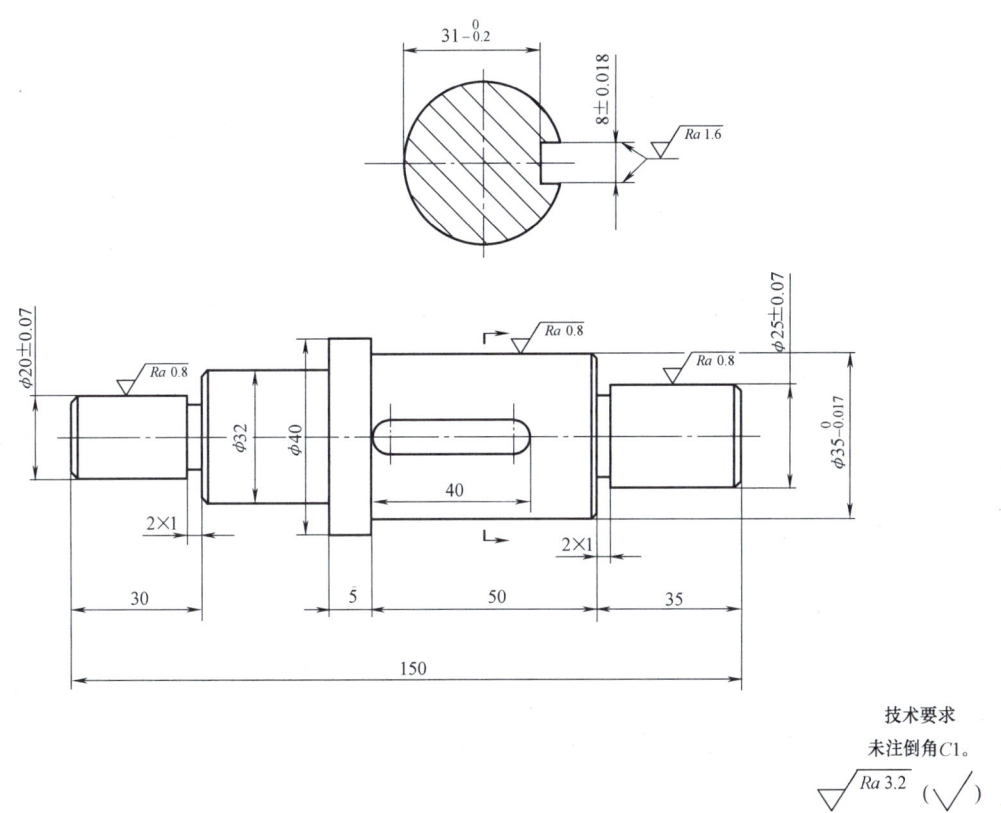

图 1-42 阶梯轴零件图

29. 图 1-43 所示为一阶梯轴零件，材料为 45 钢，调质处理 220~250HBW，小批量生产，试编制机械加工工艺。

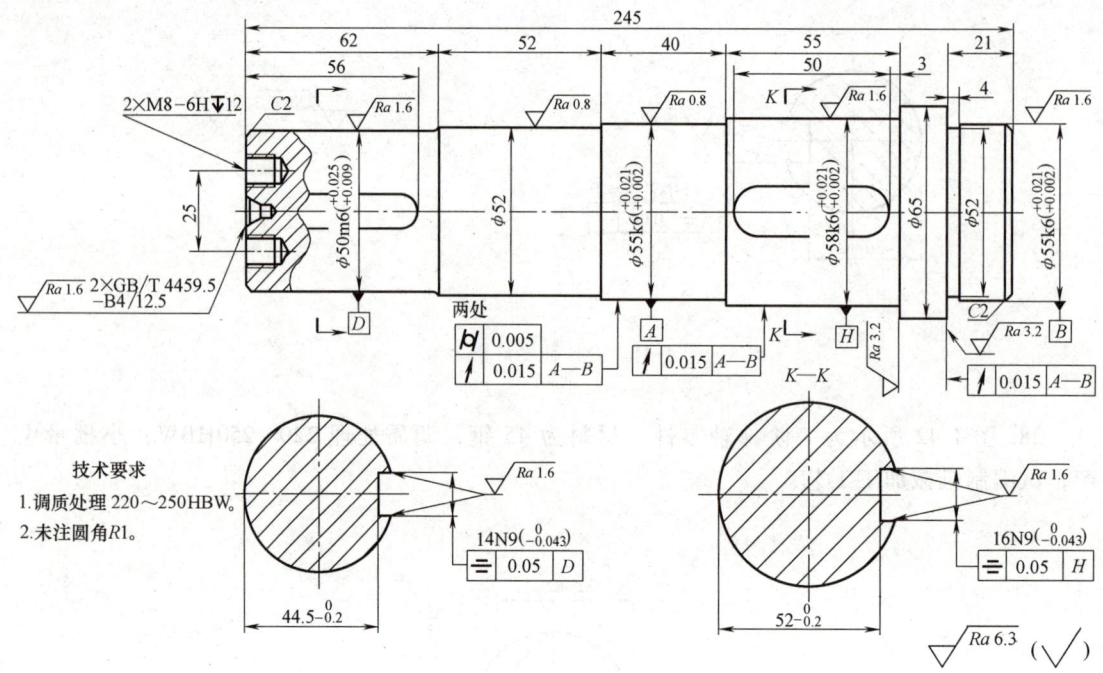

图 1-43 减速机输出轴零件图

素养提升

喷丸工艺——科技创新冲破国外技术垄断

这是一种特殊的工艺，它让金属表面坚不可摧；这是一种现代科技，它让中国制造走向全球，它就是喷丸工艺。

喷丸是应用广泛的一种表面强化工艺，可以提高零件的表面强度、耐磨性、抗疲劳和耐蚀性等。2014 年，江苏无锡的一家企业与英国罗尔斯·罗伊斯公司签署了一项长达十年的合约，向该公司提供一种压气机转子叶片。罗尔斯·罗伊斯公司是世界三大航空发动机厂家之一，在国际上享有盛誉。但是在向该公司递交第一个正式产品之前，必须先通过严苛的 NADCAP 国际认证，而这其中最重要的一项认证就是喷丸认证。无锡这家企业必须拥有一台专为加工这种零件而设计的喷丸机床，可是当时能生产这种设备的企业都在欧美国家，国内缺乏相应技术。当国内企业提出技术合作时，国外公司冷冰冰地拒绝了。面对国外的技术封锁，科研人员经过无数次实验和测试，终于解决了技术难关，研制出了专用于转子叶片喷丸工艺的喷丸机床，顺利通过了国际认证。

小小弹丸不仅改变了零件的外表，还影响了我国航空制造业的未来；一道看似简单的工艺，却发挥着巨大的作用。科研工作者们通过刻苦钻研、大胆创新冲破了国外技术封锁，体现的不仅是专业精神，更是独立自主、自强不息的奋斗精神。

项目二

复杂轴类零件机械加工工艺的编制

项目描述

编制复杂阶梯轴的机械加工工艺。

技能目标

能根据零件图的加工要求，编制复杂阶梯轴的机械加工工艺。

知识目标

掌握机械加工工艺路线的拟定，毛坯的选择，定位基准的选择。

任务一　机械加工工艺路线的拟定

任务描述

根据图 2-1 所示阶梯轴零件图的加工要求，拟定其机械加工工艺路线。

任务分析

分析阶梯轴零件的结构，需要加工的表面有外圆、端面、螺纹、键槽和退刀槽等，选择加工方法，划分加工阶段，安排工序的先后顺序，拟定其机械加工工艺路线。

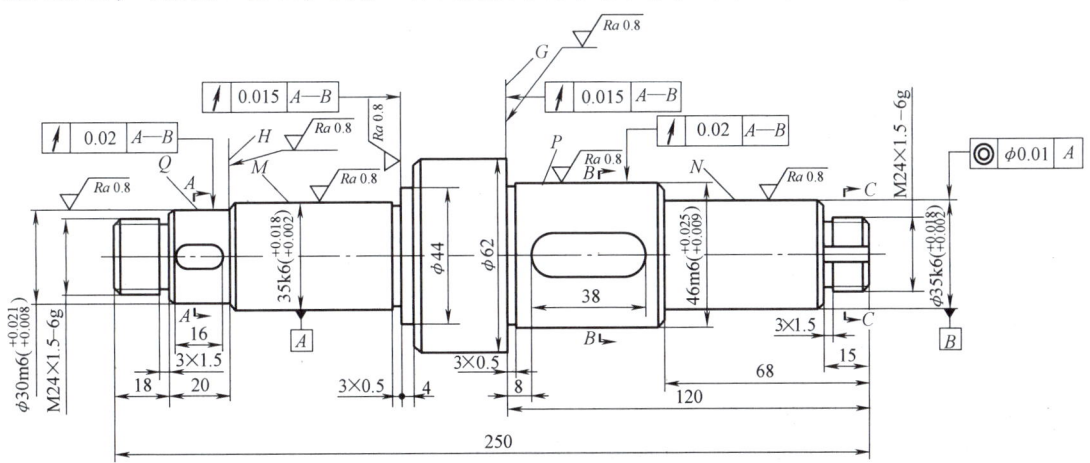

图 2-1　阶梯轴零件图

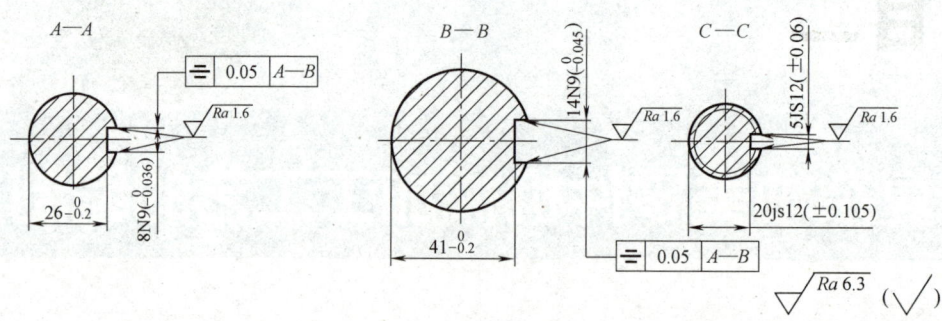

图 2-1 阶梯轴零件图（续）

相关知识

机械加工工艺路线是指主要用机械加工的方法将毛坯制成所需零件的整个加工路线。制订机械加工工艺规程的重要内容之一是拟定机械加工工艺路线。制订机械加工工艺路线的主要内容，除了选择定位基准外，还应包括表面加工方法的选择、加工阶段的划分、安排工序的先后顺序、确定工序的集中与分散程度等。

1.1 加工阶段的划分

工件的加工质量要求较高时，都应划分阶段。一般可划分为粗加工、半精加工和精加工三个阶段。加工精度和表面质量要求特别高时，还可增设光整加工和超精密加工阶段。

1. 粗加工阶段

此阶段的主要任务是以高生产率去除被加工表面多余的金属，所能达到的加工精度和表面质量都比较低。

2. 半精加工阶段

此阶段的任务是减小粗加工后留下的误差和表面缺陷层，使被加工表面达到一定的精度，并为主要表面的精加工做好准备，同时完成一些次要表面的最后工序（扩孔、攻螺纹、铣键槽等）。

3. 精加工阶段

在精加工阶段应确保零件尺寸、形状和位置精度达到或基本达到（精密件）图样规定的精度要求以及表面粗糙度要求。因此，此阶段的主要目标是全面保证加工质量。

4. 光整加工阶段

对于零件上精度和表面粗糙度要求很高（IT6 级以上，表面粗糙度值为 $Ra0.2\mu m$ 以下）的表面，应安排光整加工阶段。其主要任务是减小表面粗糙度值或进一步提高尺寸精度，一般不用于纠正形状误差和位置误差。

5. 超精密加工阶段

超精密加工是按照超稳定、超微量切除等原则，实现加工精度高于 $0.1\mu m$，加工表面粗糙度小于 $Ra0.01\mu m$ 的加工技术。

当毛坯的加工余量特别大时，表面极其粗糙，在粗加工前设有去皮加工阶段，称为荒加工，荒加工一般在毛坯准备车间进行。

划分加工阶段的原因如下。

1) 可保证加工质量。粗加工时切削余量大，切削用量、切削热及功率都较大，因而工艺系统受力变形、热变形及工件内应力变形都较大，从而导致工件加工精度低和加工表面粗糙。为此要通过后续阶段，以较小的加工余量和切削用量来逐步消除或减少已产生的误差，减小表面粗糙度值。同时，各加工阶段之间的时间间隔可起自然时效的作用，有利于使工件消除内应力并充分变形，以便在后续工序中加以修正。

2) 可合理使用机床设备。粗加工时余量大，切削用量大，故应在功率大、刚性好、效率高而精度一般的机床上进行，以充分发挥机床的潜力。精加工对加工质量要求高，故应在较为精密的机床上进行，对机床来说，也可延长其使用寿命。

3) 便于安排热处理工序。热处理工序将加工过程自然地划分为前后阶段。热处理工序前安排粗加工，有助于消除粗加工时产生的内应力；热处理工序后安排精加工，可修正热处理过程中产生的变形。

4) 有利于及早发现毛坯的缺陷。粗加工时发现了毛坯的缺陷，如铸件的砂眼、气孔、余量不足等，可及时报废或修补，以免因继续盲目加工而造成成本浪费。

5) 精加工和光整加工安排在后，可保护精加工和光整加工过的表面，使其少受磕碰损坏。

上述加工阶段的划分不是绝对的，当加工质量要求不高、工件刚性足够、毛坯质量高、加工余量小时，可以少划分几个加工阶段或不划分加工阶段，例如在组合机床上加工的零件不必过细地划分加工阶段。有些重型零件，由于安装、运输费时又困难，常在一次安装下完成全部粗加工和精加工。为减少夹紧力的影响，并使工件消除内应力及发生相应的变形，在粗加工后可松开夹紧，再用较小的力重新夹紧，然后进行精加工。

工件的定位基准，在半精加工甚至粗加工就应该加工得很精确，如轴类零件的顶尖孔、齿轮的基准端面和孔等。而有些诸如钻小孔、倒角等粗加工工序，又常安排在精加工阶段来完成。

1.2 工序的集中与分散

确定了加工方法和划分加工阶段之后，零件加工的各个工步也就确定了。如何把这些工步组成工序呢？这就要进一步考虑这些工步是分散成各个单独工序，分别在不同的机床设备上进行，还是把某些工步集中在一个工序中在一台设备上进行。

在选定了零件上各个表面的加工方法和划分了加工阶段以后，在具体实现这些加工时，可以采用两种不同的原则：一种是工序集中的原则，即使每个工序中包括尽可能多的加工内容，因而使工序的总数减少；另一种是工序分散的原则，其含义与工序集中相反。

1. 工序集中的特点

1) 可减少工件的装夹次数。这不仅保证了各个表面间的相互位置精度，还减少了辅助时间及夹具的数量。

2) 便于采用高效的专用设备和工艺装备，生产率高。

3) 工序数目少，可减少机床数量，相应地减少了工人人数及生产所需的面积，并可简化生产组织与计划安排。

4) 专用设备和工艺装备比较复杂，因此生产准备周期较长，调整和维修也较麻烦，产品交换困难。

2. 工序分散的特点

1）由于每台机床完成比较少的加工内容，所以机床、工具、夹具结构简单，调整方便，对工人的技术水平要求低。

2）便于选择更合理的切削用量。

3）生产适应强，转换产品较容易。

4）所需设备及工人人数多，生产周期长，生产所需面积大，运输量也较大。

按照何种原则确定工序数量，应根据生产纲领、机床设备及零件本身的结构和技术要求等做全面的考虑。

由于工序集中和工序分散各有特点，所以生产上都有应用。大批大量生产时，若使用多刀多轴的自动或半自动高效机床、数控机床、加工中心，可按工序集中原则生产；若按传统的流水线、自动线生产，多采用工序分散的组织形式。单件小批生产则一般在通用机床上按工序集中原则组织生产。

1.3 工序顺序的安排

复杂工件的机械加工工艺路线中要经过切削加工、热处理和辅助工序，如何将这些工序安排成一个合理的加工顺序，生产中已总结出一些指导性的原则，现分析如下。

1. 工序顺序的安排原则

（1）**基准先行** 作为加工其他表面的精基准一般应安排在工艺过程一开始就进行加工。例如，箱体类零件一般是以主要孔为粗基准来加工平面，再以平面为精基准来加工孔系；轴零件一般是以外圆为粗基准来加工中心孔，再以中心孔为精基准来加工外圆、端面等。

（2）**先面后孔** 箱体、支架类零件上有较大的平面可作定位基准时，应先加工这些平面以作精基准。供加工孔和其他表面时使用，这样可以保证定位稳定。此外，在加工过的平面上钻孔比在毛坯面上钻孔不易产生孔轴线的偏斜和较易保证孔距尺寸。

（3）**先主后次** 零件的主要加工表面（一般是指设计基准面、主要工作面、装配基面等）应先加工，而次要表面（指键槽、螺孔等）可在主要表面加工到一定精度之后、最终精度加工之前进行。

（4）**先粗后精** 一个零件的切削加工过程，总是先进行粗加工，再进行半精加工，最后进行精加工和光整加工。这有利于逐步消除加工误差和表面缺陷层，从而逐步提高零件的加工精度与表面质量。

（5）**配套加工** 有些表面的最后精加工安排在部装或总装过程中进行，以保证较高的配合精度。例如，连杆大头孔就要在连杆盖和连杆体装配好后再精镗和研磨；车床主轴上连接自定心卡盘的法兰，其止口及平面需待法兰安装在该车床主轴上后再进行最后的精加工。

2. 热处理工序的安排

热处理工序在工艺路线中的位置，主要取决于工件的材料及热处理的目的和种类。热处理一般有以下几类。

（1）**预备热处理** 预备热处理的目的是改善切削性能，为最终热处理做好准备和消除内应力，如正火、退火和时效处理等。它应安排在粗加工前后和需要消除内应力处。放在粗加工前，可改善切削性能，并可减少车间之间的运输工作量；放在粗加工后，有利于粗加工内应力的消除。调质处理能得到组织均匀细致的回火索氏体，有时也作为预备热处理，常安排在粗加工后。

(2) 消除残余应力处理　常用的有自然时效、去应力退火等。一般安排在粗、精加工之间进行。为避免过多的运转工作量，对精度要求不太高的零件，一般将消除残余应力的自然时效和退火安排在毛坯进入机械加工车间前进行。对精度要求较高的复杂铸件，在加工过程中通常安排两次时效处理：铸造→粗加工→时效→半精加工→时效→精加工。对于高精度的零件，如精密丝杠、精密主轴等，应安排多次消除残余应力的热处理。

(3) 最终热处理　最终热处理的目的是提高材料的力学性能，如调质、淬火、渗碳、渗氮和碳氮共渗等，都属于最终热处理，应安排在精加工前后进行。变形较大的热处理，如淬火应安排在精加工磨削前进行，以便在精加工磨削时纠正热处理的变形，调质也应安排在精加工前进行。变形较小的热处理，如渗氮等，应安排在精加工后进行。

3. 辅助工序的安排

辅助工序的种类很多，包括检验、去毛刺、清洗、防锈、去磁、倒棱边及平衡等。辅助工序也是工艺规程的重要组成部分。

检验工序对保证质量、防止产生废品有重要作用。除了工序中自检外，还需要在下列情况下单独安排检验工序。

1）粗加工全部结束以后，精加工开始以前。
2）零件从一个车间转到另一车间前后。
3）重要工序之后。
4）零件全部加工结束之后。

切削加工之后应安排去毛刺处理。未去净的毛刺将影响装夹精度、测量精度、装配精度以及工人安全。

工件在进入装配前，一般应安排清洗。例如，研磨、珩磨后没清洗过的工件会带入残存的砂粒，加剧工件在使用中的磨损；用磁力夹紧的工件没有安排去磁工序，会使带有磁性的工件进入装配线，影响装配质量。

任务实施

由学生完成。

评价

教师点评。

任务二　毛坯的选择

任务描述

根据零件图的加工要求，选择毛坯的类型。

任务分析

零件材料是45钢，根据外形，可选择型材（圆棒料）。

相关知识

在制订机械加工工艺规程时,毛坯选择得是否正确,不仅直接影响毛坯的制造工艺及费用,而且对零件的机械加工工艺、设备、工具以及工时的消耗都有很大影响。毛坯的形状和尺寸越接近成品零件,机械加工的劳动量就越少,但毛坯制造的成本可能越高。由于原材料消耗的减少,会抵消或部分抵消毛坯成本的增加。所以,应根据生产纲领、零件的材料、形状、尺寸、精度、表面质量及具体的生产条件等进行综合考虑,以选择毛坯。在选择毛坯时,也要充分注意到采用新工艺、新技术、新材料的可能性,以提高产品质量、生产率和降低生产成本。

2.1 毛坯的种类

机械加工中常用的毛坯有铸件、锻件、型材、粉末冶金件、冲压件、冷或热压制件、焊接件等。这些毛坯件的分类、制造工艺、特点和应用,在"金属工艺学"课程中已有详细介绍。为便于制订机械加工工艺规程时进行毛坯类型的选择,各种主要制坯方法的特性比较见表2-1,以供参考。

2.2 毛坯的形状与尺寸的确定

现代机械制造发展的趋势之一是精化毛坯,使其形状和尺寸尽量与零件接近,从而进行少屑加工甚至无屑加工。但由于毛坯制造技术和设备投资经济性方面的原因,以及机电产品性能对零件加工精度和表面质量的要求日益提高,致使目前毛坯的很多表面仍留有一定的加工余量,以便通过机械加工来达到零件的质量要求。毛坯制造尺寸和零件尺寸的差值称为毛坯加工余量,毛坯制造尺寸的公差称为毛坯公差。二者都与毛坯的制造方法有关,生产中可参阅有关的工艺手册来选取。

有些零件为加工时安装方便,常在其毛坯上做出工艺凸台(也称为工艺搭子),如图2-2所示,零件加工完后一般应将其去除。

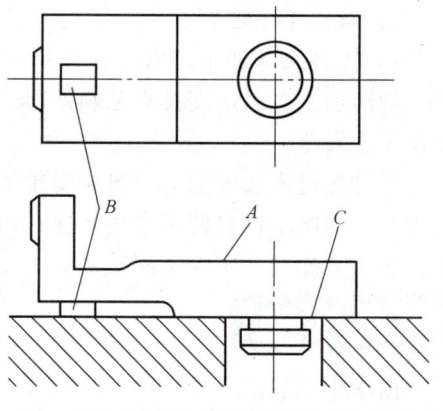

图 2-2 具有工艺凸台的毛坯
A—加工面 *B*—工艺凸台面 *C*—定位面

2.3 选择毛坯时应考虑的因素

为了合理地选择毛坯,通常需要从下面几个方面来综合考虑。

1. 零件的生产纲领的大小

生产纲领的大小在很大程度上决定了采用某种毛坯制造方法的经济性。当生产批量较大时,应选用精度和生产率都较高的毛坯制造方法,其设备和工装方面的较大投资可通过材料消耗的减少和机械加工费用的降低而取得回报。而当零件的生产批量较小时,应选择设备和工装投资都较小的毛坯制造方法,如自由锻造和砂型铸造等。

表2-1 各种主要制坯方法的特性比较

类别	制坯方法 种别	尺寸或质量 最大	尺寸或质量 最小	形状复杂程度	毛坯精度/mm	表面质量	材料	生产方式
利用型材	1. 棒料分割	随棒料规格	—	简单	0.5~0.6（视尺寸和割法）	粗	各种棒料	单件、中批、大量
铸造	2. 手工造型、砂型铸造	100t	壁厚3~5mm	极复杂	1~10（视尺寸）	极粗	铁碳合金、有色合金	单件、小批
铸造	3. 机械造型、砂型铸造	250t	壁厚3~5mm	极复杂	1~2	粗	铁碳合金、有色合金	大批、大量
铸造	4. 刮板造型、砂型铸造	100t	壁厚3~5mm	多半旋转体	4~15（视尺寸）	极粗	铁碳合金、有色合金	单件、小批
铸造	5. 组芯铸造	2t	壁厚3~5mm	极复杂	1~10（视尺寸）	粗	铁碳合金、有色合金	单件、中批、大量
铸造	6. 离心铸造	200kg	壁厚3~5mm	多半旋转体	1~8（视尺寸）	光	铁碳合金、有色合金	大批、大量
铸造	7. 金属型铸造	100kg	20~30kg，对有色金属	简单和中等（视铸件能否从铸型中取出）	0.1~0.5	光	铁碳合金、有色合金	大批、大量
铸造	8. 精密铸造	5kg	壁厚1.5mm	极复杂	0.5~0.15	极光	特别适用于难切削的材料	单件、小批
铸造	9. 压力铸造	16kg	壁厚1.5mm；对锌为0.5mm，对其他合金为0.1mm	只受铸型能否制造的限制	0.05~0.2，分型方向要小一些	极光	锌、铝、锡和铝的合金	大批、大量
锻压	10. 自由锻造	200t	—	简单	1.5~25	极粗	碳钢、合金钢和合金	单件、小批、中批
锻压	11. 锤模锻	100kg	壁厚2.5mm	受模具能否制造的限制	0.4~3.0垂直模锻方向	粗	碳钢、合金钢和合金	—
锻压	12. 平锻机模锻	100kg	壁厚2.5mm	受模具能否制造的限制	0.4~3.0垂直模锻方向	—	—	—
锻压	13. 挤压	200kg	铝合金壁厚1.5mm	受模具能否制造的限制	0.32~0.5	粗	碳钢、合金钢和合金	大批、大量
锻压	14. 辊锻	200kg	铝合金壁厚1.5mm	简单	0.4~2.5	—	碳钢、合金钢和合金	大批、大量
锻压	15. 曲柄压力机模锻	50kg	壁厚1.5mm	简单	0.4~1.8	光	—	—
锻压	16. 冷热精压	100kg	壁厚1.5mm	受模具能否制造的限制	0.05~0.10	粗	碳钢、合金钢和合金	大批、大量
冷压	17. 冷镦	直径25mm	直径3.0mm	简单	0.1~0.25	光	钢和其他塑性材料	大批、大量
冷压	18. 板料冲裁	厚度25mm	直径0.1mm	复杂	0.05~0.5	光	各种板料	大批、大量
压制	19. 塑料压制	壁厚8mm	壁厚8mm	受模具能否制造的限制	0.05~0.25	极光	含纤维状和粉状填充剂的塑料	大批、大量
压制	20. 粉末金属和石墨压制	横截面积100cm²	壁厚2.0mm	简单、受模具形状及在凸凹模行程方向压力的限制	在凸模行程方向：0.1~0.25 在与此垂直方向：0.25	极光	各种金属和石墨	大批、大量

2. 毛坯材料及其工艺特性

在选择毛坯制造方法时，首先要考虑材料的工艺特性，如可铸性、可锻性、焊接性等。例如，铸铁和青铜不能锻造，对这类材料只能选择铸件。但是材料的工艺特性不是绝对的，它随着工艺技术水平的提高而不断变化。例如，高速工具钢和合金工具钢由于其可铸性很差，在早期一般以锻造方法制造刀具毛坯。而现在由于精密铸造水平的提高，即使像齿轮滚刀这样复杂的刀具，也可用高速工具钢采用熔模铸造的方式制造毛坯，可以不经切削而直接刃磨出有关的几何表面。对于重要的钢质零件，为使其具有良好的力学性能，不论其结构复杂或简单，均应选用锻件作为毛坯，而不宜直接选用轧制型材。

3. 零件的形状

零件的形状和尺寸往往也是决定毛坯制造方法的重要因素。例如，形状复杂的毛坯，一般不采用金属型铸造；尺寸较大的毛坯，往往不能采用模锻、压铸和精铸，质量在100kg以上较大的毛坯常采用砂型铸造、自由锻造和焊接等方法。对于质量在1500kg上的大锻件，需要水压机造型成坯，成本较高。但某些外形特殊的小零件，由于机械加工困难，往往采用较精密的毛坯制造方法，如压铸和熔模铸造等，最大限度减少机械加工余量。

轴承锻造毛坯

4. 现有生产条件

选择毛坯时，不应脱离本厂的生产设备条件和工艺水平，但又要结合产品的发展，积极创造条件，采用先进的毛坯制造方法，提高毛坯精度。实现少切削加工或无切削加工，是毛坯生产的一个重要发展方向。

任务实施

由学生完成。

评价

教师点评。

任务三　定位基准的选择

任务描述

根据零件图的加工要求，选择合适的定位基准。

任务分析

定位基准的选择，要根据零件的加工要求来进行选择，粗加工阶段时选择粗基准，精加工阶段时选择精基准。

相关知识

定位基准的选择是制订工艺规程的一个重要环节，它直接影响到工序的数目、夹具结构的复杂程度及零件精度是否易于保证，一般应对几种定位方案进行比较。

3.1 基准的概念及分类

基准是用来确定生产对象上几何要素之间的几何关系所依据的那些点、线、面。根据其功能的不同,可分为设计基准和工艺基准两大类。

1. 设计基准

在零件图上用于确定其他点、线、面所依据的基准,称为设计基准。如图 2-3 所示的柴油机机体,平面 N 和孔 Ⅰ 的位置是根据平面 M 确定的,所以平面 M 是平面 N 及孔 Ⅰ 的设计基准。孔 Ⅱ、Ⅲ 的位置是由孔 Ⅰ 的轴线确定的,故孔 Ⅰ 的轴线是孔 Ⅱ、Ⅲ 的设计基准。

2. 工艺基准

零件在加工、测量、装配等工艺过程中所使用的基准统称为工艺基准。工艺基准可分为装配基准、测量基准、工序基准和定位基准。

(1) 装配基准　在零件或部件装配时用以确定它在部件或机器中相对位置的基准。如图 2-4 所示的轴套零件,内孔即为其装配基准。

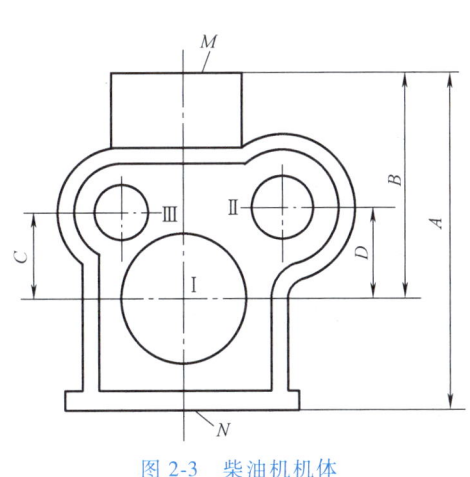

图 2-3　柴油机机体

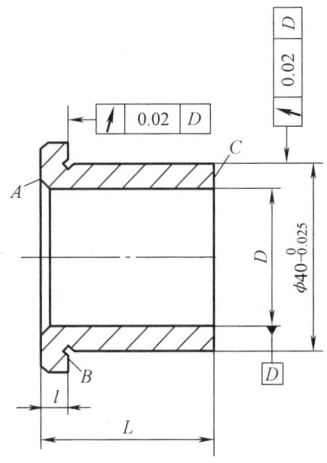

图 2-4　轴套零件

(2) 测量基准　用以测量工件已加工表面的尺寸及各表面之间位置精度的基准。如图 2-4 所示的轴套零件中,内孔是检验表面 B 轴向圆跳动和 $\phi 40_{-0.025}^{0}$ mm 外圆径向圆跳动的测量基准;而表面 A 是检验长度尺寸 L 和 l 的测量基准。

(3) 工序基准　在工序图上用来确定本工序所加工表面加工后的尺寸、形状、位置的基准称为工序基准。工序基准也可以看作工序图中的设计基准。图 2-5 所示为钻孔工序的工

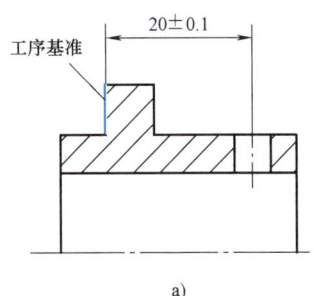

a)

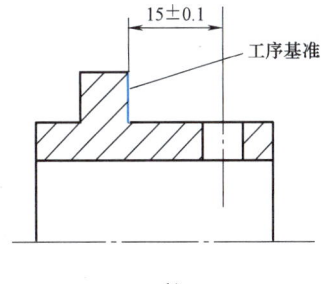

b)

图 2-5　工序基准示例

序图，图 2-5a、b 分别表示两种不同的工序基准和相应的工序尺寸。

(4) 定位基准　用以确定工件在机床上或夹具中正确位置所依据的基准。如轴类零件的顶尖孔就是车、磨工序的定位基准。如图 2-6 所示齿轮的加工，从图 2-6a 可看出，在加工齿轮端面 E 及内孔 F 的第一道工序中，是以毛坯外圆面 A 及端面 B 确定工件在夹具中的位置的，故 A、B 面就是该工序的定位基准。图 2-6b 是加工齿轮端面 B 及外圆 A 的工序，用 E、F 面确定工件的位置，故 E 和 F 面就是该工序的定位基准。由于工序尺寸方向不同，作为定位基准的表面也会不同。

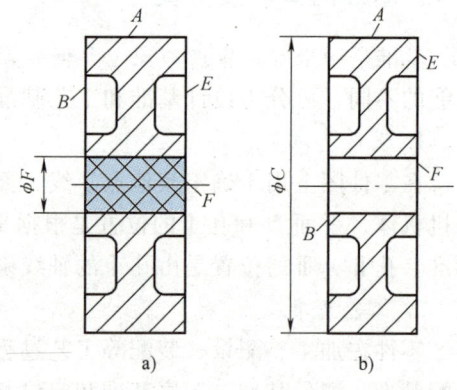

图 2-6　齿轮的加工

作为基准的点、线、面有时在工件上并不一定实际存在，在定位时通过有关具体表面起定位作用的表面称为定位基面。所以选择定位基准，实际上是选择恰当的定位基面。

3.2　粗基准的选择

定位基准一般分为粗基准和精基准。在工件机械加工的第一道工序中，只能用毛坯上未经加工的表面作定位基准，这种定位基准称为粗基准。而在随后的工序中用已加工过的表面作定位的基准则称为精基准。

选择粗基准的原则是要保证用粗基准定位所加工出的精基准有较高的精度；粗基准应能够保证加工面和非加工面之间的位置要求及合理分配加工面的余量。粗基准可以按照下列原则进行选择。

1) 若工件中有不加工表面，则选取该不加工表面作为粗基准；若不加工表面较多，则应选取其中与加工表面相互位置精度要求较高的表面作为粗基准。这样可使加工表面与不加工表面有较正确的相对位置。此外，还应尽可能保证在一次安装中将大部分加工表面加工出来。

如图 2-7 所示的毛坯，在铸造时内孔 2 与外圆 1 有偏心，因此在加工时，若用不需加工的外圆 1 作为粗基准加工内孔 2，则内孔 2 加工后与外圆是同轴的，即加工后的壁厚均匀，但此时内孔 2 的加工余量不均匀（图 2-7a）；若选内孔 2 作为粗基准，则内孔 2 的加工余量均匀，但它加工后与外圆 1 不同轴，加工后该零件的壁厚不均匀（图 2-7b）。

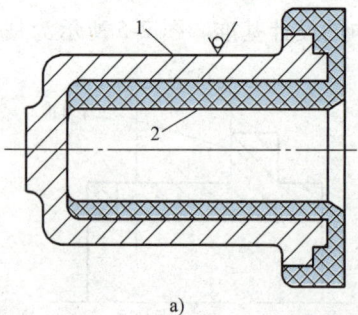 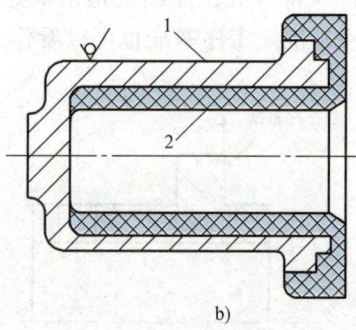

图 2-7　选择不同粗基准时的不同加工方法

1—外圆　2—内孔

2）若工件所有表面都需加工，在选择粗基准时，应考虑合理分配各加工表面的加工余量，一般按下列原则选取。

① 余量足够原则。应以余量最小的表面作为粗基准，以保证各表面都有足够的加工余量。如图 2-8 所示的锻轴毛坯大小端外圆的偏心量达 5mm，若以大端外圆为粗基准，则小端外圆可能无法加工出来，所以应选加工余量较小的小端外圆作粗基准。

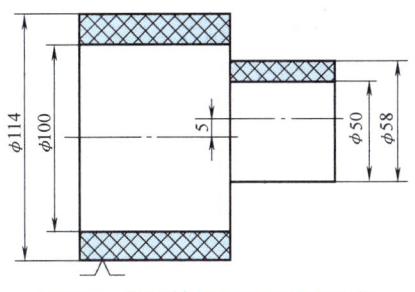

图 2-8　阶梯轴粗基准的错误选择

② 余量均匀原则。应选择零件上重要表面作粗基准。

图 2-9 所示为床身导轨加工，先以导轨面 A 作为粗基准来加工床脚的底面 B（图 2-9a）；然后再以底面 B 作为精基准来加工导轨面 A（图 2-9b），这样才能保证床身的重要表面——导轨面加工时所切去的金属层尽可能薄且均匀，以便保留组织紧密、耐磨的金属表层。

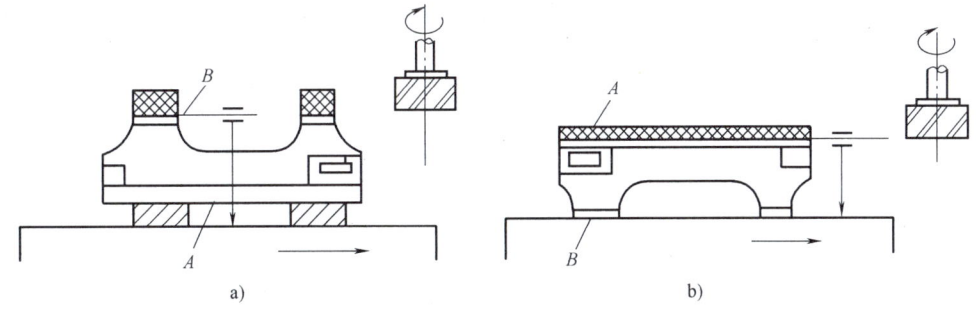

图 2-9　床身导轨加工
a）导轨面　b）床脚的底面

③ 切除总余量最小原则。应选择零件上那些平整的、足够大的表面作粗基准，以使零件上总的金属切削量减少。例如上例中以导轨面作粗基准就符合此原则。

3）选择毛坯上平整光滑的表面作为粗基准，以便使定位准确，夹紧可靠。

4）粗基准应尽量避免重复使用，原则上只能使用一次。因为粗基准未经加工，表面较为粗糙，在第二次安装时，其在机床上（或夹具中）的实际位置与第一次安装时可能不一样。

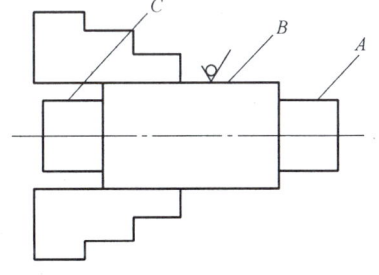

图 2-10　重复使用粗基准引起同轴度误差

如图 2-10 所示的阶梯轴，若加工 A 面和 C 面时均用未经加工的 B 表面定位，在工件调头的前后两次装夹中，A 面和 C 面的同轴度误差难以控制。

对粗基准不重复使用这一原则，在应用时不要绝对化。若毛坯制造精度较高，而工件加工精度要求不高，则粗基准也可重复使用。

对较复杂的大型零件，从兼顾各方面的要求出发，可采用划线的方法来选择粗基准，以合理地分配余量。

3.3 精基准的选择

精基准的选择应从保证零件的加工精度,特别是加工表面的相互位置精度来考虑,同时也要照顾到装夹方便,夹具的结构简单。因此,选择精基准一般应考虑以下原则。

1. 基准重合原则

选择设计基准作为工艺基准或选择工序基准作为定位基准,称为基准重合原则。采用基准重合原则可以避免由于工艺基准与设计基准或工序基准与定位基准不重合而引起的基准不重合误差。加工表面设计时给定的公差值不会减小,其尺寸精度和位置精度能可靠地得到保证。

如图 2-11a 所示,在零件上加工孔 3,孔 3 的设计基准是平面 2,要求保证的尺寸是 A。若加工时如图 2-11b 所示,以平面 1 为定位基准,这时影响尺寸 A 的定位误差 Δ_{dw} 就是尺寸 B 的加工误差,设计尺寸 B 的最大加工误差为它的公差值 T_B,则 $\Delta_{dw}=T_B$。如果按图 2-11c 所示,用平面 2 定位,遵循基准重合原则就不会产生基准不重合误差。

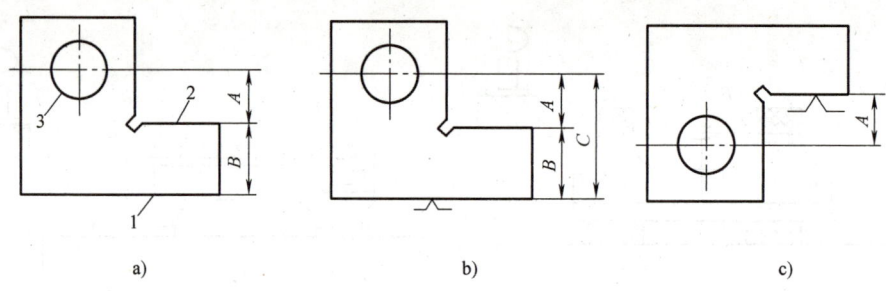

图 2-11 定位基准与设计基准不重合示例

2. 基准统一原则

同一零件的多道工序尽可能选择同一个定位基准,称为基准统一原则。这样可保证各加工表面的相互位置精度,避免或减少因基准转换而引起的误差,并且简化了夹具的设计和制造工作,降低了成本,缩短了生产准备周期。如轴类零件加工,采用两中心孔作为统一的定位基准加工各阶外圆表面,可保证各阶外圆表面之间较小的同轴度误差;齿轮的齿坯及齿形加工多采用齿轮的内孔和与其轴线垂直的一端面作为定位基准;机床主轴箱的箱体多采用底面和导向面作为统一的定位基准加工各轴孔、端面和侧面;一般箱形零件常采用一个大平面和两个距离较远的孔作为统一的精基准。

应当指出,基准重合原则和基准统一原则是选择精基准的两个重要原则,但是有时两者会相互矛盾。遇到这样的情况,一般这样处理:对尺寸精度较高的加工表面应服从基准重合原则,以免使工序尺寸的实际公差减小,给加工带来困难;此外,一般主要考虑基准统一原则。

3. 自为基准原则

某些精加工或光整加工工序要求余量小而均匀,加工时就以加工表面本身为精基准,这称为自为基准原则。该加工表面与其他表面之间的相互位置精度则由先行工序保证。如图 2-12 所示,在导轨磨床上磨削床身导轨,工件安装后用百分表对其导轨表面找正,此时的床身底面仅起支承作用。此外,研磨、铰孔等都是自为基准的例子。

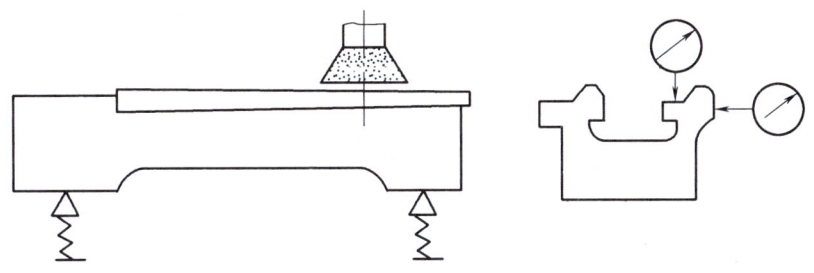

图 2-12　床身导轨面自为基准定位

4. 互为基准原则

当两个表面的相互位置精度要求很高,而表面自身的尺寸和形状精度又很高时,常采用互为基准反复加工的办法来达到位置精度要求,这称为互为基准原则。例如精密齿轮高频感应淬火后,在其后的磨齿加工中,常采用先以齿面为基准磨内孔,再以内孔定位磨齿面,如此反复加工以保证齿面与内孔的位置精度。又如车床主轴前后支承轴颈与前锥孔有严格的同轴度要求,为了达到这一要求,生产中常常以主轴颈表面和锥孔表面互为基准反复加工,最后以前后支承轴颈定位精磨前锥孔。

所选精基准应能保证工件定位准确稳定,装夹方便可靠,夹具结构简单适用,定位基准应有足够大的接触及分布面积。接触面积大则能够承受较大的切削力,分布面积大则定位稳定可靠。当用夹具装夹时,选择的精基准面还应使夹具结构简单、操作方便。

任务实施

由学生完成。

评价

教师点评。

任务四　工序内容的拟定

任务描述

根据零件图的加工要求,确定工序尺寸。

任务分析

分析各个工序的加工精度,确定加工余量及工序尺寸。

相关知识

确定工序尺寸时,首先要确定加工余量。正确地确定加工余量具有很大的经济意义,若毛坯的余量过大,不仅浪费材料,而且会增加机械加工的劳动量,从而使生产率下降,产品成本提高。反之,若余量过小,一方面使毛坯制造困难,另一方面在机械加工时,因余量过小而被迫使用划线、找正等工艺方法,可能产生废品。

4.1 加工余量的概念

加工余量是指加工过程中所切去的金属层厚度。余量有工序余量和加工余量（毛坯余量）之分。工序余量是相邻两工序的工序尺寸之差；加工余量是毛坯尺寸与零件图样的设计尺寸之差。两者之间的关系如下：

$$Z_总 = Z_1 + Z_2 + \cdots + Z_n = \sum_{i=1}^{n} Z_i \tag{2-1}$$

式中　$Z_总$——加工总余量；
　　　Z_i——工序余量；
　　　n——加工数目。

由于工序尺寸有公差，故实际切除的余量大小不等，致使加工余量有基本余量、最小加工余量和最大加工余量之分。工序尺寸的公差一般按"入体原则"标注。此外，工序加工余量还有单边余量和双边余量之分。

（1）单边余量　零件非对称结构的非对称表面，其加工余量一般为单边余量。平面加工的余量是非对称的，故属于单边余量。工序的基本余量为前后工序的公称尺寸之差。如图 2-13 所示，其加工余量为

$$Z_i = l_{i-1} - l_i \tag{2-2}$$

式中　Z_i——本道工序的工序余量；
　　　l_{i-1}——上道工序的公称尺寸；
　　　l_i——本道工序的公称尺寸。

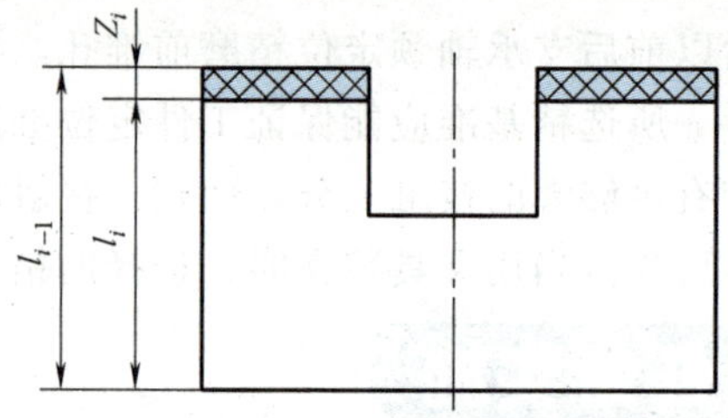

图 2-13　单边余量

如图 2-13 中存在尺寸公差，则上道工序的最小尺寸与本道工序的最大尺寸之差为本道工序的最小余量 $Z_{i\min}$；上道工序最大尺寸与本道工序的最小尺寸之差为本道工序的最大余量 $Z_{i\max}$。

（2）双边余量　零件对称结构的对称表面（如回转体内、外圆柱面），其加工余量为双边余量，如图 2-14 所示。

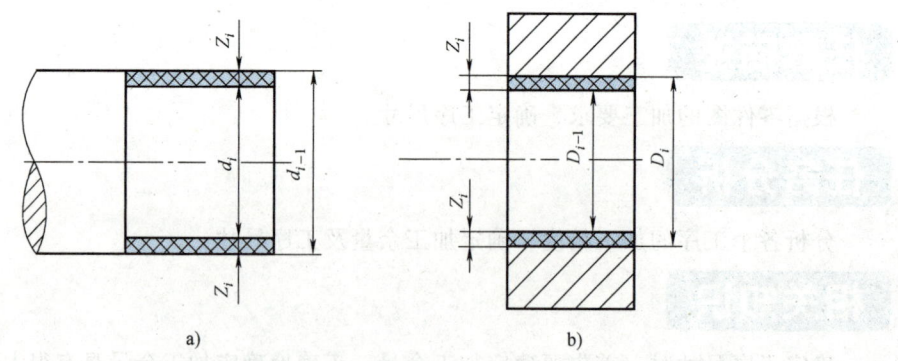

图 2-14　双边余量

对于外圆表面（图 2-14a）

$$2Z_i = d_{i-1} - d_i \tag{2-3}$$

对于内圆表面（图 2-14b）

$$2Z_i = D_i - D_{i-1} \tag{2-4}$$

式中　　Z_i——本道工序的工序余量；

d_{i-1}、D_{i-1}——上道工序的公称尺寸；

d_i、D_i——本道工序的公称尺寸。

工序尺寸的公差与单边余量一样，一般按"入体原则"标注，对被包容表面（轴）来说，其公称尺寸即为最大工序尺寸；对包容面（孔）而言，其公称尺寸则为最小工序尺寸。而毛坯尺寸的公差，一般采用双向标注。

4.2　影响加工余量的因素

加工余量的大小对工件的加工质量和生产率有较大的影响。余量过大，会浪费工时，增加刀具、金属材料及电力的消耗；余量过小，既不能消除上道工序留下的各种缺陷和误差，又不能补偿本道工序的装夹误差，造成废品。因此应合理地确定加工余量。确定加工余量的基本原则是在保证加工质量的前提下，越小越好。影响加工余量的因素有以下几种。

1. 表面粗糙度 Ra 和缺陷层 D_a

为了使工件的加工质量逐步提高，一般每道工序都应切削到待加工表面以下的正常金属组织，即本道工序必须把上道工序留下的表面粗糙度层 H_a 和缺陷层 D_a 全部切除，如图 2-15 所示。

2. 上道工序的尺寸公差 T_a

在加工表面上存在各种形状误差和尺寸误差，这些误差的大小一般包含在上道工序的尺寸误差 T_a 内。因此，应将 T_a 计入加工余量。

3. 工件各表面相互位置的空间偏差 ρ_a

空间偏差是指不包括在尺寸公差范围内的形状误差及位置误差，如直线度、同轴度、平行度、轴线与端面的垂直度误差等。上道工序形成的这类误差应在本道工序内予以修正，如图 2-16 所示。由于上道工序轴线有直线度误差 δ，则本工序的加工余量需相应增加 2δ。

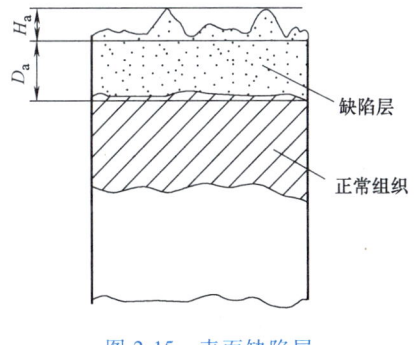

图 2-15　表面缺陷层

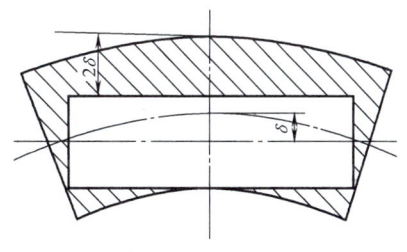

图 2-16　轴的弯曲对加工余量的影响

4. 工序加工时的安装误差 ε_b

安装误差包括工件的定位和夹紧误差及夹具在机床上的定位误差，这些误差会使工件在加工时的正确位置发生偏移,所以加工余量的确定还须考虑安装误差的影响。如图 2-17 所示,自定心卡盘夹持工件外圆精车内孔时,由于自定心卡盘定心不准,使工件轴线偏离主轴旋转轴线 e 值,造成孔的精车余量不均匀,为确保上道工序各项误差和缺陷的切除,孔的直径余量应增加 $2e$。

ρ_a 和 ε_b 都具有方向性,因此,它们的合成应为向量和。

综上所述,可得出加工余量的计算式

对单边余量　　$Z = T_a + H_a + D_a + |\rho_a + \varepsilon_b|$ 　　(2-5)

对双边余量　　$2Z = 2T_a + 2(H_a + D_a) + 2|\rho_a + \varepsilon_b|$

(2-6)

在应用上述公式时,要根据具体的工序要求进行修正。例如,在无心磨床上加工小轴或用拉刀、浮动镗刀、浮动铰刀加工孔时,都是采用自为基准原则,不计装夹误差 ε_b。几何误差 ρ_a 中仅剩形状误差,不计位置误差,此时计算加工余量的计算式为

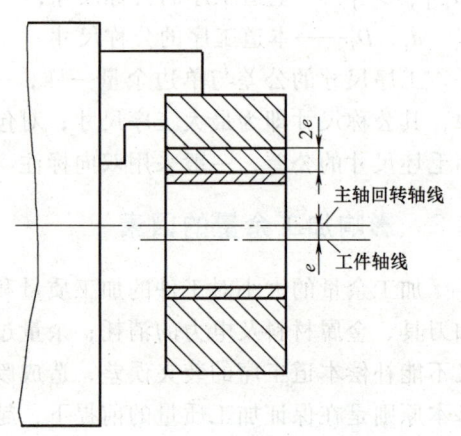

图 2-17　安装误差对加工余量的影响

$$2Z_b = T_a + 2(H_a + D_a) + 2\rho_a \quad (2-7)$$

孔的光整加工,如研磨、珩磨、超精磨和抛光等,若主要是为了减小表面粗糙度值时,则计算式为

$$2Z_b = 2H_a \quad (2-8)$$

若还需提高尺寸和形状精度时,则计算式为

$$2Z_b = T_a + 2H_a + 2\rho_a \quad (2-9)$$

4.3　确定加工余量的方法

1. 经验估计法

此法是根据工艺人员的实际经验确定加工余量。为了防止因余量不够而产生废品,所估计的加工余量一般偏大。此法常用于单件小批生产。

2. 查表法

此法是以工厂生产实践和试验研究积累的有关加工余量的资料数据为基础,先制成表格,再汇集成手册。确定加工余量时,查阅这些手册,再结合工厂的实际情况进行适当修改后确定。目前,这种方法用得比较广泛。

3. 分析计算法

此法是根据定的试验资料和计算公式,对影响加工余量的各项因素进行综合分析和计算来确定加工余量。这种方法确定的加工余量经济合理,但必须有比较全面和可靠的实验资料。目前,只在材料十分贵重以及军工生产或少数大量生产的工厂中采用。

在确定加工余量时,要分别确定加工余量和工序余量。加工总余量的大小与所选择的毛坯制造精度有关。用查表法确定工序余量时,粗加工工序余量不能用查表法得到,而是由总

余量减去其他工序余量之和而得。

4.4 工序尺寸与公差的确定

工序尺寸与公差的确定涉及工艺基准与设计基准是否重合的问题，如果工艺基准与设计基准不重合，必须用工艺尺寸链计算才能确定工艺尺寸。如果工艺尺寸与设计基准重合，可用下面过程确定工艺尺寸。

1）确定各加工工序的加工余量。

2）从最终加工工序开始，即从设计尺寸开始，到第一道加工工序，逐次加上每道加工工序余量，可分别得到各工序公称尺寸（包括毛坯尺寸）。

3）除最终加工工序以外，其他各加工工序按各自所采用加工方法的加工经济精度确定工序尺寸公差（终加工工序的公差按设计要求确定）。

4）填写工序尺寸并按"入体原则"（基本偏差为零）标注工序尺寸公差。

【例 2-1】 某轴直径为 $\phi 50mm$，其尺寸公差等级为 IT5，表面粗糙度要求为 $Ra0.04\mu m$，高频感应淬火，毛坯为锻件。其工艺路线为：粗车→半精车→高频感应淬火→粗磨→精磨→研磨。

根据有关手册查出各工序间余量和所能达到的加工经济精度，计算各工序公称尺寸和偏差，然后填写工序尺寸，见表 2-2。

表 2-2 工序尺寸及偏差

工序名称	工序余量/mm	工序公差	工序公称尺寸/mm	工序尺寸及偏差/mm
研磨	0.01	IT5（h5）	50	$\phi 50_{-0.013}^{0}$
精磨	0.1	IT6（h6）	50+0.01=50.01	$\phi 50.01_{-0.019}^{0}$
粗磨	0.3	IT8（h8）	50.01+0.1=50.11	$\phi 50.11_{-0.046}^{0}$
半精车	1.1	IT10（h10）	50.11+0.3=50.41	$\phi 50.41_{-0.12}^{0}$
粗车	4.49	IT12（h12）	50.41+1.1=51.51	$\phi 51.51_{-0.30}^{0}$
锻造	6	±2mm	51.51+4.49=56	$\phi 56\pm 2$

任务实施

由学生完成。

评价

教师点评。

任务五 复杂阶梯轴机械加工工艺的编制

任务描述

车削加工简单阶梯轴的外圆，选择切削用量。

任务分析

根据外圆的加工要求，选择切削速度、进给量和背吃刀量。

图 2-1 所示零件为阶梯轴，其材料为 45 钢，生产类型为小批或中批生产，调质处理 217~255HBW。

5.1 分析阶梯轴的结构和技术要求

该轴为普通的实心阶梯轴，轴类零件一般只有一个主要视图，主要标注相应的尺寸和技术要求，而其他要素如退刀槽、键槽等尺寸和技术要求标注在相应的剖视图。

轴颈和安装传动零件的配合轴的表面，一般是轴类零件的重要表面，其尺寸精度、形状精度（圆度、圆柱度等）、位置精度（同轴度、与端面的垂直度等）及表面粗糙度要求均较高，在机械加工时，应加以重点保证。

在图 2-1 所示的阶梯轴中，轴颈 M 和 N 处是安装轴承的，各项精度要求均较高，其尺寸为 $\phi 35js6$（±0.008mm），且是其他加工表面的基准，因此是主要表面。配合轴颈 Q 和 P 处是安装传动零件的，与基准轴颈的径向圆跳动公差为 0.02mm（实际上是与 M、N 的同轴度），公差等级为 IT6，轴肩 H 和 G 端面为轴向定位面，其要求较高，与基准轴颈的圆跳动公差为 0.015mm（实际上是与 M、N 的轴线的垂直度），也是较重要的表面，同时还有键槽、螺纹等结构要素。

5.2 明确毛坯状况

一般阶梯轴类零件材料常选用 45 钢，对于中等精度而转速较高的轴可用 40Cr，对于高速、重载荷等条件下工作的轴可选用 20Cr、20CrMnTi 等低碳合金钢进行渗碳淬火，或用 38CrMoAlA 进行渗氮处理。阶梯轴类零件的毛坯最常用的是圆棒料和锻件。

5.3 拟定工艺路线

1. 确定加工方案

轴类零件在进行外圆加工时，会因切除大量金属后引起残余应力重新分布而变形。因此应将粗精加工分开，先粗加工，再进行半精加工和精加工，主要表面精加工放在最后进行。传动轴的表面大多是回转面，主要采用车削和外圆磨削。由于该轴的 Q、M、P、N 段公差等级较高，表面粗糙度值较小，应采用磨削加工。其他外圆面采用粗车、半精车、精车加工的加工方案。

2. 划分加工阶段

该轴的加工可划分为三个加工阶段，即粗车（粗车外圆、钻中心孔）、半精车（半精车各处外圆、台肩和修研中心孔等）、粗精磨 Q、M、P、N 段外圆。各加工阶段大致以热处理为界。

3. 选择定位基准

轴类零件各表面的设计基准一般是轴的轴线，加工时可选为定位基准，最常用的是两中心孔。采用两中心孔作为定位基准不但能在一次装夹中加工出多处外圆和端面，而且可保证各外圆轴线的同轴度以及端面与轴线的垂直度要求，符合基准重合原则。

在粗加工外圆和加工长轴类零件时，为了提高工件刚度，常采用一夹一顶的方式，即轴的一端外圆用卡盘夹紧，另一端用尾座顶尖顶住中心孔，此时是以外圆和中心孔作为定位基面。

4. 热处理工序安排

该轴需进行调质处理，调质处理应放在粗加工之后、半精加工之前进行。如采用锻件毛坯，必须首先安排退火或正火处理。该轴毛坯为热轧钢，可不必进行正火处理。

5. 加工工序安排

应遵循加工顺序安排的一般原则，如先粗后精、先主后次等。

加工外圆表面时应先加工大直径外圆，然后再加工小直径外圆，以免一开始就降低了工件的刚度。

轴上的键槽等表面的加工应在外圆精车或粗磨之后、外圆精磨之前。这样既可保证键槽的加工质量，也可保证精加工表面的精度。

轴上的螺纹一般有较高的精度，其精加工应安排在工件局部淬火之后进行，避免因淬火后产生的变形而影响螺纹的精度。

该轴的加工工艺路线为：下料→粗车→热处理→钳→半精车→钳→铣→钳→磨→检。

5.4 确定工序尺寸

毛坯下料尺寸：$\phi 65\text{mm} \times 260\text{mm}$。

粗车：各外圆及各段尺寸按图样加工尺寸均留余量 2mm。

半精车：螺纹大径车到 $\phi 24_{-0.2}^{-0.1}$ mm，$\phi 44$mm 及 $\phi 62$mm 台阶车到图样规定尺寸，其余台阶均留 0.5mm 余量。

铣加工：止动垫圈槽加工到图样规定尺寸，键槽铣到比图样尺寸多 0.25mm，作为磨削的余量。

精加工：螺纹加工到图样规定尺寸 M24×1.5-6g，各外圆车到图样规定尺寸。

5.5 选择设备工装

外圆加工设备：CA6140 型卧式车床。

磨削加工设备：M1432B 型万能外圆磨床。

铣削加工设备：X5032 型铣床。

5.6 填写机械加工工艺过程卡片

见表 2-3。

任务实施

由学生完成。

评价

教师点评。

表 2-3 阶梯轴机械加工工艺过程卡片

(单位名称)		机械加工工艺过程卡片		产品型号		零件图号		备注
				产品名称	阶梯轴	零件名称		

材料牌号	45 钢	毛坯种类	圆棒料	毛坯外形尺寸	φ65mm×260mm	每毛坯件数	1	每台件数	1		
工序号	工序名称	工序内容			车间	工段	设备	工艺装备		工时	
										准终	单件
10	下料	φ65mm×260mm			锻造车间	下料	锯床				
20	车	1) 自定心卡盘夹持工件,车端面见平,钻中心孔,用尾架顶尖顶住,粗车 P、N 及螺纹段三个台阶,直径、长度均留余量 2mm 2) 调头,自定心卡盘夹持工件另一端,车端面保证总长 250mm,钻中心孔,用尾架顶尖顶住,粗车外四个台阶,直径、长度均余量 2mm			加工车间	车工段	CA6140				
30	热处理	调质处理 217~255HBW			热处理车间		箱式电阻炉				
40	钳	修研两端中心孔			加工车间	车工段	CA6140				
		1) 双顶尖装夹,半精车三个台阶,螺纹大径车到 φ25mm,P、N 两个台阶直径上留余量 0.5mm,车槽三个,倒角三个									

工序号	工序	工序内容	加工车间	工段	设备
50	车	2）调头，双顶尖装夹，半精车余下的五个台阶，φ44mm 及 φ62mm 台阶车到图样规定的尺寸。螺纹大径车到 $\phi24_{-0.2}^{-0.1}$mm，其余两个台阶直径上留余量 0.5mm，车槽三个，倒角四个，车另一端螺纹 M24×1.5-6g 3）双顶尖装夹，车一端螺纹 M24×1.5-6g，调头，双顶尖装夹，车另一端螺纹 M24×1.5-6g	加工车间	车工段	CA6140
60	钳	划键槽及一个止动垫圈槽加工线	加工车间		
70	铣	铣两个键槽及一个止动垫圈槽，键槽深度比图样规定尺寸多铣 0.25mm，作为磨削的余量	加工车间	铣工段	X5032
80	钳	修研两端中心孔	加工车间		
90	磨	磨外圆 Q 和 M，并用砂轮端面靠磨 H 和 I。调头，磨外圆 N 和 P，靠磨台肩 G	加工车间	磨工段	M1432B
100	检	检验			

				设计（日期）	校对（日期）	审核（日期）	标准化（日期）	会签（日期）
标记	处数	更改文件号	签字	日期				
标记	处数	更改文件号	签字	日期				

思 考 题

1. 机械加工过程一般可划分为哪三个阶段？
2. 划分加工阶段的原因是什么？
3. 工序集中和工序分散各有哪些特点？
4. 简述工序顺序的安排原则。
5. 毛坯的种类有哪些？
6. 选择毛坯时应考虑哪些因素？
7. 基准的概念是什么？基准分为哪两大类？
8. 工艺基准的概念是什么？工艺基准可分为哪四种？
9. 何为粗基准和精基准？
10. 简述粗基准选择的原则。
11. 简述精基准选择的原则。
12. 什么是加工余量？简述总余量和工序余量的概念。
13. 影响加工余量的因素有哪些？
14. 确定加工余量的方法是什么？
15. 某减速器箱体采用砂型铸造，其主轴孔设计尺寸为 $\phi 100H7$。结合表 2-4，其加工工序为粗镗→半精镗→精镗→浮动镗四道工序，试确定各中间工序尺寸及其公差。

表 2-4 减速器箱体加工工序表　　　　　　　　　　　　（单位：mm）

工序名称	工序余量	经济精度	工序尺寸及偏差
浮动镗	0.1	0.035（IT7）	
精镗	0.5	0.054（IT8）	
半精镗	2.4	0.14（IT10）	
粗镗	5	0.44（IT13）	
毛坯	（总余量）	±1.6	

16. 图 2-18 所示为某机床滚珠丝杠零件图，工件材料为 9Mn2V，调质处理 240～260HBW，大批量生产，试编制其机械加工工艺。

17. 图 2-19 所示为三拐曲轴零件图，工件材料为 QT700-2，小批量生产，试编制其机械加工工艺。

18. 图 2-20 所示为矩形齿花键轴零件图，工件材料为 45 钢，调质处理 240～260HBW，小批量生产，试编制其机械加工工艺。

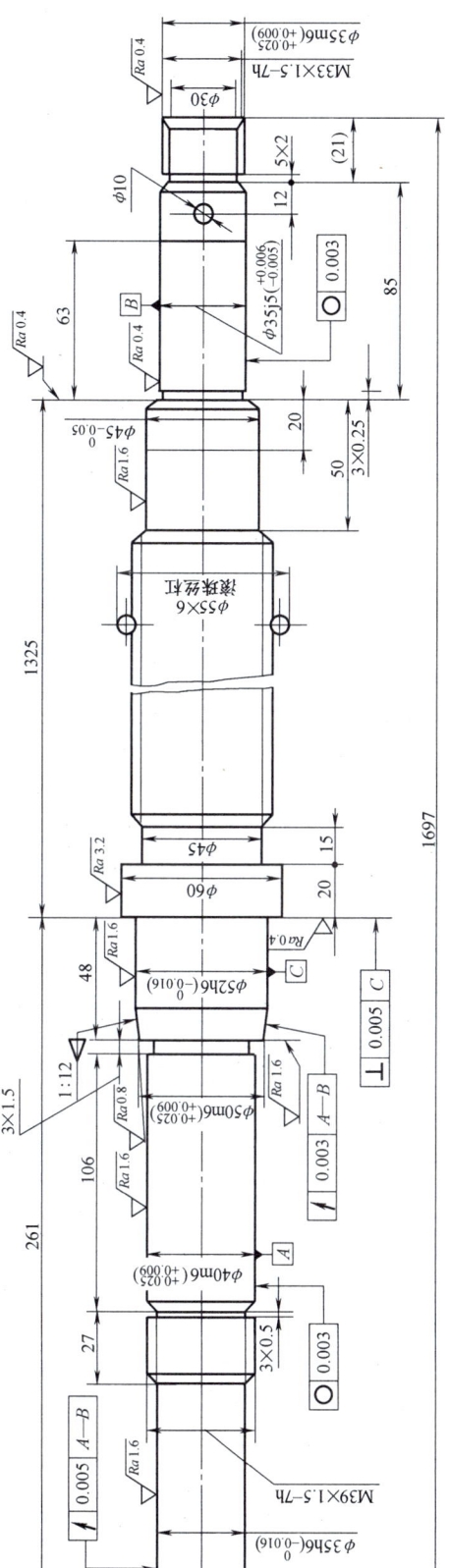

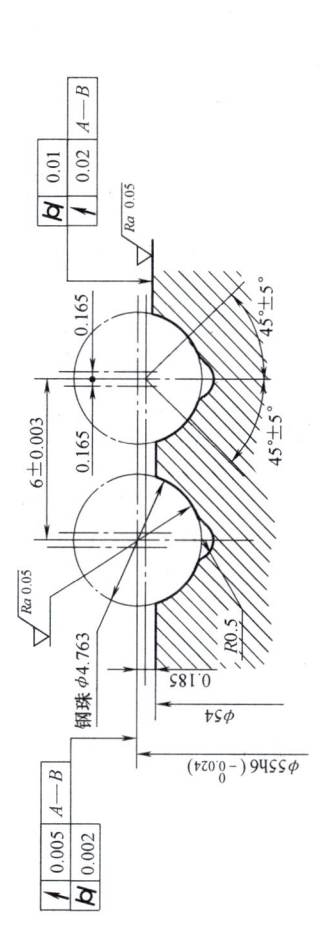

技术要求

1. 锥度1:12部分，用量规作涂色检查，接触长度大于80%。
2. 调质硬度240～260HBW，除M39mm×1.5mm−7h和M33mm×1.5mm−7h螺纹和φ50mm外圆外，其余均感应淬火淬硬至60HRC。
3. 滚珠丝杠的螺距累积误差(mm)：0.006/25，0.008/100，0.016/300，0.018/600，0.022/900，0.03/全长。
4. 材料：9Mn2V。

图 2-18 滚珠丝杠零件图

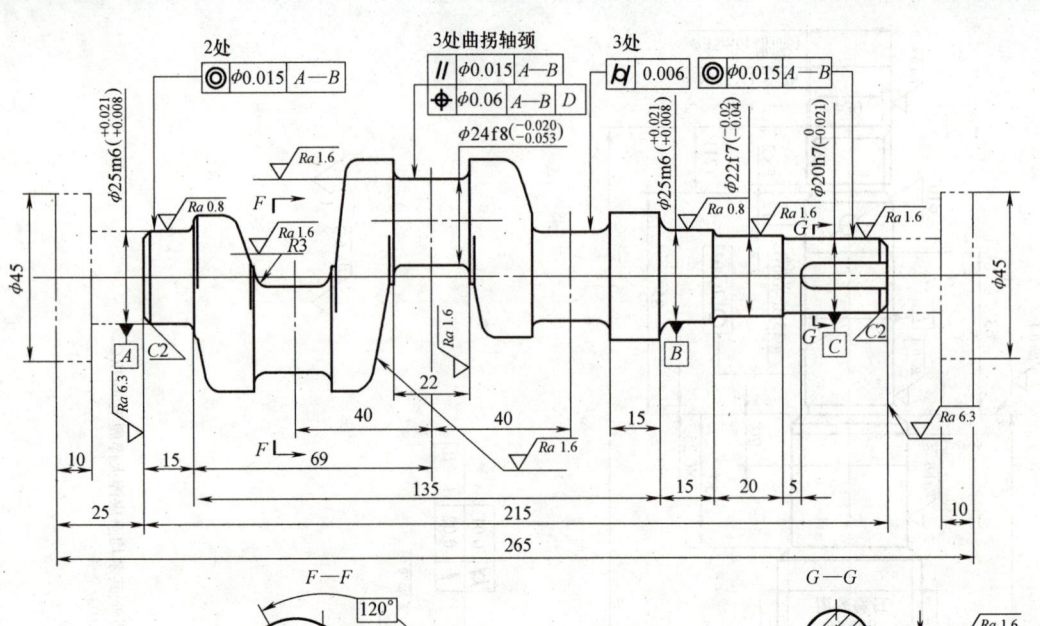

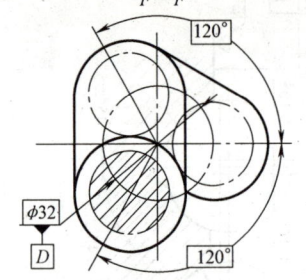

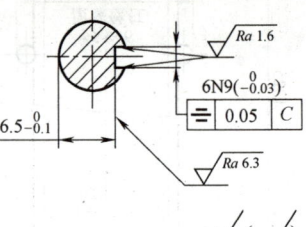

技术要求
1. 材料QT700-2。
2. 未注圆角R1。
3. 未注倒角C1。

图 2-19 三拐曲轴零件图

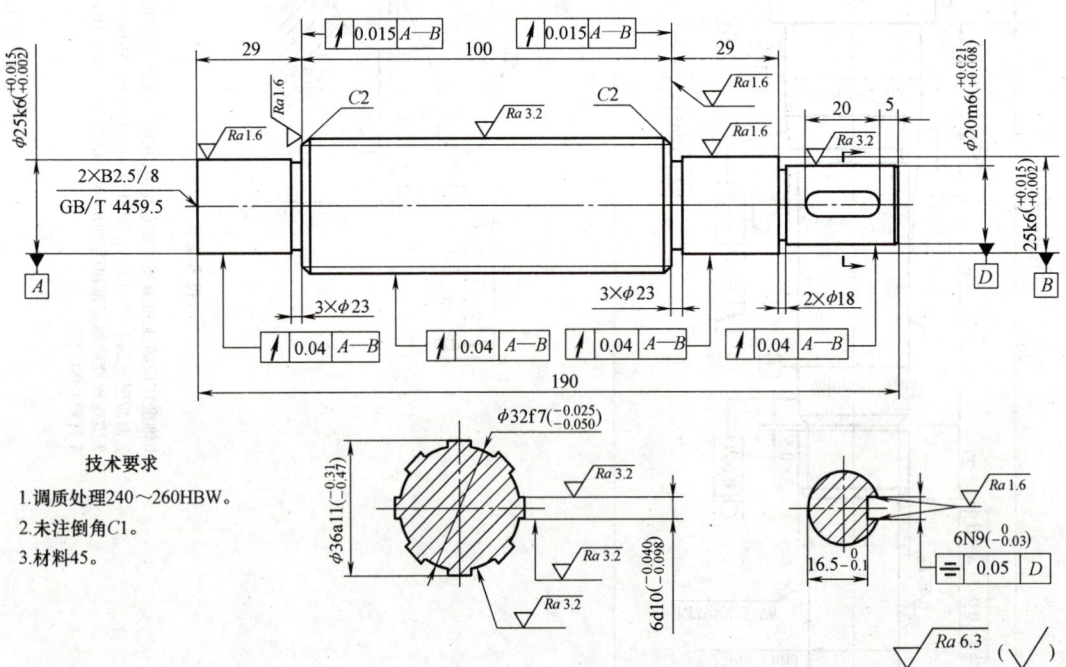

技术要求
1. 调质处理240~260HBW。
2. 未注倒角C1。
3. 材料45。

图 2-20 矩形齿花键轴零件图

素养提升

大国工匠——夏立

　　夏立是中国电子科技集团公司第五十四研所钳工，高级技师，担任航空、航天通信天线装配责任人。作为一名钳工，在博士扎堆儿的研究所里毫不显眼，但是博士工程师设计出来的图样能不能落到实处，都要听听他的意见。几十年的时间里，夏立天天和半成品通信设备打交道，在生产、组装工艺方面，夏立攻克了一个又一个难关，创造了一个又一个奇迹。

　　上海 65m 射电望远镜要实现灵敏度高、指向精确等性能，其核心部件方位俯仰控制装置的齿轮间隙要达到 0.004mm。完成这个"不可能的任务"的，就是有着近 30 年钳工经验的夏立。作为通信天线装配责任人，夏立还先后承担了"天眼"射电望远镜、嫦娥四号卫星、索马里护航军舰、"9·3"阅兵参阅方阵上通信设施的卫星天线预研与装配、校准任务。

　　"工匠精神就是坚持把一件事做到最好。"夏立是这么说的，也是如此坚持的。脚踏实地，知行合一，大国工匠，实至名归！

项目三

螺纹类零件机械加工工艺的编制

项目描述

图 3-1 所示为蜗杆轴零件，零件材料为 45 钢，调质处理 240~280HBW，生产类型为中批生产，编制该零件机械加工工艺规程。

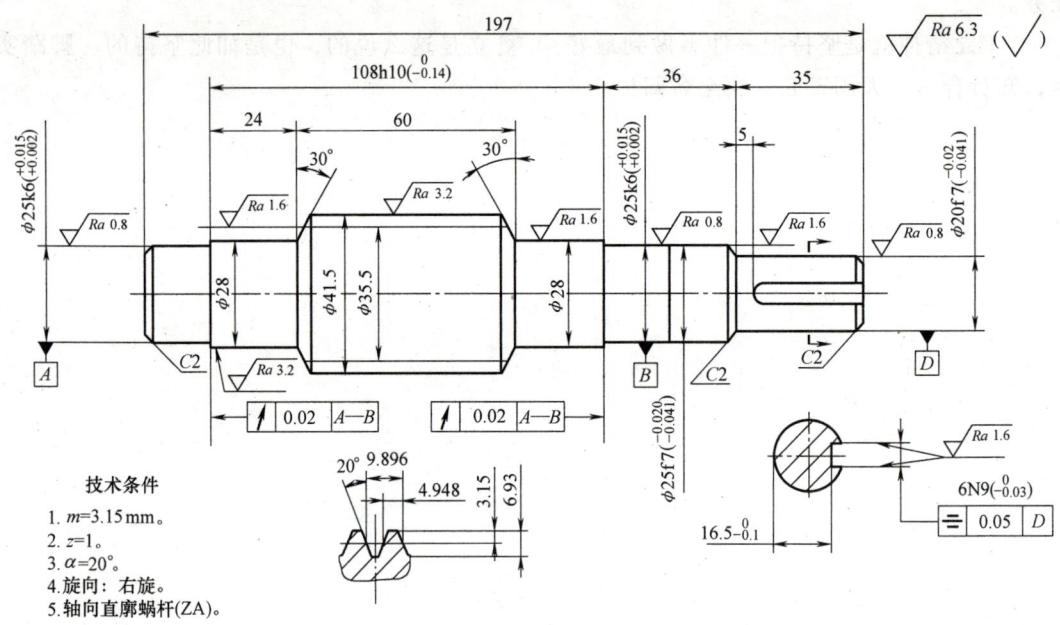

图 3-1 蜗杆轴零件图

技能目标

能根据蜗杆轴零件的加工要求，编制蜗杆轴的机械加工工艺规程。

知识目标

掌握蜗杆轴零件的机械加工工艺的编制；螺纹的种类；螺纹车刀与在车床上加工不同种类螺纹的方法；铣床和磨床的加工范围；砂轮的结构及其组成；砂轮的选择原则。了解普通铣床的种类、结构及其主参数；常见的铣床刀具的种类；普通磨床的种类、结构及其主参数。

项目三 螺纹类零件机械加工工艺的编制

任务一 螺纹车刀与螺纹加工方法的选择

任务描述

蜗杆轴零件上的螺纹是模数螺纹，模数为3.15mm，头数为1，压力角为20°，确定蜗杆轴零件上螺纹的加工方法。

任务分析

根据蜗杆轴零件上螺纹的加工要求，选择合适的加工方法。

相关知识

1.1 梯形螺纹车刀

梯形螺纹一般采用低速车削，使用高速工具钢梯形螺纹车刀，如图3-2所示。如果要采用高速车削，则应使用硬质合金车刀。

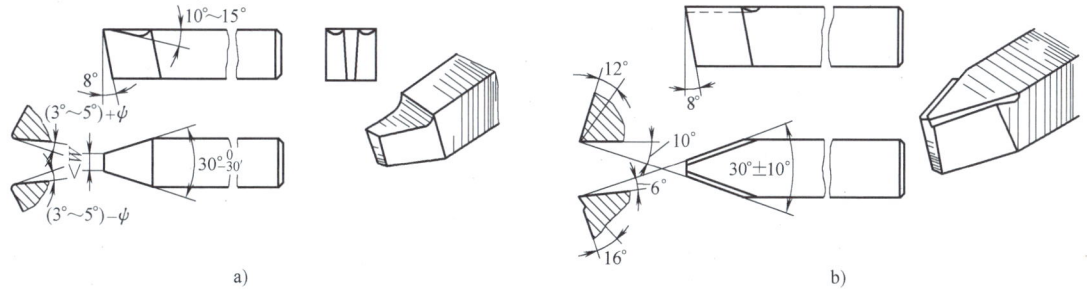

图3-2 高速工具钢梯形螺纹车刀

a）粗车刀 b）精车刀

螺纹车刀的刃磨要求为：

1）用样板校对刃磨两切削刃夹角。
2）有纵向前角的梯形螺纹车刀，刀尖角应进行修正。
3）车刀刃口要平直、光滑，两侧切削刃必须对称。
4）用油石研磨，研去切削刃上的毛刺。

安装梯形螺纹车刀时必须注意以下几点：

1）车刀切削刃必须与工件轴线等高（采用弹性刀杆时应高于工件轴线约0.2mm）。
2）用样板对刀，以保证刀头的角平分线与工件轴线垂直，如图3-3所示。
3）刀头伸出量不超过1.5倍刀杆截面高度。

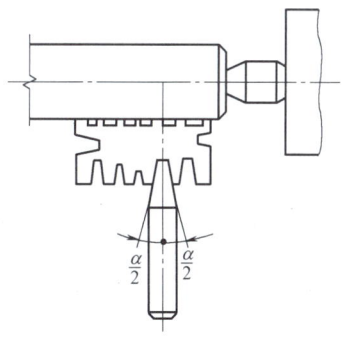

图3-3 用样板对刀

1.2 螺纹的加工方法

1. 攻螺纹和套螺纹

攻螺纹就是用丝锥在内孔表面上加

手工攻螺纹和套螺纹

工出内螺纹的加工方法，分为手攻和机攻。套螺纹就是用板牙在圆柱表面上加工出外螺纹的加工方法。丝锥和板牙如图 3-4 所示。攻螺纹和套螺纹一般用于加工小尺寸螺纹，加工精度不高。

2. 车螺纹

在车床上用车刀加工螺纹的方法，是螺纹加工的最常用方法。在车螺纹时，用丝杠带动刀架进给，使工件每转一周，刀具移动的距离等于导程。

车螺纹

3. 铣螺纹

在螺纹铣床上利用螺纹铣刀加工螺纹的加工方法。在铣削时，铣刀要偏斜安装，铣刀中心与工件

铣螺纹　铣外螺纹

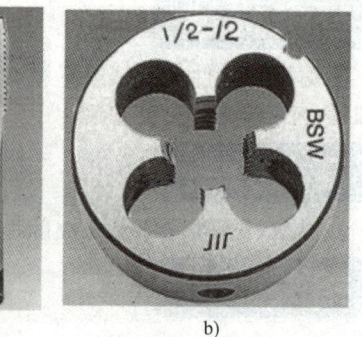

图 3-4　丝锥和板牙
a) 丝锥　b) 板牙

中心的偏角等于螺纹中径处的升角。工件每转一圈，铣刀沿工件轴线移动一个螺距或导程。这时，刀具切削刃在工件上运动轨迹的包络面，就是被切出的螺纹。批量较大的螺纹生产采用旋风铣削或螺纹铣床加工。

4. 磨螺纹

用砂轮磨削螺纹的加工方法。对于精度要求较高的螺纹，在螺纹牙形粗车完成并淬硬后，用砂轮磨削螺纹表面，以提高其传动精度及表面质量。也有螺纹不经车削，全部采用磨削而成（全磨工艺）。磨削螺纹的公差等级可达 IT5～IT6，表面粗糙度可达 $Ra0.8\mu m$。

磨螺纹

5. 滚压螺纹

螺纹滚压方法，即采用一对与螺纹牙型一致的精密硬质合金滚轮，在轧丝机上直接轧制出螺纹。该滚压加工是一种优质、高效、低成本的先进的无切削加工方法，滚轧后的螺纹表面耐磨性和硬度增加，并形成有利的残余压应力，可提高表面质量。一般用于传递运动而且生产批量较大的螺纹件。

滚压螺纹

6. 梯形螺纹的车削方法

梯形螺纹的低速车削方法一般有左右切削法、车直槽法和车阶梯槽法，如图 3-5 所示。车削梯形螺纹的步骤如下：

1）螺距不大于 4mm 和精度要求不高的工件，可用一把梯形螺纹车刀进行粗、精加工，并用左右切削法车削。

2）螺距大于 4mm 和精度要求高的梯形螺纹，一般采用车直槽法，分刀车削。先用车槽刀车出螺旋槽，再用梯形螺纹车刀完成精加工。

1.3　梯形螺纹的检测

1. 综合测量法

综合测量法是用标准螺纹量规对螺纹各主要参数进行综合性测量。螺纹量规包括塞规和环规两种，如图 3-6 所示。塞规检验内螺纹，环规检验外螺纹，并由通规、止规两件组成一

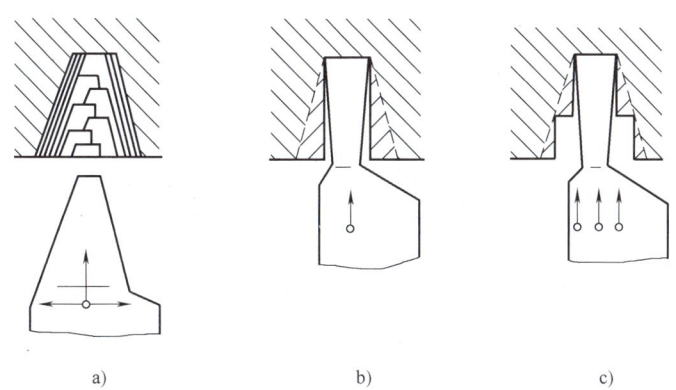

图 3-5 梯形螺纹车削方法

a）左右切削法 b）车直槽法 c）车阶梯槽法

副。螺纹工件只有在通规可通过、止规通不过的情况下为合格，否则零件为不合格品。

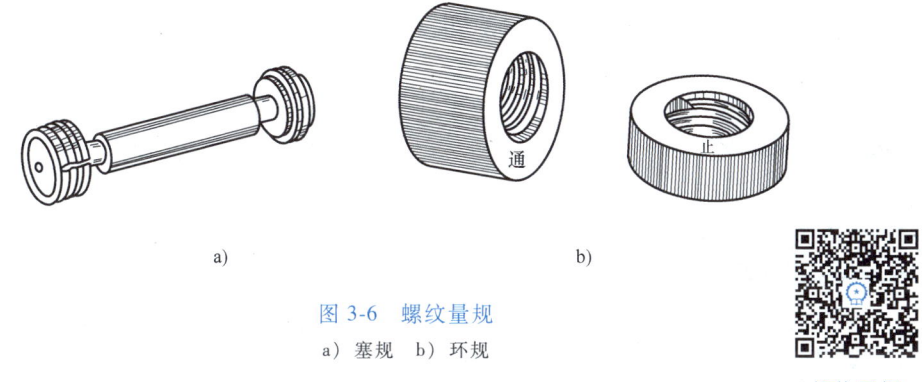

图 3-6 螺纹量规

a）塞规 b）环规

螺纹量规的使用

2. 单项测量法

（1）大径、小径的测量　一般用游标卡尺或千分尺直接测量。

（2）螺纹中径的测量　一般采用三针测量法。三针测量法测量时，在螺纹凹槽内放置具有同样直径的三根量针，然后用适当的量具（如千分尺等）来测量螺纹中径尺寸的大小，以验证所加工的螺纹中径是否正确。

三针测量法测量时，在螺纹凹槽内放置具有同样直径的三根量针，然后用适当的量具（如千分尺等）来测量螺纹中径尺寸的大小，以验证所加工的螺纹中径是否正确。

三针测量法是一种比较精密的测量方法，适用于测量精度要求较高的三角形螺纹和梯形螺纹的中径尺寸。测量时，把三根直径相等并在一定尺寸范围内的量杆放在螺纹相对两面的螺旋槽中，再用千分尺量两面量针顶点之间的距离 M（图 3-7）。

任务实施

由学生完成。

评价

教师点评。

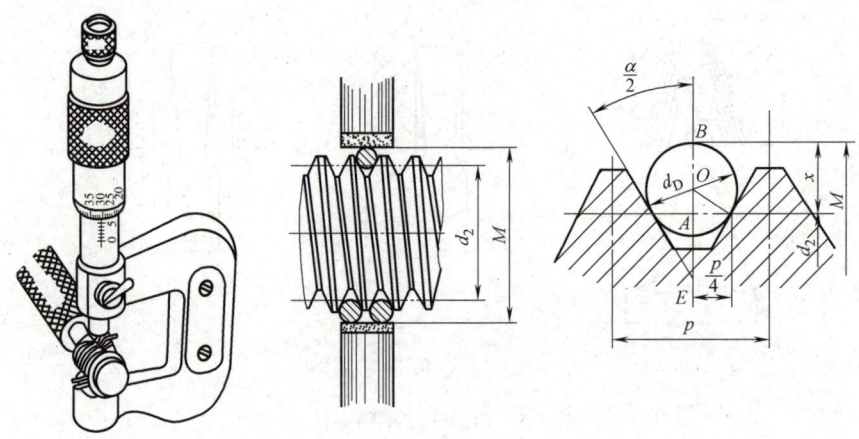

图 3-7 三针测量螺纹

任务二　铣削加工方法与铣刀的选择

任务描述

需要在蜗杆轴零件上加工宽 6mm 的键槽。

任务分析

根据蜗杆轴零件图的加工要求，加工宽 6mm 的键槽，选择合适的机床和刀具。

相关知识

2.1　铣床

铣床是用铣刀对工件进行铣削加工的机床。铣床除能铣削平面、沟槽、齿轮、螺纹和花键轴外，还能加工比较复杂的型面，效率较刨床高，在机械制造和修理部门得到广泛应用。

铣床种类很多，一般按布局形式和适用范围加以区分，下面介绍应用较广的几种类型。

1. 升降台铣床

升降台铣床按结构可以分为卧式铣床和立式铣床，主要用于加工中小型零件，应用最广。二者最主要的区别就是主轴布置形式不同。

1）卧式铣床。卧式铣床的主轴为水平布置，如图 3-8 所示。卧式铣床主要由底座、床身、铣刀轴、铣刀、横梁、挂架、滑座、工作台、升降台等部分组成。床身固定在底座上，用于安装和支承机床的各个部件。床身上安装有铣刀轴部件、主传动装置和变速操纵机构。床身顶部的燕尾形导轨上装有横梁，可沿水平方向调整其位置。在横梁的下方装有挂架用于支承铣刀轴的伸出端，以提高轴的刚度。升降台安装在床身的导轨上，可做垂直方向运动。升降台内装有进给运动和快速移动装置及操纵机构。升降台上面的水平导轨上装有滑座。滑座带着上面的工作台和工件可以做横向移动。工作台装在滑座的导轨上，可做纵向移动。加工工件时，工件（含夹具）安装在工作台上，铣刀装在铣刀轴上，铣刀旋转做主运动，工件移动做进给运动。

卧式铣床多用于加工齿轮、花键轴、沟槽等。卧式铣床的主要优点是可使用挂架增强刀具（主要是三面刃铣刀、片状铣刀等）强度。并且，卧式铣床一般都带立铣头，虽然其立铣头的功能和刚性不如立式铣床，但足以完成多种铣削工作，这使得卧式铣床的总体功能比立式铣床强大。

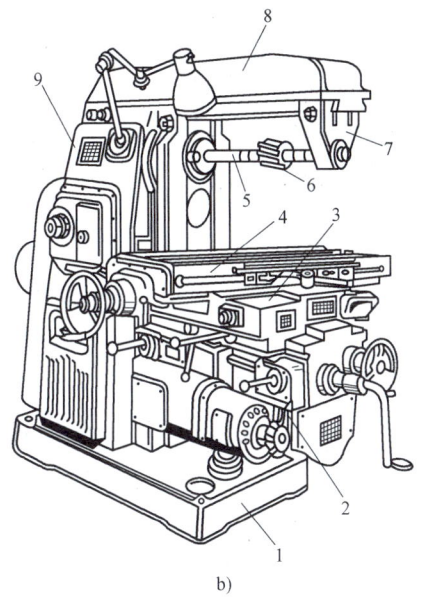

铣削加工应用

图 3-8 卧式铣床
1—底座 2—升降台 3—滑座 4—工作台 5—铣刀轴 6—铣刀 7—挂架 8—横梁 9—床身

万能卧式升降台铣床的结构与一般卧式升降台铣床基本相同，只是在工作台与滑座之间增加了转台，转台可相对滑座在水平范围内调整一定角度，通常在±45°范围，使工作台的运动轨迹与主轴成一定的夹角，以便加工螺旋槽等表面。

2）立式铣床。图 3-9 所示为典型的立式铣床及其结构。可见，与卧式铣床最明显的区别就是，立式铣床的主轴垂直布置，使用立铣头替代了卧式铣床的铣刀轴、横梁及挂架等部件。立式铣床使用的刀具种类较多，适用范围较广，其主轴锥孔可直接或通过附件安装各种圆柱铣刀、成形铣刀、面铣刀、角度铣刀等刀具。立式铣床的立铣头可在垂直平面内调整±45°；工作台可以实现横向、纵向和垂直三个方向的运动。立式铣床除了可以用于平面、沟槽、台阶、孔的加工外，对于平面有高低曲直几何形状的工件也可以加工。若使用分度头或回转工作台，立式铣床还可以铣削齿轮、凸轮以及铰刀和钻头等的螺旋面。在模具行业中，立式铣床最适合加工模具型腔和凸模成形表面。

2. 龙门铣床

龙门铣床包括龙门铣镗床、龙门铣刨床和双柱铣床，均用于加工大型零件的平面、沟槽等。图 3-10 所示为一种典型的龙门铣镗床。整体结构上看，该机床呈框架式布局，具有较高的刚度及抗振性。立铣头安装在横梁上，铣刀旋转为主运动。横梁可以沿着两侧的主柱做

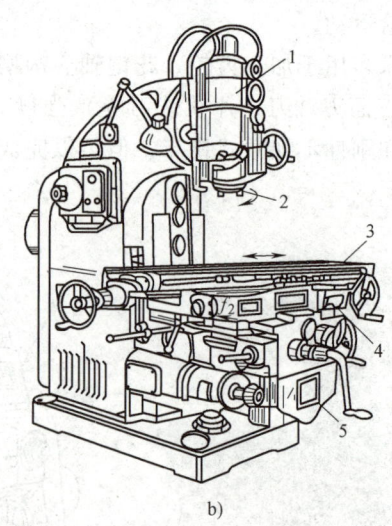

图 3-9 立式铣床

1—立铣头 2—主轴 3—纵向工作台 4—横向工作台 5—垂向工作台

垂直运动。工作台在铣削时沿床身上的导轨做直线进给运动。工作时,调整工作台侧面 T 形槽内的撞块,可使工作台运动实现自动循环。操作箱通过悬臂吊装,操作位置可自由选择,提高了工作效率。有的龙门铣床的横梁上装有两个立铣头,且每个立柱上都装有一个侧铣头。每个铣削头都可沿各自的轴线做轴向移动,实现铣刀的进给运动。为了调整工件与铣削头之间的相对位置,铣削头可沿立柱在垂直方向移位。龙门铣床可以对工件进行粗铣、半精铣,也可进行精铣加工。由于龙门铣床上可以多把铣刀同时加工工件的几个平面,所以龙门铣床的生产效率很高,在成批和大量生产中得到广泛应用。

顺铣与逆铣的区别

图 3-10 龙门铣镗床

1—床身 2—护罩 3—工作台 4—控制面板 5—横梁 6—立柱 7—顶梁 8—立铣头 9—侧铣头

3. 数控铣床

数控铣床是在一般铣床的基础上发展起来的一种自动加工设备,两者的加工工艺基本相同,结构也有些相似。数控铣床的一般分为立式数控铣床、卧式数控铣床、龙门数控铣床、数控万能工具铣床等。但数控铣床是靠程序控制的自动加工机床,所以其结构又与普通铣床有很大区别。数控铣床一般由数控系统、主传动系统、进给伺服系统、冷却润滑系统等几部分组成。数控系统是一种根据计算机存储器中存储的控制程序,执行部分或全部数值控制功能,并配有接口电路和伺服驱动装置的专用计算机系统,是数控机床的核心。

(1) 立式数控铣床 立式数控铣床应用范围最广。小型数控立铣一般采用工作台移动、升降,主轴不动的方式,这与普通立式升降台铣床类似。中型数控立铣一般采用纵向和横向工作台移动方式,且主轴可垂直上下运动,这对于模具的型腔等复杂表面加工提供了方便。大型数控立铣一般采用龙门架移动式,且其主轴可以在龙门架上做横向和垂直运动,龙门架则可以实现纵向运动,这种方式可以扩大行程,提高刚性,并缩小占地面积。立式数控铣床的数控系统控制的坐标数量一般为三坐标,可进行三坐标联动加工,四坐标、五坐标的立式数控铣床也已经投入使用。在实际生产中,还经常采用万能数控转盘、自动交换台、靠模装置以及气动或液压的多工位夹具来提高生产效率,增强其功能,扩大加工范围。

图 3-11 所示为某型立式数控铣床的结构。和传统铣床一样,立式数控铣床的主要部件有床身、铣头、主轴、纵向工作台(X 轴)、横向床鞍(Y 轴)、可调升降台(手动)、液压与气动控制系统和电气控制系统等。作为数控机床的特征部件,有 X、Y、Z(刀具)各进给轴伺服电动机、行程限位及保护开关、数控面板及其控制台。该机床主传动采用无级调速主电动机,由带轮将运动传至主轴。主轴转速分为高低两档,通过更换带轮的方法来实现换档。高速档时,主轴转速为 80~4500r/min;低速档时,主轴转速为 45~2600r/min。每档内的转速选择可由程序中的 S 指令给定,也可由手动操作执行。

工作台的纵向(X 轴)和横向(Y 轴)进给运动、主轴套筒的垂直(Z 轴)进给运动,都由各自的交流伺服电动机驱动,分别通过同步齿形带传给滚珠丝杠,实现进给。各轴的进给速度范围均为 5~3200mm/min,X、Y、Z 轴的快进速度分别为 6000mm/min、6000mm/min、3000mm/min。实际移动速度还受操作面板上速度修调开关的调节。床鞍的纵、横向导轨面均采用了贴塑面,提高了导轨的耐磨性,消除了低速爬行现象。

(2) 卧式数控铣床 类似于普通卧式铣床,卧式数控铣床的主轴轴线平行于水平面。为扩大加工范围和扩充功能,常采用增加数控转盘或万能数控转盘来实现四、五坐标加工。通过转盘可实现多工位加工,并能使工件上各种不同角度或空间角度的加工表面摆成水平来加工,从而省去了很多专用夹具以及专用角度成形铣刀。

(3) 立卧两用数控铣床 这类数控铣床的主轴方向可以改变,既可以进行立式加工,又可以进行卧式加工,功能更强,加工范围更广。特别适用于多品种小批量生产,同时需要立、卧两种加工方式的情况。

铣床的加工表面形状一般由直线、圆弧或其他曲线组成。普通铣床操作者根据图样的要

磨外圆

图 3-11 立式数控铣床结构

求，操纵铣床不断改变刀具与工件之间的相对位置，再与选定的铣刀转速相配合，使刀具对工件进行切削加工，便可加工出各种不同形状的工件。

数控机床加工是把刀具与工件的运动坐标分割成最小的单位量，即最小位移量。由数控系统根据工件程序的要求，使各坐标移动若干个最小位移量，从而实现刀具与工件的相对运动，以完成零件的加工。

数控铣床可以根据零件形状、尺寸、精度和表面粗糙度等技术要求制订加工工艺、选择加工参数。通过手工编程或利用 CAM 软件自动编程，将编好的加工程序输入到控制器。控制器对加工程序处理后，向伺服装置传送指令。伺服装置向伺服电动机发出控制信号。主轴电动机使刀具旋转，X、Y 和 Z 向的伺服电动机控制刀具和工件按一定的轨迹相对运动，从而实现工件的切削。

数控铣削加工除了具有普通铣床加工的特点外，还有如下特点：

1）零件加工的适应性强、灵活性好，能加工轮廓形状特别复杂或难以控制尺寸的零件，如模具类零件、壳体类零件等。

2）能加工普通机床无法加工或很难加工的零件，如用数学模型描述的复杂曲线零件以及三维空间曲面类零件。

3）能加工一次装夹定位后，需进行多道工序加工的零件。

4）加工精度高、加工质量稳定可靠，数控装置的脉冲当量一般为 0.001mm，高精度的数控系统可达 0.1μm，另外，数控加工还避免了操作人员的操作失误。

5）生产自动化程度高，无需人工多次装夹工件，可以减轻操作者的劳动强度，有利于生产管理自动化。

6）生产效率高，数控铣床一般不需要使用专用夹具等专用工艺设备，在更换工件时只需调用存储于数控装置中的加工程序、装夹工具和调整刀具数据即可，因而大大缩短了生产周期。其次，数控铣床具有铣床、镗床、钻床的功能，使工序高度集中，大大提高了生产效率。另外，数控铣床的主轴转速和进给速度都是无级变速的，因此有利于选择最佳切削用量。

4. 加工中心

加工中心是在数控铣床的基础上发展出来的。加工中心与数控铣床的最大区别在于，加工中心具有自动交换加工刀具的能力，通过在刀库上安装不同用途的刀具，可在一次装夹中通过自动换刀装置改变主轴上的加工刀具，实现多种加工功能，能自动地完成或者接近完成工件各面的所有加工工序。

（1）立式加工中心　立式加工中心指主轴轴线为垂直状态设置的加工中心（图 3-12）。其结构形式多为固定立柱式，工作台为长方形，无分度回转功能，适合加工盘类零件。在工作台上安装一个水平轴的数控回转台后，可用于加工螺旋线类零件。立式加工中心的结构简单，占地面积小，价格低。

（2）卧式加工中心　卧式加工中心指主轴轴线为水平状态设置的加工中心（图 3-13）。通常带有可进行分度回转的正方形分度工作台。卧式加工中心一般具有 3~5 个运动坐标，常见的是 3 个直线运动坐标（沿 X、Y、Z 轴方向）加一个回转运动坐标（回转工作台），它能够使工件在一次装夹后完成除安装面和顶面以外的其余 4 个面的加工，适用于箱体类工件的加工。

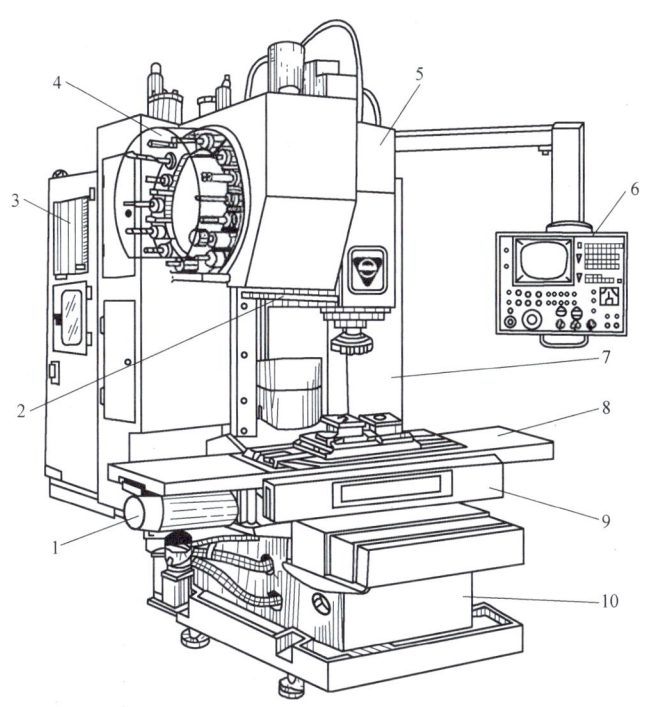

图 3-12 JCS-018A 型立式加工中心外观图
1—X 轴伺服电动机　2—换刀机械手　3—数控柜　4—盘式刀库　5—主轴箱
6—操作面板　7—驱动电源柜　8—工作台　9—滑座　10—床身

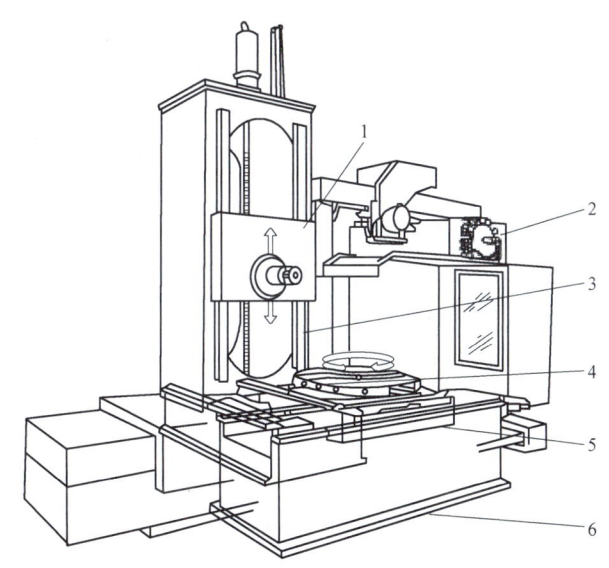

图 3-13 卧式加工中心
1—主轴头　2—刀库　3—立柱　4—立柱底座　5—工作台　6—工作台底座

卧式加工中心有多种形式，如固定立柱式或固定工作台式。固定立柱式的卧式加工中心的立柱固定不动，主轴箱沿立柱做上下运动，而工作台可在水平面内做前后、左右两个方向的移动；固定工作台式的卧式加工中心，安装工件的工作台是固定不动的（不做直线运动），沿坐标轴3个方向的直线运动由主轴箱和立柱的移动来实现。

与立式加工中心相比，卧式加工中心的结构复杂，占地面积大，重量大，价格也较高。

（3）万能加工中心 万能加工中心又称为复合加工中心，具有立式和卧式加工中心的功能。工件一次装夹后，能完成除安装面外所有侧面和顶面的加工，也称为五面加工中心。常见的五面加工中心有两种形式，一种是主轴可实现立、卧转换；另一种是主轴不改变方向，工作台带着工件旋转90°完成对工件五个面的加工。

2.2 铣削加工与铣刀

1. 铣削加工

铣削加工是目前应用最广泛的切削加工方法之一，适用于平面、台阶沟槽、成形表面和切断等加工，如图3-14所示。铣削加工生产率高，加工表面粗糙度值较小，精铣表面粗糙度值可达 $Ra1.6 \sim 3.2\mu m$，两平行平面之间的尺寸公差等级可达IT7～IT9，直线度可达 $0.08 \sim 0.12 mm/m$。

铣削加工应用

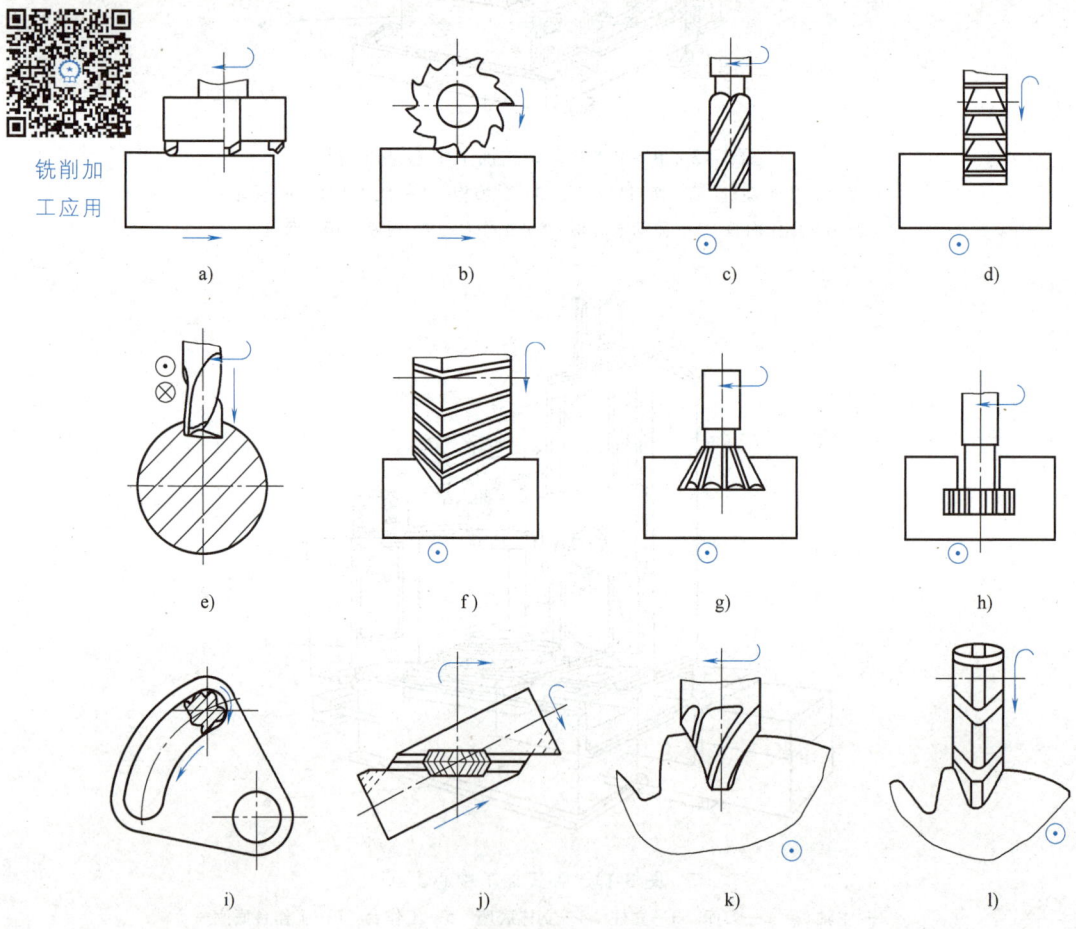

图 3-14 铣削加工的应用

a) 端铣平面 b) 周铣平面 c) 立铣刀铣直槽 d) 三面刃铣刀铣直槽 e) 键槽铣刀铣键槽 f) 铣角度槽
g) 铣燕尾槽 h) 铣T形槽 i) 铣圆弧槽 j) 铣螺旋槽 k) 指状铣刀铣齿轮 l) 盘状铣刀铣齿轮

铣刀的每个刀齿都相当于一把车刀,它的切削基本规律与车削相似,但铣削是断续切削,切削厚度与切削面积随时在变化,所以铣削过程又具有一些特殊规律。

铣刀是一种多刃刀具,切削刃的散热条件好,生产率高。铣削用量常用铣削速度、进给量、铣削深度和铣削宽度表示。

铣刀刀齿在刀具上的分布有两种形式,一种是分布在刀具的圆周表面上,一种是分布在刀具的端面上,如图3-15所示。两种形式的刀具对应的分别是周铣和端铣。

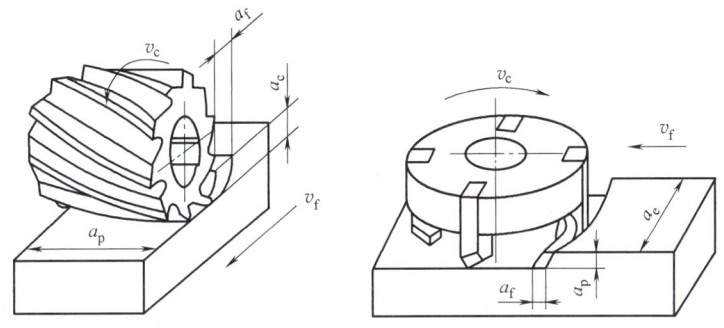

图3-15　铣刀刀齿

周铣又分为逆铣和顺铣两种铣削方式,如图3-16所示。

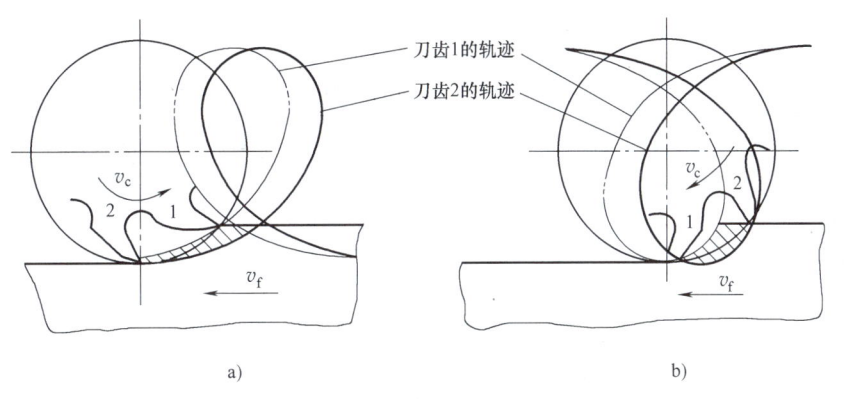

图3-16　圆周铣削示意图
a) 逆铣　b) 顺铣

顺铣与逆铣的区别

1) **逆铣**。铣刀切削速度方向与工件进给方向相反时称为逆铣。

逆铣时,刀齿的切削厚度从零逐渐增大。铣刀刃口钝圆半径大于瞬时切削厚度时,刀具实际切削前角为负值,刀齿在加工表面上挤压、滑动,使这段表面产生严重的冷硬层。下一个刀齿切入时,又在冷硬层上挤压、滑行,使刀齿容易磨损,同时使工件表面粗糙度值增大。

2) **顺铣**。铣刀切削速度方向与工件进给方向相同时称为顺铣。

顺铣时,刀齿的切削厚度从最大开始,避免了挤压、滑行现象。同时切削力始终压向工作台,避免了工件的上下振动,因而能延长铣刀寿命和改善加工表面质量,但顺铣不适用于铣削带硬皮的工件。

2. 铣刀

被加工零件的几何形状是选择刀具类型的主要依据。加工平面用铣刀常用的有圆柱形铣刀和面铣刀。

圆柱形铣刀一般用于在卧式铣床上用周铣方式加工较窄的平面。圆柱形铣刀有粗齿圆柱形铣刀和细齿圆柱形铣刀两种类型。粗齿圆柱形铣刀具有齿数少、刀齿强度高,容屑空间大、重磨次数多等特点,适用于粗加工;细齿圆柱形铣刀齿数多、工作平稳,适用于精加工。

高速钢面铣刀一般用于加工中等宽度的平面。标准铣刀直径范围为 80~250mm。硬质合金面铣刀的切削效率及加工质量均比高速钢铣刀高,故目前广泛使用硬质合金面铣刀加工平面。铣较大平面时,为了提高生产率和降低加工表面粗糙度值,一般采用刀片镶嵌式盘形面铣刀。铣小平面或台阶面时一般采用通用铣刀。

铣削加工是平面、键槽、齿轮以及各种成形面的常用加工方法。在铣床上加工工件时,一般采用以下几种装夹方法。

1) 直接装夹在铣床工作台上。大型工件常直接装夹在工作台上,用螺柱、压板压紧,这种方法需用百分表、划针等工具找正加工面和铣刀的相对位置。

2) 用机用虎钳装夹工件。对于形状简单的中、小型工件,一般可装夹在机用虎钳中,使用时需保证机用虎钳在机床中的正确位置。

3) 用分度头装夹工件。对于需要分度的工件,一般可直接装夹在分度头上。另外,不需分度的工件用分度头装夹加工也很方便。

4) 用 V 形块装夹工件。这种方法一般适用于轴类零件,除了具有较好的对中性以外,还可承受较大的切削力。

5) 用专用夹具装夹工件。专用夹具定位准确、夹紧方便,效率高,一般适用于成批、大量生产中。

任务实施

由学生完成。

评价

教师点评。

任务三　磨削加工方法与砂轮的选择

任务描述

根据外圆 $\phi25k6$、$\phi25f7$ 的加工要求,选择合适的磨削方法和砂轮。

任务分析

蜗杆轴的两处外圆:$\phi25k6$,表面粗糙度为 $Ra0.8\mu m$;$\phi25f7$,表面粗糙度为 $Ra1.6\mu m$,不能通过车削获得,需要进行磨削。

相关知识

3.1 磨床

1. 磨床的功能与类型

磨床是种类较为繁多的一种机床，在机械制造业中占有非常重要的地位。除能对淬火及其他高硬度材料进行加工外，在磨床上加工 7 级以上精度的零件时，比在其他机床上加工要容易得多，而且也很经济。这是由于磨具在进行精加工时，能切下非常薄的切削余量。磨床的主轴采用动压或静压滑动轴承，有很高的旋转精度和抗振性；磨床的进给运动采用平稳的液压传动，并和电气相结合实现半自动化和自动化工作。随着自动测量装置在磨床上的应用，磨削加工质量的可靠性大为增加，废品率降低。

磨削可以用于加工外圆、内圆、平面及各种成形表面，如图 3-17 所示。

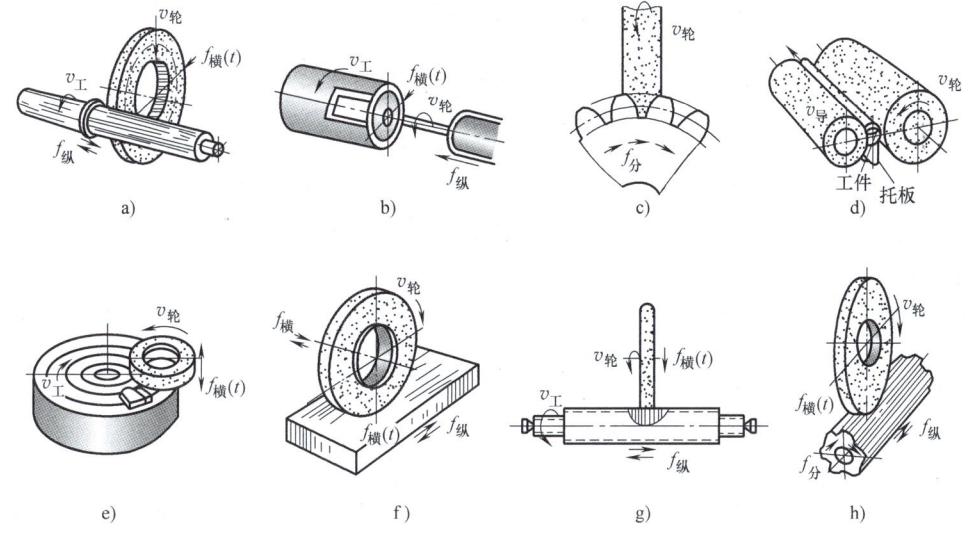

图 3-17　磨削的加工范围

a）磨外圆　b）磨内圆　c）磨齿轮　d）无心磨外圆
e）砂轮端面磨平面　f）砂轮圆周磨平面
g）磨螺纹　h）磨花键

磨床的种类很多，其中主要类型有以下几种。

1）**外圆磨床**。包括万能外圆磨床、普通外圆磨床、无心外圆磨床等。

2）**内圆磨床**。包括普通内圆磨床、行星内圆磨床、无心内圆磨床等。

3）**平面磨床**。包括卧轴矩台平面磨床、立轴矩台平面磨床、卧轴圆台平面磨床、立轴圆台平面磨床等。

4）**刀具刃磨磨床**。包括万能工具磨床、拉切削刃磨床、滚切削刃磨床等。

5）**专门化磨床**。包括花键轴磨床、曲轴磨床、齿轮磨床、螺纹磨床等。

6）**其他磨床**。包括珩磨机、研磨机、砂带磨床、砂轮机等。

2. 磨床的组成和技术性能

以 M1432B 型万能外圆磨床为例，说明磨床的组成和技术性能。

M1432B 型万能外圆磨床是普通精度级，并经两次重大改进的万能外圆磨床。它主要用于磨削公差等级为 IT6~IT7 的圆柱形或圆锥形外圆和内孔；最大磨削外圆直径为 320 mm，最大磨削长度有 1000 mm、1500 mm、2000 mm 三种规格；最大磨削内孔直径为 100 mm，内孔磨削最大长度为 125 mm；也可以用于磨削阶梯轴的轴肩、端面、圆角等，表面粗糙度值范围为 $Ra0.05~1.6 \mu m$。这种机床的工艺范围广，但生产率低，适用于单件、小批量生产。

图 3-18 所示为 M1432B 型万能外圆磨床，它由下列主要部件组成。

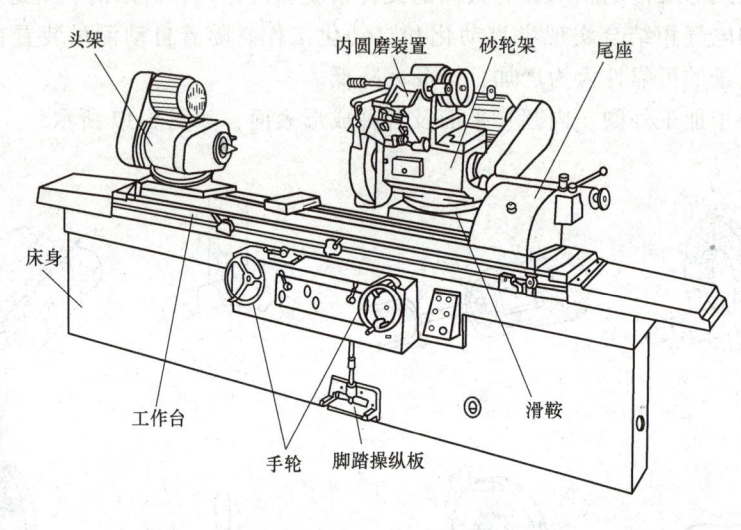

磨外圆

图 3-18 M1432B 型万能外圆磨床外形图

（1）**床身** 床身是磨床的支承部件，在其上装有头架、砂轮架、尾座及工作台等部件。床身内部装有液压缸及其他液压元件，用来驱动工作台和滑鞍的移动。

（2）**头架** 用于装夹工件，并带动其旋转，可在水平面内逆时针方向转动 90°。头架主轴通过顶尖或卡盘装夹工件，它的回转精度和刚度直接影响工件的加工精度。

（3）**内圆磨装置** 用于支承磨内孔的砂轮主轴部件，由单独的电动机驱动。

（4）**砂轮架** 用于支承砂轮主轴。砂轮架装在滑鞍上，当需磨削短圆锥时，砂轮架可在 ±30°内调整位置。

（5）**尾座** 尾座的功用是利用安装在尾座套筒上的顶尖（后顶尖），与头架主轴上的前顶尖一起支承工件，使工件实现准确定位。尾座利用弹簧力顶紧工件，以实现磨削过程中工件因热膨胀而伸长时的自动补偿，避免引起工件的弯曲变形和顶尖孔的过度磨损。尾座套筒的退回可以手动，也可以液压驱动。

（6）**滑鞍及横向进给机构** 转动横向进给手轮，通过横向进给机构带动滑鞍及砂轮架做横向移动，也可利用液压装置使砂轮架做快速进退或周期性自动切入进给。

（7）**工作台** 由上下两层组成，上工作台可相对于下工作台在水平面内转动很小的角度（±10°），用以磨削锥度不大的长圆锥面。上工作台顶面装有头架和尾座，它们随工作台一起沿床身导轨做纵向往复运动。

3.2 砂轮及其磨削原理

磨削通常用于精加工，加工公差等级可达 IT5~IT6，表面粗糙度值可达 $Ra0.05$~$1.6\mu m$，镜面磨削时可达 $Ra0.01$~$0.04\mu m$。磨削常用于加工淬硬钢、耐热钢及特殊合金材料等坚硬材料。磨削的加工余量可以很小，在毛坯预加工工序（如模锻、模冲压、精密铸造）的精确度日益提高的情况下，磨削是直接提高工件精度的一种重要的加工方法。由被磨削工件和磨具在相对运动关系上的不同组合，可以产生各种不同的磨削方式。由于机械产品越来越多地采用成形表面，成形磨削和仿形磨削得到了越来越广泛的应用。磨削时，由于所采用的"刀具"（磨具）与一般金属切削所采用的刀具不同，且切削速度很高，因而磨削机理和切削机理就有很大的不同。

1. 砂轮的特性

砂轮是磨削加工中最主要的一类磨具。砂轮是在磨料中加入结合剂，经压坯、干燥和焙烧而制成的多孔体。由于磨料、结合剂及制造工艺不同，砂轮的特性差别很大，因此对磨削的加工质量、生产率和经济性有着重要影响。砂轮的特性主要是由磨料、粒度、结合剂、硬度、组织、形状和尺寸等因素决定。

（1）磨料 磨料是砂轮的主要组成部分，它具有很高的硬度、耐磨性、耐热性和一定的韧性，以承受磨削时的切削热和切削力，同时还应具备锋利的尖角，以利于磨削金属。常用的磨料有氧化物系、碳化物系和高硬磨料系三类。氧化物系磨料主要成分是三氧化二铝，碳化物系磨料通常以碳化硅、碳化硼等为基体，高硬磨料系主要有人造金刚石和立方氮化硼（CBN）。常用磨料代号、特点及适用范围见表 3-1。

表 3-1 常用磨料代号、特性及适用范围

系列	名称	代号	主要成分	显微硬度（HV）	颜色	特点	适用范围
氧化物系	棕刚玉	A	Al_2O_3 91%~96%	2200~2288	棕褐色	硬度高,韧性好,价格便宜	磨削碳钢、合金钢、可锻铸铁、硬青铜
	白刚玉	WA	Al_2O_3 97%~99%	2200~2300	白色	硬度高于棕刚玉,磨粒锋利,韧性差	磨削淬硬的碳钢、高速工具钢
碳化物系	黑碳化硅	C	SiC >95%	2840~3320	黑色带光泽	硬度高于刚玉,性脆而锋利,有良好的导热性和导电性	磨削铸铁、黄铜、铝及非金属
	绿碳化硅	GC	SiC >99%	3280~3400	绿色带光泽	硬度和脆性高于黑碳化硅,有良好的导电性和导热性	磨削硬质合金、宝石、陶瓷、光学玻璃、不锈钢
高硬磨料系	立方氮化硼	CBN	立方氮化硼	8000~9000	黑色	硬度仅次于金刚石,耐磨性和导电性好,发热量小	磨削硬质合金、不锈钢、高合金钢等难加工材料
	人造金刚石	MBD	碳结晶体	10000	乳白色	硬度极高,韧性很差,价格昂贵	磨削硬质合金、宝石、陶瓷等高硬度材料

（2）粒度 磨料的粗细用粒度表示，国家标准 GB/T 2481.2—2020《固结磨具用磨料 粒度组成的检测和标记 第 2 部分：微粉》规定，微粉包括 F 系列和 J 系列，粒度号前分别

冠以字母"F"和符号"#"。粒度测量方法包括光电沉降法和沉降管法测量等。

砂轮的粒度对磨削表面的表面粗糙度和磨削效率影响很大。磨粒粗，磨削深度大，生产率高，但表面粗糙度值大。反之，磨粒细，则磨削深度均匀，表面粗糙度值小。所以一般粗磨时选粗粒度，精磨时选细粒度。磨软金属时，多选用粗磨粒，磨削脆而硬材料时，则选用较细的磨粒。图 3-19 所示为两种不同粒度砂轮的对比照片。

研磨粉粒度选择应根据研磨需要达到的表面粗糙度值来确定，不同粒度可以达到的表面粗糙度见表 3-2。

图 3-19 砂轮的粒度对比

表 3-2 研磨粉粒度可以达到的表面粗糙度值

研磨粉号数	研磨加工类别	可达到表面粗糙度值 $Ra/\mu m$
F4～F220	用于最初的研磨加工	~0.4
F220～F280	用于粗研磨加工	0.4～0.2
F280～F400	用于半精研磨加工	0.2～0.1
F500～F800	用于精研磨加工	0.1～0.05
F1000～F1200	用于抛光、镜面研磨	0.025～0.01

（3）结合剂　结合剂的作用是将磨粒粘合在一起，使砂轮具有一定的强度、气孔、硬度和耐蚀、抗潮湿等性能。因此，砂轮的强度、抗冲击性、耐热性及耐蚀性，主要取决于结合剂的种类和性质。常用结合剂的种类、性能及适用范围见表 3-3。

表 3-3 常用结合剂的种类、性能及适用范围

种类	代号	性　　能	用　　途
陶瓷	V	耐热性、耐蚀性好、气孔率大、易保持轮廓、弹性差	应用广泛，适用于 $v<35$ m/s 的各种成形磨削、磨齿轮、磨螺纹等
树脂	B	强度高、弹性大、耐冲击、坚固性和耐热性差、气孔率小	适用于 $v>50$ m/s 的高速磨削，可制成薄片砂轮，用于磨槽、切割等
橡胶	R	强度和弹性更高、气孔率小、耐热性差、磨粒易脱落	适用于无心磨的砂轮和导轮、开槽和切割的薄片砂轮、抛光砂轮等
金属	M	韧性和成形性好、强度大、但自锐性差	可制造各种金刚石磨具

（4）硬度　砂轮硬度反映磨粒与结合剂的粘结强度。砂轮硬，磨粒不易脱落；砂轮软，磨粒易于脱落。砂轮的硬度与磨料的硬度是完全不同的两个概念。硬度相同的磨料可以制成硬度不同的砂轮，砂轮的硬度主要决定于结合剂性质、数量和砂轮的制造工艺。例如，结合剂与磨粒粘固程度越高，砂轮硬度越高。

1) 工件硬度。工件材料较硬，砂轮硬度应选得软一些，以便砂轮磨钝后的磨粒及时脱落，露出锋利的新磨粒继续正常磨削；工件材料软，因易于磨削，磨粒不易磨钝，砂轮应选硬一些。

2）加工接触面。砂轮与工件磨削接触面大时，砂轮硬度应选软些，使磨粒容易脱落，以防止砂轮堵塞。

3）砂轮粒度。砂轮粒度号大，砂轮硬度应选软些，以防止砂轮堵塞。

4）精磨和成形磨。粗磨时，应选用较软砂轮；而精磨、成形磨削时，应选用硬一些的砂轮，以保持砂轮的必要形状精度。

砂轮的硬度等级及代号见表3-4。机械加工中常用砂轮硬度等级为H~N（软2~中2）。

表3-4 砂轮的硬度等级及代号

硬度等级	大级	超软			软			中软		中		中硬			硬		超硬
	小级	超软			软1	软2	软3	中软1	中软2	中1	中2	中硬1	中硬2	中硬3	硬1	硬2	超硬
代号		D	E	F	G	H	J	K	L	M	N	P	Q	R	S	T	Y

（5）组织 砂轮的组织是指组成砂轮的磨粒、结合剂、气孔三部分体积的比例关系。通常以磨粒所占砂轮体积的百分比来分级。砂轮有三种组织状态（图3-20）：紧密、中等、疏松。相应的砂轮组织号可细分为0~14号，共15级（表3-5）。组织号越小，磨粒所占比例越大，砂轮越紧密；反之，组织号越大，磨粒比例越小，砂轮越疏松。

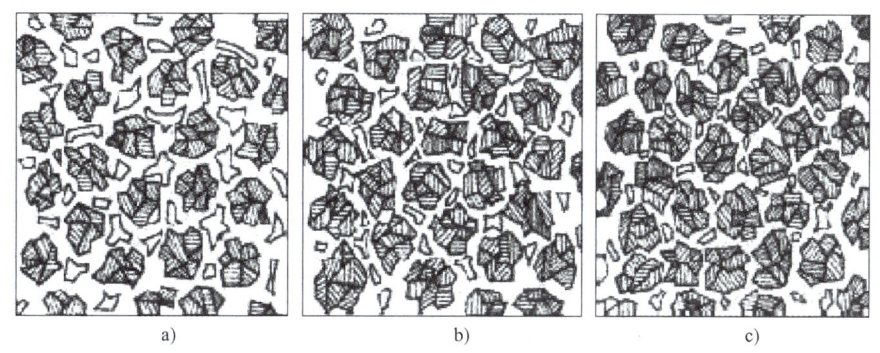

图3-20 砂轮组织对比

a）疏松 b）中等 c）紧密

砂轮三种组织状态适用范围：

1）紧密组织砂轮适于重压下的磨削。

2）中等组织砂轮适于一般磨削。

3）疏松组织砂轮不易堵塞，适于平面磨、内圆磨等磨削接触面大的工序，以及磨削热敏性强的材料或薄壁工件。

表3-5 砂轮组织分类

组织号	0	1	2	3	4	5	6	7	8	9	10	11	12	13	14
磨粒率(%)	62	60	58	56	54	52	50	48	46	44	42	40	38	36	34
类别	紧密				中等				疏松				大气孔		
应用	精磨、成形磨				淬火工件、刀具				韧性大和硬度低的金属				有色金属及塑料、橡胶等非金属		

(6) 形状与尺寸 砂轮的形状和尺寸是根据磨床类型、加工方法及工件的加工要求来确定的。常用砂轮名称、代号、简图和主要用途见表 3-6。

表 3-6 常用砂轮名称、代号、简图和主要用途

砂轮名称	代号	简图	主 要 用 途
平形砂轮	1		磨外圆、磨内圆、磨平面、无心磨工具磨
筒形砂轮	2		端磨平面
双斜边砂轮	4		磨齿轮、磨螺纹
杯形砂轮	6		磨平面、磨内圆、刃磨刀具
碗形砂轮	11		刃磨刀具、磨导轨
碟形一号砂轮	12a		磨铣刀、铰刀、拉刀、磨齿轮
平形切割砂轮	41		切断、切槽

砂轮的特性均标记在砂轮的端面上，其顺序是：砂轮、对应标准号、型号、圆周型面、尺寸、磨料、粒度、硬度、组织号、结合剂、最高工作速度。示例如下：

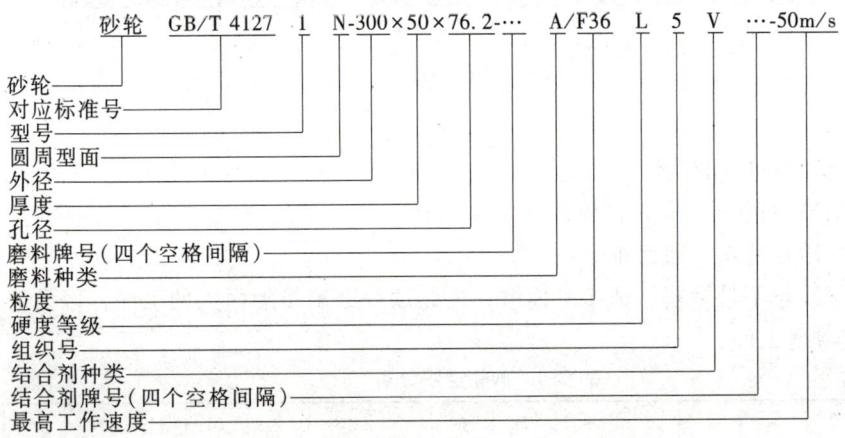

2. 磨屑形成过程

磨粒在磨具上排列的间距和高低都是随机分布的，磨粒是一个多面体，其每个棱角都可看作是一个切削刃，顶尖角大致为 90°~120°，尖端是半径为几微米至几十微米的圆弧。经精细修整的磨具，其磨粒表面会形成一些微小的切削刃，称为微刃。磨粒在磨削时有较大的负前角，其平均值为 -60° 左右。

磨粒的切削过程可分为以下三个阶段（图 3-21）。

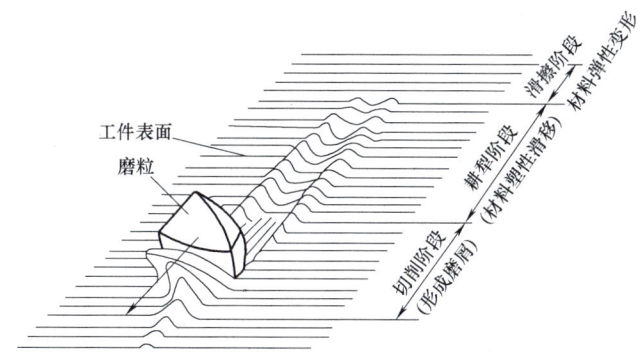

图 3-21 磨粒的切削过程

1) 滑擦阶段。磨粒开始挤入工件，滑擦而过，工件表面产生弹性变形而无切屑。

2) 耕犁阶段。磨粒挤入深度加大，工件产生塑性变形，耕犁成沟槽，磨粒两侧和前端堆高隆起。

3) 切削阶段。切入深度继续增大，温度达到或超过工件材料的临界温度，部分工件材料明显地沿剪切面滑移而形成磨屑。

根据条件不同，磨粒切削过程的三个阶段可以全部同时存在，也可以部分存在。磨屑的形状有带状、挤裂状和熔融的球状等，可据此分析各主要工艺参数、砂轮特性、冷却润滑条件和磨料的性能等对磨削过程的影响，从而采取提高磨削表面质量和磨削效率的措施。

磨粒的切削过程也是形成磨屑的过程，图 3-21 所示为单个磨粒磨削时磨屑形成的三个阶段。

1) 第Ⅰ阶段（弹性变形阶段）。由于磨削深度小，磨粒以大负前角切削，砂轮结合剂及工件、磨床系统的弹性变形，当磨粒开始接触工件时产生退让，磨粒仅在工件表面上滑擦而过，不能切入工件，仅在工件表面产生热应力。

2) 第Ⅱ阶段（塑性变形阶段）。随着磨粒磨削深度的增加，磨粒已能逐渐刻划进入工件，工件表面由弹性变形逐步过渡到塑性变形，使部分材料向磨粒两旁隆起，工件表面出现刻痕（耕犁现象），但磨粒前刀面上没有磨屑流出。此时除磨粒与工件的相互摩擦外，更主要是材料内部发生摩擦。磨削表层不仅有热应力，而且有因弹、塑性变形所产生的应力。这一阶段的特点是材料表层产生塑性流动与隆起，因磨粒的切削厚度未达到形成切屑的临界值，而不能形成切屑。

3) 第Ⅲ阶段（形成磨屑阶段）。当挤入深度增大到临界值时，被切层在磨粒的挤压下明显地沿剪切面滑移，形成切屑沿前刀面流出，形成大量磨屑，这个阶段也称为切削阶段。

由于磨粒在砂轮表面上排列的随机性，磨削时，每个磨粒与工件在整个接触过程中，作用情况可分如下三种。

1) 只有弹性变形阶段。

2) 弹性变形阶段+塑性变形阶段+弹性变形阶段。

3) 弹性变形阶段+塑性变形阶段+切屑形成阶段+塑性变形阶段+弹性变形阶段。

3. 砂轮的磨损与寿命

(1) 砂轮磨损的形态　磨削过程中，由于机械、物理和化学作用造成砂轮磨损，切削能力下降。同时砂轮表面上的磨粒形状和分布是随机的,因此可分为三种磨削形式,图 3-22 显示出以下所述的三种砂轮磨损类型。

1)**磨耗磨损**。磨削过程中,由于磨粒与工件表面的滑擦作用,磨粒与磨削区的化学反应以及磨粒的塑性变形作用,使磨粒逐渐变钝,在磨粒上形成磨损小平面。磨耗磨损一般发生在磨粒与工件的接触处。开始时,在磨粒刃尖上出现一磨损的微小平面,当微小平面逐步增大时,磨刃就无法顺利切入工件,而只是在工件表面产生挤压作用,从而使磨削热增加,磨削过程恶化。

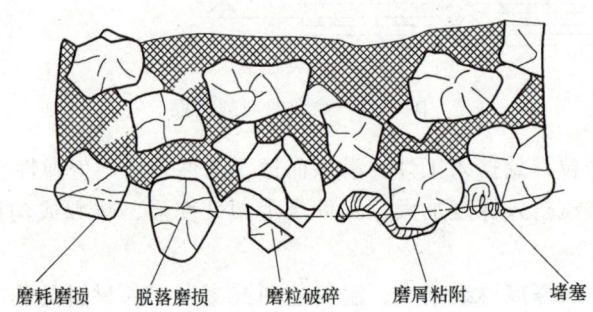

图 3-22　砂轮磨损形式

造成砂轮磨耗磨损的主要原因是机械磨损和化学磨损。因而造成:
① 摩擦热使磨粒表面剥落极微小碎片。
② 弱化磨粒。
③ 磨粒与被磨材料熔焊,因塑性流动或滞流而加剧磨粒磨损。
④ 摩擦热加速化学反应。
⑤ 摩擦剪切而使磨粒损耗。

2)**磨粒破碎**。在磨削过程中,若作用在磨粒上的应力超过了磨粒本身的强度时,磨粒上的一部分就会以微小碎片的形式从砂轮上脱落。磨粒破碎发生在一个磨粒的内部。磨粒的热导率越低,热膨胀系数越大,则越容易破碎。

3)**脱落磨损**。在磨削过程中,若磨粒与磨粒之间的结合剂发生断裂,则磨粒将从砂轮上脱落下来,而在原位置留下空穴。因此,脱落磨损的难易主要取决于结合剂的强度。磨削时,随着磨削温度的上升,结合剂强度下降,当磨削力超过结合剂强度时,整个磨粒从砂轮上脱落,形成脱落磨损。

另外,磨削时砂轮会发生堵塞粘附现象,即磨粒通过磨削区时,在磨削高温和很大的接触压力作用下,被磨材料会粘附在磨粒上。粘附严重时,粘附物糊在砂轮上,使砂轮失去切削作用。如磨削碳钢时,磨削产生的高温使切屑软化,嵌塞在砂轮的孔隙处,造成砂轮堵塞;磨削钛合金时,切屑与磨粒的亲和力强,从而造成粘附或堵塞。砂轮堵塞后即失去切削能力,磨削力及磨削温度剧增,表面质量显著下降。

(2)**砂轮寿命**　砂轮寿命用砂轮在两次修整之间的实际磨削时间表示。它是砂轮磨削性能的重要指标之一,同时还是影响磨削效率和磨削成本的重要因素。砂轮磨损量是最主要的寿命判据。当磨损量大至一定程度时,工件将发生颤振,表面粗糙度突然增大,或出现表面烧伤现象,但准确判断比较困难。在实际生产中,砂轮寿命的常用合理数值可参见表 3-7。

表 3-7 砂轮寿命的常用合理数值

磨削种类	外圆磨	内圆磨	平面磨	成形磨
寿命 T/s	1200~2400	600	1500	600

(3) **砂轮磨损阶段** 按照磨损机理的不同可将砂轮磨损过程分为三个阶段。

1) 第一阶段的磨损主要是磨粒的破碎。这是由于修整过程中，在修整力的作用下，有些磨粒内部产生内应力及微裂纹，因而使这些受损的磨粒在磨削力的作用下迅速破碎，造成初期磨损加重。

2) 第二阶段的磨损主要是磨耗磨损，有效磨削刃较稳定地进行磨削。

3) 第三阶段的磨损主要是结合剂破碎，造成磨粒大量脱落。

3.3 磨削加工的特点

磨削是一种常用的半精加工和精加工方法，砂轮是磨削的切削工具。磨削的基本特点如下。

(1) **可以加工多种材料** 磨削除可以加工铸铁、碳钢、合金钢等一般结构材料外，还能加工一般刀具难以切削的高硬度材料，如淬火钢、硬质合金、陶瓷和玻璃等。但不宜精加工塑性较大的有色金属工件。

(2) **磨削加工的精度高，表面粗糙度值小** 磨削加工的公差等级可达 IT5~IT6，表面粗糙度值可达 $Ra0.01~1.25\mu m$，镜面磨削时可达 $Ra0.01~0.04\mu m$。其主要原因有如下几点。

1) 砂轮表面有极多的切削刃，并且刃口圆弧半径小。磨粒上锋利的切削刃能够切下一层很薄的金属，切削厚度可以小到数微米。

2) 磨床有较高的精度和刚度，并有实现微量进给机构，可以实现微量切削。

3) 磨削的切削速度高，普通外圆磨削时 $v=35$ m/s，高速磨削时 $v>50$ m/s。因此，磨削时有很多切削刃同时参加切削，每个切削刃只切下极细薄的金属，残留面积的高度很小，有利于形成光洁的表面。

(3) **磨削的径向磨削力大** 磨削的径向磨削力作用在工艺系统刚性较差的方向上，因此，在加工刚性较差的工件时（如磨削细长轴），应采取相应的措施，防止因工件变形而影响加工精度。

(4) **磨削温度高** 磨削产生的切削热多，且砂轮的导热性差，大量的磨削热在磨削区形成瞬时高温，容易造成工件表面烧伤和微裂纹。因此，磨削时应采用大量的切削液以降低磨削温度。

(5) **砂轮有自锐作用** 在磨削过程中，磨粒的破碎产生新的较锋利的棱角，以及由于磨粒的脱落而露出一层新的锋利磨粒，能够部分恢复砂轮的切削能力，这种现象称为砂轮的自锐作用，也是其他切削刀具所没有的。磨削加工时，常常通过适当选择砂轮硬度等途径，以充分发挥砂轮的自锐作用，来提高磨削的生产率。必须指出，磨粒随机脱落的不均匀性，会使砂轮失去外形精度；破碎的磨粒和切屑也会造成砂轮堵塞。因此，砂轮磨削一定时间后，仍需进行修整以恢复其切削能力和外形精度。

(6) **磨削加工的工艺范围广** 不仅可以加工外圆面、内圆面、平面、成形面、螺纹、齿形等各种表面，还常用于各种刀具的刃磨。

(7) 磨削在切削加工中的比重日益增大　在工业发达国家，磨床占机床总数的比重已达 30%～40%，且有不断增长的趋势。磨削在机械制造业中将得到日益广泛的应用。

3.4　磨削热和磨削温度

磨削过程中所消耗的能量几乎全部转变为磨削热。试验研究表明，根据磨削条件的不同，磨削热有 80%～90% 进入工件，10%～15% 进入砂轮，1%～10% 进入磨屑，另有少部分以传导、对流和辐射形式散出。磨削时每颗磨粒对工件的切削都可以看作是一个瞬时热源，在热源周围形成温度场。磨削区瞬时接触点的最高温度可达工件材料熔点温度。磨粒经过磨削区的时间极短，一般为 0.01～0.1ms，在这期间以极大的加热速度使工件表面局部温度迅速上升，形成瞬时热聚集现象，影响工件表层材料的性能和加剧砂轮的磨损。

1. 磨削温度概念

(1) 工件平均温度　工件平均温度指磨削热传入工件而引起的工件温升，它影响工件的形状和尺寸精度。在精密磨削时，为获得高的尺寸精度，要尽可能降低工件的平均温度并防止局部温度不均。

(2) 磨粒磨削点温度　磨粒磨削点温度指磨粒切削刃与切屑接触部分的温度，是磨削中温度最高的部位，其值可达 1000℃ 左右，是研究磨削刃的热损伤、砂轮的磨损、破碎和粘附等现象的重要因素。

(3) 磨削区温度　磨削区温度是砂轮与工件接触区的平均温度，一般为 500～800℃，它与磨削烧伤和磨削裂纹的产生有密切关系。

磨削加工工件表面层的温度分布，是指沿工件表面层深度方向温度的变化，它与加工表面变质层的生成机理、磨削裂纹和工件的使用性能有关。

2. 影响磨削温度的因素

影响磨削温度的因素有磨削用量、砂轮参数等。磨削用量对磨削温度的影响关系如下。

1) 随着砂轮径向进给量 f_r 的增大，即磨削深度 a_p 的增大，工件表面温度升高。
2) 随着工件速度 v_w 的增大，工件表面温度一般会有所降低。
3) 随着砂轮速度 v_s 的增大，工件表面温度升高。

所以，要使磨削温度降低，应该采用较低的砂轮速度和较小的磨削深度，并提高工件速度。而砂轮硬度对磨削温度的影响有明显规律：砂轮软，磨削温度低；砂轮硬，磨削温度高。

3.5　磨削液

磨削时，在磨削区形成高温，会使砂轮磨损，导致零件表面完整性恶化，零件加工精度不易控制等，因此必须把磨削液注入磨削区，降低磨削温度。磨削液不仅有润滑及冷却作用，而且有洗涤和防锈作用。

1. 磨削液的种类

磨削液分为油性磨削液（非水溶性磨削液）和水溶性磨削液。磨削液分类见表 3-8。

油性磨削液的润滑性好，冷却性较差，而水溶性磨削液的润滑性较差，冷却效果好。另外，磨削液中的添加剂包括表面活性剂、极压添加剂和无机盐类。

表 3-8 磨削液分类

种类		成分
油性磨削液	矿物油	低黏度及中黏度轻质矿物油+油溶性防锈添加剂+极性添加剂
	极压油	低黏度及中黏度轻质矿物油+极压添加剂
水溶性磨削液	乳化液 极压乳化液	1）水+矿物油+乳化液+防锈添加剂 2）乳化液+极压添加剂
	化学合成剂	1）水+表面活性剂（非离子型、阴离子型或皂类） 2）水+表面活性剂+防锈添加剂+极压添加剂
	无机盐磨削液	1）水+无机盐类 2）水+无机盐类+表面活性剂

2. 磨削液的供给方法

通常采用的磨削液供给方法是浇注法。由于液体流速低，压力小，并且砂轮高速回转所形成的回转气流阻碍磨削液注入磨削区内，故浇注法的冷却效果较差。

为冲破环绕砂轮表面的气流障碍，提高冷却润滑效果，对供液方法做了不少改进，例如采用压力冷却、砂轮内冷却、喷雾冷却、浇注法与超声波并用以及对砂轮做浸渍处理、实现固体润滑等。

相关知识

3.6 现代磨削技术的新进展

磨削是对难加工材料进行精密加工的主要方法，其技术水平高低对高端装备制造质量具有关键影响。以缓进深切磨削、高速超高速磨削、重负荷荒磨、高效深切磨削为代表的现代磨削加工技术，依靠砂轮工作面上众多磨粒的微切削作用去除材料，打破了"粗切精磨"的传统加工模式，在获得零件要求的加工精度和质量的同时，这些技术提供的材料去除能力在很多情况下甚至超过了传统切削加工，理论上可以更好地解决难加工材料高效高品质加工的难题。

1. 缓进深切磨削

缓进深切磨削也称为深切缓进给强力磨削，其特点是采用大的切削深度（1~30mm）和很小的工件进给速度（3~300mm/min）。缓进深切磨削通过增大砂轮切深来增加磨屑长度，以获得高磨除率（高出普通磨削5倍以上）。总体来说，此方法具有加工效率高、磨削工艺范围大、砂轮冲击损伤小、工件形状精度稳定、磨削力大等优点。同时，其缺点是磨削温度高、易堵塞砂轮，且加工精度一般（2~5μm，Ra0.1~0.4μm）。缓进深切磨削在平面磨削中占有主导地位，主要用在磨削沟槽和成形表面。

2. 高速超高速磨削

通常将砂轮线速度大于45m/s的磨削称为高速磨削，而将砂轮线速度大于150m/s的磨削称为超高速磨削。目前美国研制的高效磨削磨床采用直径400mm的陶瓷CBN砂轮，可以实现150~200m/s的磨削速度，工件表面粗糙度可达Ra0.8μm，尺寸误差±(2.5~5)μm。在当前的实际生产应用中,高速磨削最大磨削速度在 200~250m/s。

3. 重负荷荒磨

重负荷荒磨是以较大的法向修磨压力快速切除加工余量为目的的磨削方法,适用于钢坯的修磨,铸、锻件的清理以及钢板的粗磨等。磨除金属量一般占钢坯质量的 3%~7%。一般不需要修整砂轮,磨削速度通常在 50~100m/s,法向磨削力一般为 2.5~15kN,金属去除率可达 1000kg/h,磨削功率一般为 100~150kW。重负荷荒磨的技术特点包括:

1) 磨削压力、砂轮速度和金属磨除率高、磨削功率大,要求机床具有足够的刚度和强度。

2) 使用高强度、高硬度和粗粒度的重负荷荒磨砂轮。一般采用树脂结合剂和棕刚玉、微晶刚玉、烧结刚玉和锆刚玉等高韧性磨料,超硬级硬度,且砂轮不需要修整。

3) 采用干式磨削方式。

4. 高效深切磨削

高效深切磨削是近几年发展起来的一种集砂轮高速度(100~250m/s)、高进给速度(0.5~10m/min)和大切深(0.1~30mm)为一体的高效率磨削技术。高效深切磨削可直观地看成是缓进深切磨削和超高速磨削的结合。与普通磨削不同的是,高效深切磨削可以通过一个磨削行程,完成过去由车、铣、磨等多个工序组成的粗精加工过程,获得远高于普通磨削加工的金属去除率(磨除率比普通磨削高 100~1000 倍),表面质量也可达到普通磨削水平。由于它使用比缓进深切磨削快得多的进给速度,生产效率大幅度提高。此项技术已成功地用于丝杠、螺杆、齿轮、转子槽和工具沟槽的以磨代铣加工。

任务实施

由学生完成。

评价

教师点评。

任务四 蜗杆轴零件机械加工工艺的编制

任务描述

根据蜗杆轴的加工要求,编制机械加工工艺规程。

任务分析

1. 结构工艺性分析

蜗杆轴属于轴类零件,结构比较简单。它通过蜗轮蜗杆传动,来传递空间交错轴之间的运动和动力,结构紧凑,传动比大,传动平稳,噪声小。它不仅要求蜗杆具有足够的强度,更重要的是要有良好的耐磨性和抗胶合能力,承受较大弯矩和转矩的能力。

2. 技术要求分析

(1) 外圆柱表面

$\phi 28mm$:尺寸公差等级 IT12,表面粗糙度 $Ra3.2\mu m$。

ϕ41.5mm：尺寸公差等级 IT12，表面粗糙度 Ra3.2μm。

ϕ25f7：尺寸公差等级 IT7，表面粗糙度 Ra1.6μm，是安装密封的位置。

ϕ25k6：尺寸公差等级 IT6，表面粗糙度 Ra0.8μm，用于安装轴承。

ϕ20f7：尺寸公差等级 IT7，表面粗糙度 Ra0.8μm，用于安装半联轴器或其他传动部件。

（2）轴向表面　108mm：尺寸公差等级 IT10，表面粗糙度 Ra6.3μm。

（3）键槽的加工　宽度为 6mm 的键槽，尺寸公差等级 IT9，可以在立式铣床上加工，刀具采用键槽铣刀。

（4）其他技术要求分析　零件材料为 45 钢，要求进行正火和调质处理。正火应安排在毛坯制造之后，粗加工之前，碳素结构钢经淬火处理引起的变形大，调质处理应安排在粗加工之后，半精加工之前。

任务实施

1. 毛坯选择

（1）毛坯类型确定　零件结构简单，不仅要求具有足够的强度，更重要的是要有良好的耐磨性和抗胶合能力，承受较大弯矩和转矩的能力，为中批生产，故选用模锻件毛坯。

（2）毛坯结构、尺寸和精度确定　简化零件结构细节。由于零件为中批生产，故毛坯精度取普通级。由于锻件毛坯需要较大的余量，故单边毛坯余量确定为 2mm。

根据这些数据，绘出毛坯-零件综合图如图 3-23 所示。

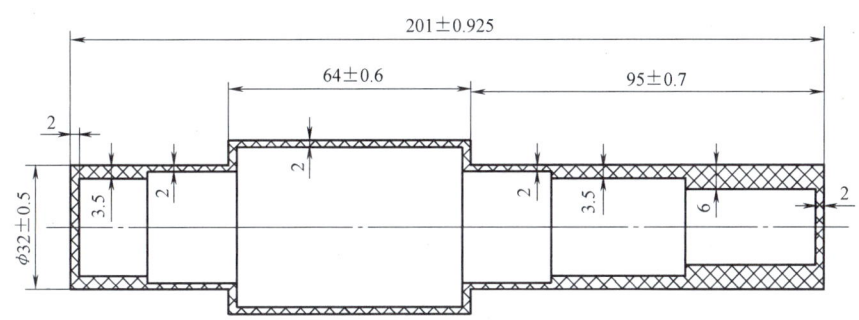

图 3-23　蜗杆轴零件毛坯图

2. 工艺路线拟定

（1）主要表面加工方案确定

1）外圆表面。

① ϕ28mm，Ra3.2μm：粗车→半精车。

② ϕ41.5mm，Ra3.2μm：粗车→半精车。

③ ϕ25k6，Ra0.8μm：粗车→半精车→粗磨→精磨。

④ ϕ25f7，Ra1.6μm：粗车→半精车→磨削。

⑤ ϕ20f7，Ra1.6μm：粗车→半精车→磨削。

2）轴向表面。

108mm，Ra6.3μm：粗车→半精车。

3) 其余表面依次加工完成。

（2）加工阶段划分　零件精度要求较高,应划分阶段进行加工。各面粗车为粗加工阶段;半精车为半精加工阶段;精车为精加工阶段。

（3）加工顺序确定　工艺流程见表3-9。

表3-9　工艺流程

序号	工序名称	工序内容	设备
10	锻	模锻	立式精锻机
20	热处理	正火	箱式电阻炉
30	粗车	1. 车右端面,钻中心孔,车右端外圆 2. 车左端面,钻中心孔,车左端外圆	CA6140
40	热处理	调质 240~280HBW	
50	半精车	1. 半精车右端外圆 2. 半精车左端外圆 3. 粗、半精车、精车螺纹	CA6140

（续）

序号	工序名称	工序内容	设备
60	铣键槽	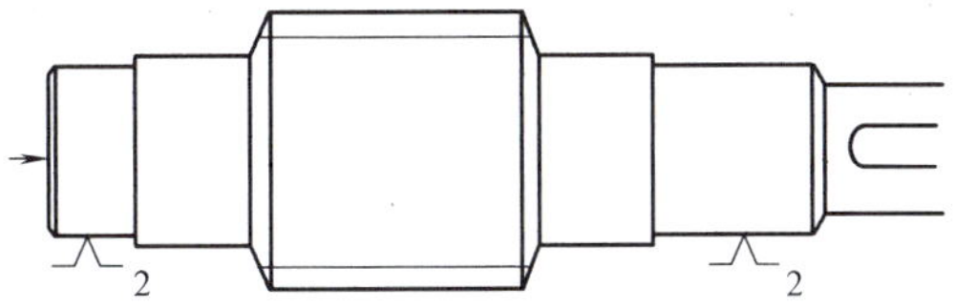	XA6132
70	修研中心孔		钳工
80	粗磨	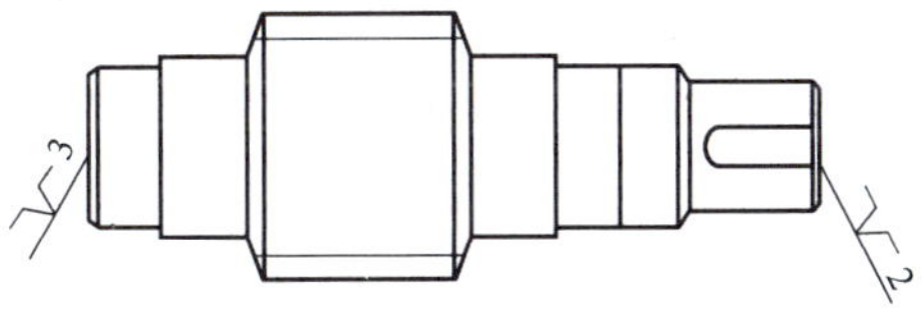	M1432B
90	精磨	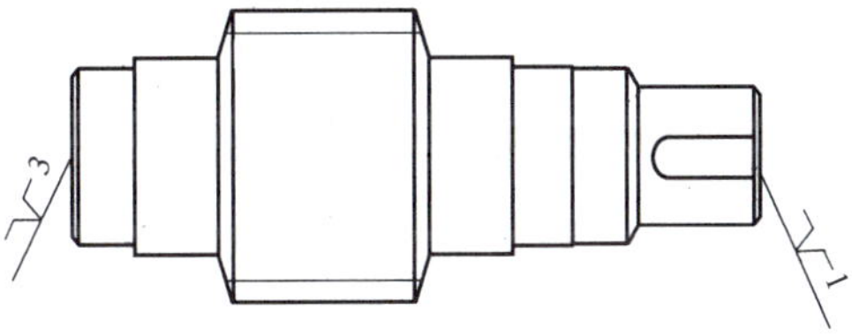	M1432B
100	检查	按图样要求检查	
110	入库		

3. 工艺过程分析

粗精加工阶段划分：零件精度要求较高，故加工阶段要划分清晰。调质之前为粗加工阶段；至修研中心孔为半精加工阶段；之后为精加工阶段。

定位基准选择：粗车时，先以 $\phi 30mm$ 外圆和端面为粗基准。由于粗加工阶段切削力大，加工精度要求低，故先车一端，并打中心孔。用同样方法加工另一端。半精车时，采取外圆和中心孔定位，简单可靠，且中心孔作为统一基准。掉头使用已车过的一端外圆和另一中心孔作为定位基准，车外圆，用成形车刀车车螺纹，然后铣键槽，修中心孔为精加工做好准备。精加工采用双顶尖定位，磨各部外圆。

保证外圆间同轴度要求的简单可靠方法是用双中心孔定位，这样既符合基准重合原则，也符合基准统一原则。中心孔具有定心性，且能加工得到很高的同轴度和接触精度，故精加工阶段采用这一装夹方法。

4. 工序尺寸计算

表 3-10 外圆表面 φ28mm 的工艺尺寸 （单位：mm）

工艺路线	工序余量	工序经济精度	工序尺寸	工序尺寸、偏差和表面粗糙度
半精车	1.2	0.084(IT10)	28	$\phi 28 \pm 0.042, Ra3.2\mu m$
粗车	2.8	0.21(IT12)	29.2	$\phi 29.2_{-0.21}^{0}, Ra6.3\mu m$
毛坯	4			$\phi 32$

表 3-11 外圆表面 φ25k6 的工序尺寸 （单位：mm）

工艺路线	工序余量	工序经济精度	工序尺寸	工序尺寸、偏差和表面粗糙度
精磨	0.1	0.013(IT6)	25	$\phi 25_{+0.002}^{+0.015}, Ra0.8\mu m$
粗磨	0.3	0.033(IT8)	25.1	$\phi 25.1_{-0.033}^{0}, Ra1.6\mu m$
半精车	1.2	0.084(IT10)	25.4	$\phi 25.4_{-0.084}^{0}, Ra3.2\mu m$
粗车	5.4	0.21(IT12)	26.6	$\phi 26.6_{-0.21}^{0}, Ra12.5\mu m$
毛坯	7			$\phi 32$

表 3-12 外圆表面 φ41.5mm 的工艺尺寸 （单位：mm）

工艺路线	工序余量	工序经济精度	工序尺寸	工序尺寸、偏差和表面粗糙度
半精车	1.2	0.1(IT10)	41.5	$\phi 41.5 \pm 0.05, Ra3.2$
粗车	2.8	0.25(IT12)	42.7	$\phi 42.7_{-0.25}^{0}, Ra6.3$
毛坯	4			$\phi 45.5$

表 3-13 外圆表面 φ25f7 的工艺尺寸 （单位：mm）

工艺路线	工序余量	工序经济精度	工序尺寸	工序尺寸、偏差和表面粗糙度
磨削	0.4	0.021(IT7)	25	$\phi 25_{-0.041}^{-0.02}, Ra1.6$
半精车	1.2	0.084(IT10)	25.4	$\phi 25.4_{-0.084}^{0}, Ra3.2$
粗车	5.4	0.21(IT12)	26.6	$\phi 26.6_{-0.21}^{0}, Ra6.3$
毛坯	7			$\phi 32$

表 3-14 外圆表面 φ20f7 的工艺尺寸 （单位：mm）

工艺路线	工序余量	工序经济精度	工序尺寸	工序尺寸、偏差和表面粗糙度
磨削	0.4	0.021(IT7)	20	$\phi 20_{-0.041}^{-0.02}, Ra1.6$
半精车	1.2	0.084(IT10)	20.4	$\phi 20.4_{-0.084}^{0}, Ra3.2$
粗车	10.4	0.21(IT12)	21.6	$\phi 21.6_{-0.21}^{0}, Ra6.3$
毛坯	12			$\phi 32$

表 3-15 键槽（宽）的工艺尺寸 （单位：mm）

工艺路线	工序余量	工序经济精度	工序尺寸	工序尺寸、偏差和表面粗糙度
精铣	1	0.03(IT9)	6	$6_{-0.03}^{0}, Ra1.6$
粗铣	5	0.12(IT12)	5	$5_{-0.12}^{0}, Ra6.3$
毛坯	6			

表 3-16 键槽（深）的工艺尺寸 （单位：mm）

工艺路线	工序余量	工序经济精度	工序尺寸	工序尺寸、偏差和表面粗糙度
粗铣	3.5	0.1	16.5	$16.5_{-0.1}^{0}, Ra6.3$
毛坯	3.5			$\phi 20$

5. 设备、工艺装备确定

根据中批生产的生产类型的工艺特征，设备主要采用普通设备，而工艺装备主要采用手动专用工艺装备（见表 3-17 所示的蜗杆轴机械加工工艺过程卡片）。

6. 切削用量、工时定额确定

略。

表 3-17 蜗杆轴机械加工工艺过程卡片

（单位名称）		机械加工工艺过程卡片		产品型号		零件图号			共 2 页	第 1 页
				产品名称		零件名称	蜗杆轴		每台件数 1	备注
材料牌号	45	毛坯种类	锻件	毛坯外形尺寸	φ50mm×210mm	每毛坯件数	1	工艺装备	准终	单件
									工时	
工序号	工序名称	工 序 内 容				车间	工段	设备		
10	锻造	下料 φ50mm×210mm，锻成阶梯毛坯				锻造车间		空气锤		
20	热处理	正火处理				热处理车间		箱式电阻炉		
30	粗车	1. 车左端面，车平即可 2. 钻中心孔 3. 粗车左边各外圆，留余量 2~3mm，长度上留余量 1mm 4. 掉头车右端面，保证总长 197mm，钻中心孔 5. 粗车右边各外圆，留余量 2~3mm 6. 粗车蜗杆螺纹部分，留余量 1mm				加工车间	车工段	CA6140		
40	热处理	调质处理 240~280HBW				热处理车间		箱式电阻炉		
50	半精车	1. 修研中心孔 2. 精车蜗杆螺纹到尺寸要求 3. 车 φ28mm 到尺寸，φ25f7、φ20f7 和 φ25k6 留余量 0.4mm，倒角				加工车间	车工段	CA6140		
						设计（日期）	校对（日期）	审核（日期）	标准化（日期）	会签（日期）
标记	处数	更改文件号	签字日期	标记 处数	更改文件号	签字日期				

(续)

(单位名称)	机械加工工艺过程卡片		产品型号		零件图号				
			产品名称		零件名称	蜗杆轴		共2页	第2页
材料牌号	45	毛坯种类	锻件	毛坯外形尺寸	φ50mm×210mm	每毛坯件数	1	每台件数 1	备注

工序号	工序名称	工 序 内 容	车间	工段	设备	工艺装备	工时	
							准终	单件
60	铣	铣 6mm×30mm 的键槽	加工车间	铣工段	X5032			
70	磨	1. 修研中心孔 2. 磨 φ25f7、φ25k6 和 φ20f7 外圆到尺寸	加工车间	磨工段	M1432B			
80	检	检查各部分尺寸						

		设计(日期)	校对(日期)	审核(日期)	标准化(日期)	会签(日期)
标记	处数	更改文件号	签字	日期	标记 处数	更改文件号 签字日期

思 考 题

1. 在 CA6140 型卧式车床上，可以加工哪些种类的螺纹？
2. 安装螺纹车刀时有哪些注意事项？
3. 梯形螺纹的加工和检测方法有哪些？
4. 铣床种类有哪些？各有何特点？
5. 铣削方式有哪几种？各有何优缺点？
6. 磨床的种类有哪些？
7. 砂轮特性主要由哪些因素决定？砂轮硬度是否由磨料硬度决定？
8. 磨料作为砂轮的主要组成部分有几类？各类的主要成分是什么？
9. 磨削淬硬的碳素钢、高速工具钢，应该选择什么磨料的砂轮？
10. 试说明常用砂轮的名称、代号和主要用途。
11. 分析磨粒的切削过程及磨屑的形成过程。
12. 砂轮磨损的形态有几种？砂轮寿命如何定义？
13. 影响磨削温度的因素有哪些？
14. 图 3-24 所示为一蜗杆轴，工件材料为 45 钢，调质处理 240~280HBW，小批量生产，试编制机械加工工艺。

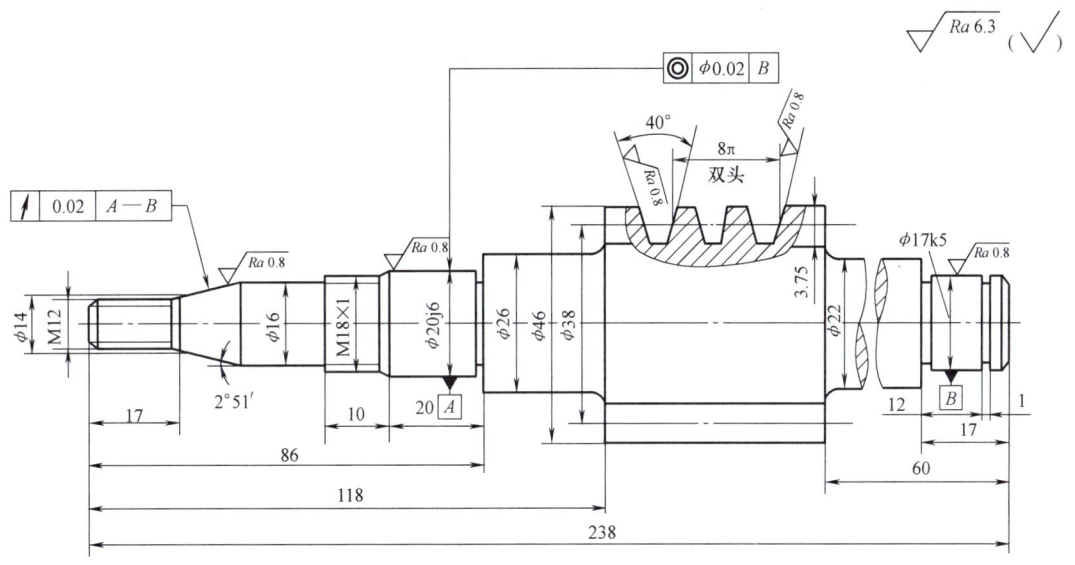

图 3-24 蜗杆轴零件图

素养提升

高强韧性、高精度液压缸体冷拔管的创新

冷拔是一种材料加工工艺，为了使材料达到一定形状和力学性能，在常温条件下对材料

进行拉拔。

国内工程机械高压液压缸普遍采用 27SiMn 钢管进行制造。这种钢管的常规生产工艺路线复杂、生产成本高，不符合当前液压缸技术向新材料、轻量化、节能减排、绿色环保方向发展的趋势。为了解决这个问题，江苏徐州某液压件生产企业积极寻找 27SiMn 钢管的替代材料。通过与国内某钢铁企业合作，大胆创新、科学实验，该企业开发出 XYQ420 低碳热轧钢，并研究出 XYQ420 钢管的冷拔工艺、焊接加工工艺和机加工工艺，这种材料既保证了足够的抗拉强度，又保证了足够的断后伸长率和冲击吸收能量，焊接性能和综合力学性能明显优于 27SiMn，尤其是断后伸长率和冲击吸收能量方面优势明显；也实现了液压缸壁厚的减薄。目前高性能 XYQ420 冷拔管已广泛用于制造工程机械各类高压变幅、伸臂类液压缸，使液压缸产品整体质量有了较大提升。

随着创新驱动发展战略的提出，科技创新的价值越发凸显，越来越多的产品正在走高端路线，中国制造正在逐步转向中国创造。

项目四

套类零件机械加工工艺的编制

项目描述

图 4-1 所示为轴套零件图,材料为 Q235,编制机械加工工艺规程。

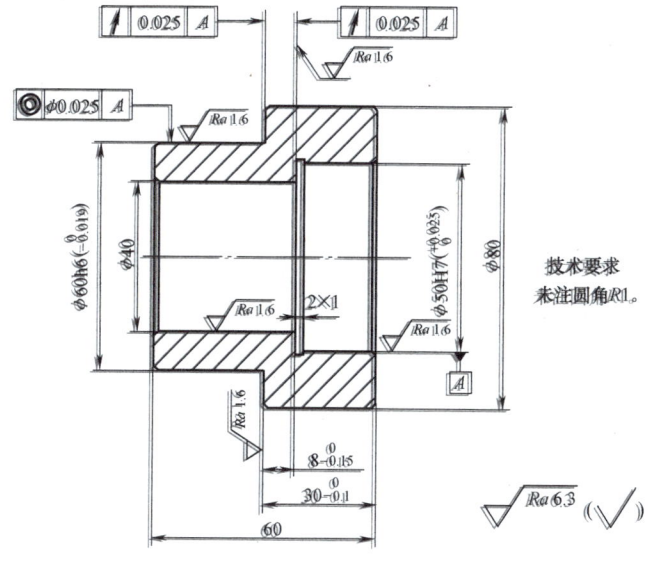

图 4-1 轴套零件图

技能目标

能根据套类零件的加工要求,编制套类零件的机械加工工艺规程。

知识目标

掌握薄壁零件的装夹方法和加工方法;工艺尺寸链的计算;理解零件的结构工艺性对编制机械加工工艺的影响。

任务一 薄壁套类零件加工方法的选择

任务描述

车削加工薄壁套类零件,选择加工方法。

任务分析

根据套零件图的加工要求,外圆为 $\phi 60$ mm、孔为 $\phi 40$ mm、壁厚为 10mm,属于薄壁套类零件,加工过程中容易变形。

相关知识

1.1 影响薄壁零件加工精度的因素

影响薄壁零件加工精度的因素有很多,但归纳起来主要有以下三个方面。

(1) 受力变形 因工件壁薄,在夹紧力的作用下容易产生变形,从而影响工件的尺寸精度和形状精度。

(2) 受热变形 因工件较薄,切削热会引起工件热变形,使工件尺寸难以控制。

(3) 振动变形 在切削力(特别是径向切削力)的作用下,工件很容易产生振动和变形,从而影响工件的尺寸精度、形状精度、位置精度和表面粗糙度。

1.2 采用数控高速切削技术加工薄壁件

1. 高速切削加工的定义

高速加工技术是指采用超硬材料的刃具,通过极大地提高切削速度和进给速度来提高材料切除率、加工精度和加工质量的现代加工技术。由于不同的加工工序、不同的工件材料有不同的切削速度范围,因而很难就高速切削的速度范围给出一个确定的数值。

2. 高速切削加工薄壁结构件的优越性

高速切削加工薄壁件相对传统加工具有显著的优越性。

1) 切削力小。加工薄壁类零件时,工件产生的让刀变形相应减小,易于保证零件的尺寸精度和几何精度。

2) 切削热对零件的影响减少,零件加工热变形小。这对于控制薄壁件的热变形非常有利。

3) 加工精度高。刀具切削的激励频率远离薄壁结构工艺系统的固有频率,实现了平稳切削,保证了较好的加工状态。

4) 加工效率高。比常规加工高 5~10 倍,单位时间材料切除率可提高 3~6 倍。

3. 高速切削加工薄壁结构的策略

高速切削加工薄壁结构对切削刀具、切削用量、工艺方案、数控编程等方面提出了新的要求。

1) 刀具及其夹持系统。

2) 刀具材料选择。

① 高速切削刀具材料必须耐磨、抗冲击能力好(包括热冲击与力冲击)、硬度高、与工件材料亲和力小。

② 高速切削的刀具材料必须根据工件材料和加工性质来选择,一般情况下,高速切削不使用高速钢刀具,多采用硬质合金刀具。

③ 由于短时间切削后刀尖圆弧半径与前刀面接触区的涂层出现脱落,涂层硬质合金刀

具实际效果与无涂层硬质合金刀具相似，故不推荐采用涂层刀具。而且刀具应严格在其安全转速范围内使用。

3）切削用量。合理切削参数的选择，不仅能确保薄壁结构件加工的高精度，而且是高速机床发挥效能、处于最佳工作状态的保证。因此切削用量要根据机床刚度、刀具直径、刀具长度、工件材料、粗加工或精加工模式而定。

① 切削速度。加工铝合金的切削速度是没有限制的。从理论上讲，采用较高的切削速度，可以提高生产率，可以减少或避免在刀具前面上形成积屑瘤，有利于切屑的排出。铣削速度的提高无疑会加剧刀具的磨损，但是，铣削速度的提高可以有效地提高单位时间单位功率的金属切除率，同时在一定的高速切削速度范围内可以提高工件表面加工质量。

② 进给量。加大进给量无疑会增加切削力，这显然对薄壁加工不利。因此精加工时，不选择大的进给量，但进给量过小也是有害的。因为进给量过小时，挤压代替了切削，会产生大量切削热，加剧刀具磨损，影响加工精度。所以，精加工时，应选取较适中的进给量。

③ 切削深度。无论从切削力的角度，还是考虑到残余应力、切削温度等因素，采用小轴向切深 a_p、大径向切深 a_e 显然是有利的，这是高速切削条件下切削参数选择的原则。一般情况下，轴向切深 a_p 可在 2～10mm 之间选择，径向切深 a_e 可在 0.5～0.9mm 之间进行选择。

总之，要针对不同的加工对象选择适宜的切削用量，这样才能真正发挥高速切削技术的长处。

1.3 高速切削薄壁结构典型工艺方案

薄壁类工件可分为梁类、框类、壁板类等类型。在大量应用高速切削技术进行的薄壁结构零件加工中，典型工艺方案见表4-1。

表 4-1 薄壁结构零件典型工艺方案

零件类型	结构特点	装夹方式	工艺路线
梁类薄壁零件	梁类零件分为单面零件与双面零件，腹板与缘条厚度较小，一般为 1.5～2 mm，尺寸公差为±0.15mm，材料切除率达到96%左右	零件卧式放置，一面两孔定位，在零件周围设置压紧槽	将粗加工、半精加工、精加工合并为一道工序，基本实现从毛坯到零件的一次性加工
框类薄壁零件	该类零件外形上多处涉及理论外形，内形有槽、下陷、开闭斜角、凸台等特征。零件腹板与缘条厚度较小，一般为1.2～2 mm，尺寸公差为 ±0.15 mm，材料切除率达到97%左右	零件卧式放置，一面两孔定位，垫板工装，零件周边设工艺凸台，在其上制沉头压紧孔，垫板上制螺纹孔，用沉头螺栓压紧固定在垫板工装上	将粗加工、半精加工、精加工合并为一道工序，基本实现从毛坯到零件的一次性加工
壁板类薄壁零件	零件为双面槽腔结构，数控加工后还需喷丸成形。内形有槽、下陷、凸台等特征。零件厚度较薄，槽腔较浅，大部分槽深小于3mm。零件腹板厚度不均匀，一般 1.5～3mm，尺寸公差为±0.2mm，材料切除率为90%	零件总体结构上缺少定位夹紧部位，同时为了减少加工时的零件变形而引起的腹板厚度变小，采用了真空吸附加工	将粗加工、精加工合并为一道工序，加工顺序的选择时先加工槽少的一面，加工完此面后在槽腔内填充石膏，做翻面加工的定位基准，均采用真空吸附加工

任务实施

由学生完成。

评价

教师点评。

任务二　工艺尺寸链的计算

任务描述

图 4-1 所示的轴套零件，尺寸 $8_{-0.15}^{0}$ mm 不能直接测量，可以通过保证 30mm 的尺寸和 ϕ50mm 孔的深度来间接保证。

任务分析

ϕ50mm 孔的深度尺寸图中没有标出，要保证尺寸 $8_{-0.15}^{0}$ mm，就需要通过尺寸链的计算，来确定 ϕ50mm 孔的深度尺寸。

相关知识

机械制造的精度，主要决定于尺寸和装配精度。在机械制造过程中，运用尺寸链原理去解决并保证产品的设计与加工要求，合理地设计机械加工工艺和装配工艺规程，以保证加工精度和装配精度、提高生产率、降低成本，是极其重要而有实际意义的问题。

2.1　尺寸链概述

在机器装配和零件加工过程中所涉及的尺寸，一般来说都不是孤立的，而是彼此之间有着一定的内在联系。往往一个尺寸的变化会引起其他尺寸的变化，或是一个尺寸的获得要靠其他一些尺寸来保证。设计机械产品时，就是通过各个零件有关尺寸（或位置）之间的相互联系和相互依存关系而确定出零件上的尺寸（或位置）公差的。上面这些问题的研究和解决，需要借助于尺寸链的基本知识和计算方法。

在零件的加工过程和机器的装配过程中，经常会遇到一些相互联系的尺寸组合，这些相互联系且按一定顺序排列的封闭尺寸组称为尺寸链，如图 4-2 所示。

从尺寸链的定义和示例中可知，无论何种尺寸链，都是由一组有关尺寸首尾相接所形成的尺寸封闭图，且其中任何一尺寸的变化都会导致其尺寸的变化。

1. 尺寸链的主要特点

（1）尺寸链的封闭性　即由一系列相互关联的尺寸排列成为封闭的形式。

（2）尺寸链的制约性　即某一尺寸的变化将影响其他尺寸的变化。

2. 尺寸链的组成

（1）环　列入尺寸链中的每一尺寸简称为尺寸链中的环（如图 4-2 中的 A_0、A_1、A_2

等），环可分为封闭环和组成环。

（2）封闭环　尺寸链在装配过程中或加工过程中最后形成的一环。如图 4-2a 中，以加工好的平面 1 定位加工平面 2，获得了尺寸 A_1，即环 A_1；然后同样以平面 1 定位加工平面 3，获得了尺寸 A_2，即环 A_2；最后自然形成了 A_0，所以环 A_0 是封闭环。所以，在加工完成前，封闭环是不存在的。一个尺寸链中只能有一个封闭环。

（3）组成环　尺寸链中对封闭环有影响的全部环都称为组成环，如图 4-2 中的 A_1、A_2。按组成环对封闭环的影响性质，又分为增环和减环。

（4）增环　在其他组成环不变的条件下，若某一组成环的尺寸增大，封闭环的尺寸随之增大；若该环尺寸减小，封闭环的尺寸随之减小，则该组成环称为增环，如图 4-2 中的 A_1。

（5）减环　在其他组成环不变的条件下，若某一组成环的尺寸增大，封闭环的尺寸随之减小；若该环尺寸减小，封闭环的尺寸随之增大，则该组成环称为减环，如图 4-2 中的 A_2。

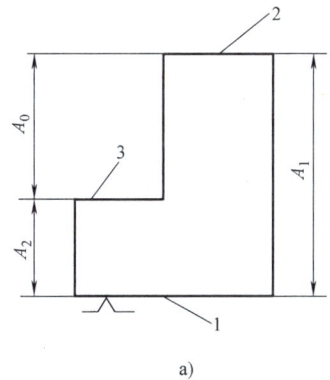
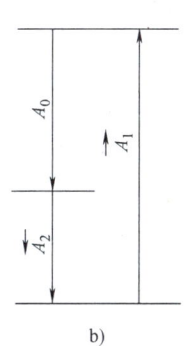

图 4-2　加工尺寸链示例

对环数较多的尺寸链，若用定义来逐个判别各环的增减性很费时并且易搞错。为了能迅速判别增减环，可在绘制尺寸链图时，用首尾相接的单向箭头顺序表示各环，其中，与封闭环箭头方向相同者为减环，与封闭环箭头相反者为增环。

3. 尺寸链的分类

（1）按环的几何特征区分

① 长度尺寸链。全部环为长度尺寸的尺寸链，如图 4-2b 所示。

② 角度尺寸链。全部环为角度尺寸的尺寸链，如图 4-3 所示。

（2）按尺寸链的应用场合区分

① 装配尺寸链。全部组成环为不同零件设计尺寸所形成的尺寸链，如图 4-4 所示。

② 工艺尺寸链。全部组成环为同一零件工艺尺寸所形成的尺寸链，如图 4-2 所示。

（3）按空间位置区分

① 直线尺寸链。全部组成环平行于封闭环的尺寸链，如图 4-4 所示。

② 平面尺寸链。全部组成环位于一个或几个平行平面内，但某些组成环不平行于封闭环的尺寸链。

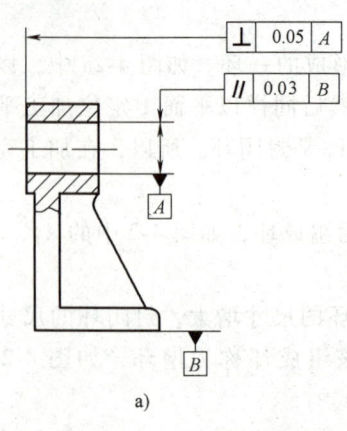 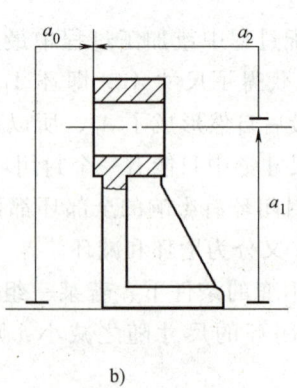 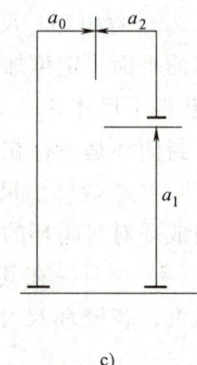

图 4-3　角度尺寸链

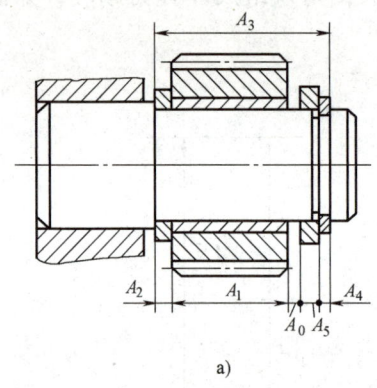 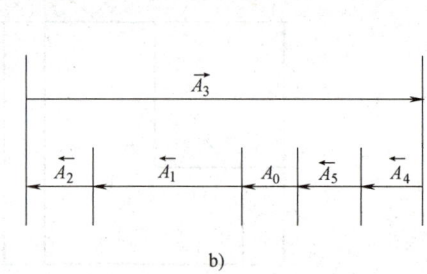

图 4-4　装配尺寸链

③ 空间尺寸链。组成环位于几个不平行平面内的尺寸链。

2.2　尺寸链的计算方法

在尺寸链的计算中，关键要正确找出封闭环。在工艺尺寸链中，一般是以设计尺寸，也可以加工余量作为封闭环，其具体的查找和分析将在下面内容里介绍。尺寸链的计算方法有极值法和概率法两种。

1. 极值法

（1）封闭环的公称尺寸　封闭环的公称尺寸 A_0 等于增环的公称尺寸 $\vec{A}_i$ 之和减去减环的公称尺寸 $\overleftarrow{A}_i$ 之和，即

$$A_0 = \sum_{i=1}^{m} \vec{A}_i - \sum_{i=m+1}^{n-1} \overleftarrow{A}_i \tag{4-1}$$

式中　m——增环的环数；

n——组成尺寸链的总环数。

（2）封闭环的极限尺寸　封闭环的最大极限尺寸 A_{0max} 等于所有增环的最大极限尺寸 $\vec{A}_{imax}$ 之和减去所有减环的最小极限尺寸 $\overleftarrow{A}_{imin}$ 之和，即

$$A_{0\max} = \sum_{i=1}^{m} \vec{A}_{i\max} - \sum_{i=m+1}^{n-1} \overleftarrow{A}_{i\min} \qquad (4\text{-}2)$$

封闭环的最小极限尺寸 $A_{0\min}$ 等于所有增环的最小极限尺寸 $\vec{A}_{i\min}$ 之和减去所有减环的最大极限尺寸 $\overleftarrow{A}_{i\max}$ 之和，即

$$A_{0\min} = \sum_{i=1}^{m} \vec{A}_{i\min} - \sum_{i=m+1}^{n-1} \overleftarrow{A}_{i\max} \qquad (4\text{-}3)$$

(3) **各环上、下极限偏差之间的关系** 封闭环的上极限偏差 ESA_0 等于所有增环的上极限偏差 $\vec{ESA}_i$ 之和减去所有减环的下极限偏差 $\overleftarrow{EIA}_i$ 之和，即

$$ESA_0 = \sum_{i=1}^{m} \vec{ESA}_i - \sum_{i=m+1}^{n-1} \overleftarrow{EIA}_i \qquad (4\text{-}4)$$

封闭环的下极限偏差 EIA_0 等于所有增环的下极限偏差 $\vec{EIA}_i$ 之和减去所有减环的上极限偏差 $\overleftarrow{ESA}_i$ 之和，即

$$EIA_0 = \sum_{i=1}^{m} \vec{EIA}_i - \sum_{i=m+1}^{n-1} \overleftarrow{ESA}_i \qquad (4\text{-}5)$$

(4) **封闭环的公差** 封闭环的公差 TA_0 等于各组成环的公差 TA_i 之和，即

$$TA_0 = \sum_{i=1}^{m} \vec{TA}_i - \sum_{i=m+1}^{n-1} \overleftarrow{TA}_i = \sum_{i=1}^{n-1} TA_i \qquad (4\text{-}6)$$

由式（4-6）可知，封闭环的公差比任何一个组成环的公差都大。若要减小封闭环的公差，即提高加工精度，而又不增加加工难度，即不减小组成环的公差，那就要尽量减少尺寸链中组成环的环数，这就是尺寸链最短原则。

(5) **组成环的平均公差** 组成环的平均公差等于封闭环的公差除以组成环的数目所得的商，即

$$T_{av} = \frac{TA_0}{n-1} \qquad (4\text{-}7)$$

将式（4-1）、式（4-4）、式（4-5）和式（4-6）改写成表4-2所示的竖式表，计算时较为简单。纵向各列中，最后一行为以上各行相加的和；横向各行中，第Ⅳ列为第Ⅱ列与第Ⅲ列之差；而最后一列和最后一行则是进行综合验算的依据。注意：将减环的有关数据填入和算出的结果移出该表时，其公称尺寸前应加"−"号；其上、下极限偏差对调位置后再变号（"+"变"−"，"−"变"+"）。对增环、封闭环无此要求。

表4-2 计算封闭环的竖式表

列号	Ⅰ	Ⅱ	Ⅲ	Ⅳ
名称	公称尺寸	上极限偏差	下极限偏差	公差
代号	A	ES	EI	T
增环	$\sum_{i=1}^{m} \vec{A}_i$	$\sum_{i=1}^{m} \vec{ESA}_i$	$\sum_{i=1}^{m} \vec{EIA}_i$	$\sum_{i=1}^{m} \vec{TA}_i$
减环	$-\sum_{i=m+1}^{n-1} \overleftarrow{A}_i$	$-\sum_{i=m+1}^{n-1} \overleftarrow{EIA}_i$	$-\sum_{i=m+1}^{n-1} \overleftarrow{ESA}_i$	$-\sum_{i=m+1}^{n-1} \overleftarrow{TA}_i$
封闭环	A_0	ESA_0	EIA_0	TA_0

极值法解算尺寸链的特点是简便、可靠。但在封闭环公差较小,组成环数目较多时,由式(4-7)可知,分摊到各组成环的公差过小,使加工困难,制造成本增加。而实际生产中各组成环都处于极限尺寸的概率很小,故极值法主要用于组成环的环数很少,或组成环数虽多,但封闭环的公差较大的场合。

2. 概率法

在大批大量生产中,采用调整法加工时,一个尺寸链中各尺寸都可看成独立的随机变量,而且实践证明,各尺寸处于公差带中间,即符合正态分布。

(1)封闭环的公差 若各组成环的误差都按正态分布,则其封闭环的误差也是正态分布。则封闭环的公差为

$$TA_0 = \sqrt{\sum_{i=1}^{n-1} T_i^2 A_i} \quad (4-8)$$

假设各组成环的公差相等,且等于 T_{av},则可以从式(4-8)得出各组成环的平均公差

$$T_{av} = \frac{TA_0}{\sqrt{n-1}} = \frac{\sqrt{n-1}}{n-1} TA_0 \quad (4-9)$$

(2)各组成环的中间偏差 当各组成环的尺寸呈正态分布,且分布中心与公差带中心重合时,各环的平均偏差等于中间偏差。

$$\Delta_i = \frac{ESA_i + EIA_i}{2} \quad (4-10)$$

式中 Δ_i——组成环和封闭环的中间偏差。

(3)封闭环的中间偏差

$$\Delta_0 = \sum_{i=1}^{m} \vec{\Delta}_i - \sum_{i=m+1}^{n-1} \overleftarrow{\Delta}_i \quad (4-11)$$

式中 Δ_0——组成环和封闭环的中间偏差。

(4)用中间偏差、公差表示极限偏差 组成环的极限偏差

$$ESA_i = \Delta_i + \frac{TA_i}{2} \quad (4-12)$$

$$EIA_i = \Delta_i - \frac{TA_i}{2} \quad (4-13)$$

封闭环的极限偏差

$$ESA_0 = \Delta_0 + \frac{TA_0}{2} \quad (4-14)$$

$$EIA_0 = \Delta_0 - \frac{TA_0}{2} \quad (4-15)$$

2.3 工艺尺寸链的应用

限于篇幅，这里只介绍在工艺尺寸链中应用较多的极值解法。

1. 基准不重合时的尺寸换算

1）定位基准与工序基准不重合时的尺寸换算。

【例 4-1】 图 4-5a 所示为一设计图样的简图，图 4-5b 所示为相应的零件设计尺寸链。A、B 两平面已在上一工序中加工好，且保证了工序尺寸为 $50_{-0.16}^{\ 0}$ mm 的要求。本工序中采用 B 面定位加工 C 面，调整机床时需按尺寸 A_2 进行（图 4-5c）。C 面的工序基准是 A 面，与其定位基准 B 面不重合，故需进行尺寸换算。

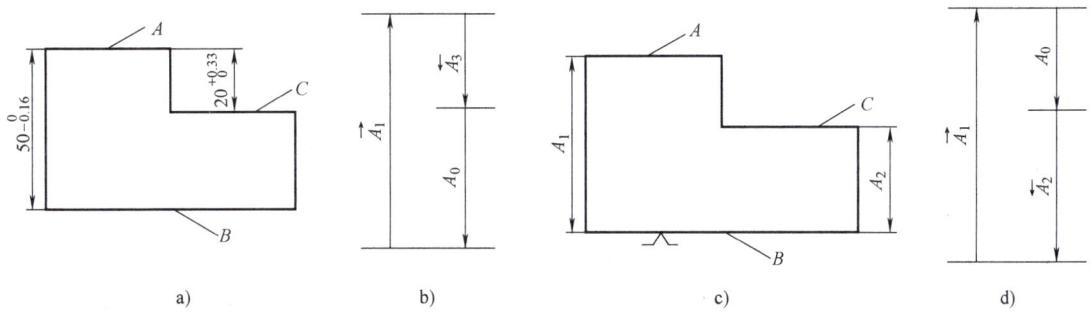

图 4-5 定位基准与工序基准不重合时的尺寸换算

① 确定封闭环。设计尺寸 $20_{\ 0}^{+0.33}$ mm 是本工序加工后间接保证的，故封闭环为 A_0。

② 查明组成环。根据组成环的定义，尺寸 A_1 和 A_2 均对封闭环产生影响，故 A_1 和 A_2 为该尺寸链的组成环。

③ 绘制尺寸链图及判定增、减环。工艺尺寸链如图 4-5d 所示，其中 A_1 为增环，A_2 为减环。

④ 计算工序尺寸及其偏差。

由 $A_0 = \vec{A}_1 - \overleftarrow{A}_2$

得 $\overleftarrow{A}_2 = \vec{A}_1 - A_0 = (50 - 20)\,\text{mm} = 30\,\text{mm}$

由 $EIA_0 = EI\vec{A}_1 - ES\overleftarrow{A}_2$

得 $ES\overleftarrow{A}_2 = EI\vec{A}_1 - EIA_0 = (-0.16 - 0)\,\text{mm} = -0.16\,\text{mm}$

由 $ESA_0 = ES\vec{A}_1 - EI\overleftarrow{A}_2$

得 $EI\overleftarrow{A}_2 = ES\vec{A}_1 - ESA_0 = (0 - 0.33)\,\text{mm} = -0.33\,\text{mm}$

所求工序尺寸 $A_2 = 30_{-0.33}^{-0.16}$ mm。

⑤ 验算。根据题意及尺寸链可知 $T\vec{A}_1 = 0.16\,\text{mm}$，$TA_0 = 0.33\,\text{mm}$，由计算知 $T\overleftarrow{A}_2 = 0.17\,\text{mm}$。

因 $TA_0 = T\vec{A_1} + T\overleftarrow{A_2}$

故计算正确。

2）测量基准与设计基准不重合时的尺寸换算。

【例 4-2】 如图 4-6 所示零件，C 面的设计基准是 B 面，设计尺寸 A_0。在加工完成后，为方便测量，以 A 面为测量基准，测量尺寸为 A_2。建立尺寸链如图 4-6b 所示，其中 A_0 是封闭环，A_2 是增环，A_1 是减环。

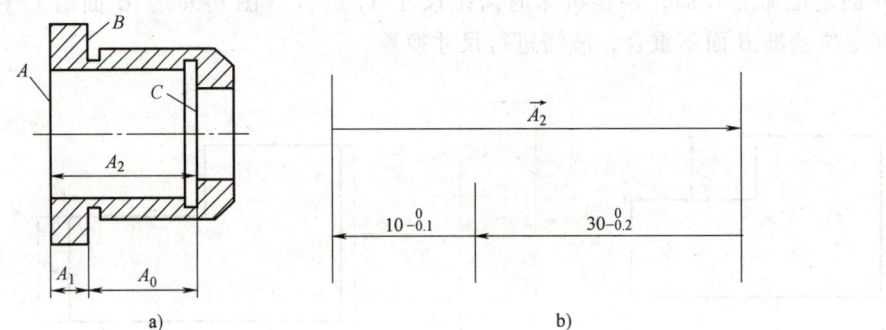

图 4-6　测量基准与设计基准不重合时的尺寸换算

图中 $A_0 = 30_{-0.2}^{\ 0}$ mm，$A_1 = 10_{-0.1}^{\ 0}$ mm。

由　　　$A_0 = \vec{A_2} - \overleftarrow{A_1}$

得　　　$\vec{A_2} = A_0 + \overleftarrow{A_1} = (30+10)$ mm $= 40$ mm

由　　　$ESA_0 = ES\vec{A_2} - EI\overleftarrow{A_1}$

得　　　$ES\vec{A_2} = EIA_0 + EI\overleftarrow{A_1} = [0+(-0.1)]$ mm $= -0.1$ mm

由　　　$EIA_0 = EI\vec{A_2} - ES\overleftarrow{A_1}$

得　　　$EI\vec{A_2} = ESA_0 + ES\overleftarrow{A_1} = (-0.2+0)$ mm $= -0.2$ mm

最后得　　$A_2 = 40_{-0.2}^{-0.1}$ mm

显然，基准不重合时虽然方便了加工和测量，同时使工艺尺寸的精度要求也提高了，增加了加工的难度，因此在实际生产中应尽量避免基准不重合。

2. 工序基准有加工余量时，工艺尺寸链的建立和解算

【例 4-3】 图 4-7 所示为孔及键槽加工时的尺寸计算示意图。有关孔及键槽的加工顺序为：镗孔至 $\phi 39.6_{\ 0}^{+0.1}$ mm→插键槽，工序尺寸为 A→热处理→磨孔至 $\phi 40_{\ 0}^{+0.05}$ mm，同时保证 $46_{\ 0}^{+0.3}$ mm。试确定中间工序尺寸 A 及其公差。

键槽尺寸 $46_{\ 0}^{+0.3}$ mm 是间接获得尺寸，为封闭环。而 $\phi 39.6_{\ 0}^{+0.1}$ mm 和 $\phi 40_{\ 0}^{+0.05}$ mm 及工序尺寸 A 是直接获得尺寸，为组成环。尺寸链如图 4-7 所示，其中 $\phi 40$ mm 和 A 尺寸是在增环，

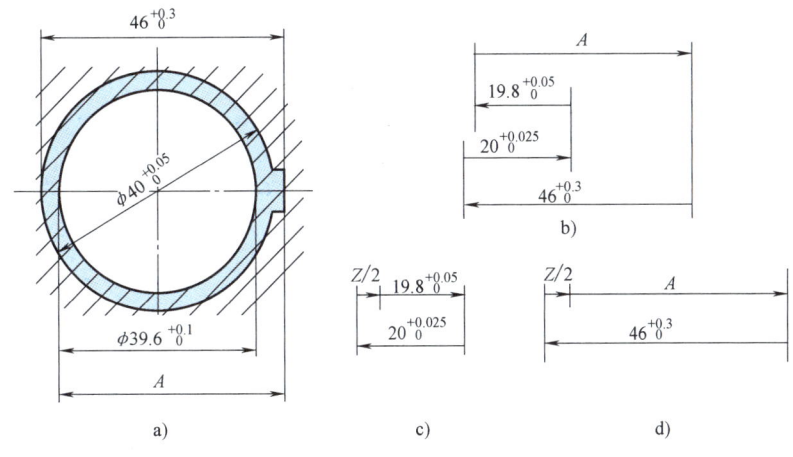

图 4-7 孔及键槽加工的尺寸链

$\phi 39.6$ mm 是减环。

由 $A_0 = 46\text{mm} = 20\text{mm} + \vec{A} - 19.8\text{mm}$

得 $\vec{A} = 45.8 \text{ mm}$

由 $ESA_0 = 0.3\text{mm} = 0.025 \text{ mm} + ES\vec{A} - 0\text{mm}$

得 $ES\vec{A} = 0.275\text{mm}$

由 $EIA_0 = 0 = 0 + EI\vec{A} - 0.05\text{mm}$

得 $EI\vec{A} = 0.05\text{mm}$

故插键槽的工序尺寸 A 及其偏差为 $A = 45.8^{+0.275}_{+0.05}\text{mm}$。

若按"入体原则"标注,则为 $A = 45.85^{+0.225}_{0}\text{mm}$。

3. 保证渗碳或渗氮层深度时,工艺尺寸链的建立和解算

【例 4-4】 图 4-8 所示为某轴颈衬套,内孔 $\phi 145^{+0.04}_{0}\text{mm}$ 的表面需经渗氮处理,渗氮层深度要求为 0.3~0.5mm(即单边 $0.3^{+0.2}_{0}\text{mm}$,双边 $0.6^{+0.4}_{0}\text{mm}$)。

其加工顺序是:

1)初磨孔至 $\phi 144.76^{+0.04}_{0}\text{mm}$,$Ra0.8\mu\text{m}$。

2)渗氮,渗氮层深度为 t mm。

3)终磨孔至 $\phi 145^{+0.04}_{0}\text{mm}$,$Ra0.8\mu\text{m}$,并保证渗氮层深度 0.3~0.5mm,试求终磨前渗氮层深度 t 及其公差。

由图 4-8b 可知,工序尺寸 A_1、A_2、t 是组成环,而渗氮层 $0.6^{+0.4}_{0}\text{mm}$ 是加工间接保证的设计尺寸,是封闭环,求解 t 的步骤如下:

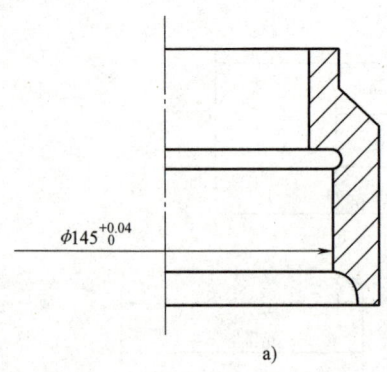
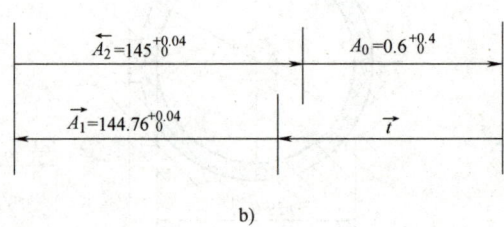

图 4-8 保证渗氮层深度的尺寸计算

由

$$A_0 = \vec{A}_1 + \vec{t} - \overleftarrow{A}_2$$

得

$$t = (0.6 + 145 - 144.76)\,\text{mm} = 0.84\,\text{mm}$$

由

$$ESA_0 = ES\vec{A}_1 + ES\vec{t} - EI\overleftarrow{A}_2$$

得

$$ES\vec{t} = (0.4 + 0 - 0.04)\,\text{mm} = 0.36\,\text{mm}$$

由

$$EIA_0 = EI\vec{A}_1 + EI\vec{t} - ES\overleftarrow{A}_2$$

得

$$EI\vec{t} = (0 + 0.04 - 0)\,\text{mm} = 0.04\,\text{mm}$$

由

$$t = 0.84^{+0.36}_{+0.04}\,\text{mm} = 0.88^{+0.32}_{0}\,\text{mm}$$

$$t/2 = 0.44^{+0.16}_{0}\,\text{mm}$$

即渗氮工序的渗氮层深度为 0.44~0.6 mm。

任务实施

由学生完成。

评价

教师点评。

任务三 轴套零件机械加工工艺的编制

任务实施

根据图 4-1 的要求,制订该轴套零件的机械加工工艺过程卡片,见表 4-3。

表 4-3 轴套零件机械加工工艺过程卡片

（单位名称）		机械加工工艺过程卡片		产品型号		零件图号			共 1 页	第 1 页
				产品名称		零件名称	轴套			
材料牌号	Q235	毛坯种类	棒料	毛坯外形尺寸	φ86mm×65mm	每毛坯件数	1	每台件数		备注
工序号	工序名称	工序内容			车间	工段	设备	工艺装备	工时	
									准终	单件
10	下料	下料 φ85mm×65mm			锻造车间	下料	锯床			
20	车	1. 粗车右端面及右端外圆、钻孔 2. 粗车左端外圆及左端面			加工车间	车	车床			
30	车	1. 半精车 φ50mm、φ40mm 两内孔及内台阶面（主要为 φ60mm 外圆与外台阶面加工准备精基准） 2. 半精车左端外圆及外台阶面			加工车间	车	车床			
40	车	1. 精镗 φ50mm、φ40mm 两内孔及内台阶面，保证孔深 $22_{0}^{+0.05}$ mm 2. 精车左端外圆及外台阶面			加工车间	车	车床	车床夹具		
50	钳	去毛刺								
60	检	检验								
					设计（日期）	校对（日期）	审核（日期）	标准化（日期）	会签（日期）	
标记	处数	更改文件号	签字日期	标记 处数 更改文件号 签字日期						

思 考 题

1. 简述影响薄壁零件加工精度的因素。
2. 尺寸链的定义是什么？
3. 简述尺寸链的组成。
4. 什么是封闭环、组成环、增环和减环？
5. 尺寸链的计算方法有哪些？
6. 在铣床上采用调整法对图 4-9 所示轴类零件进行铣削加工，在加工中选取大端端面轴向定位，试确定工序尺寸 l。
7. 如图 4-10 所示的零件，先以左端外圆定位在车床上加工右端面及 $\phi 65\,\mathrm{mm}$ 外圆至图样要求尺寸，加工内孔 $\phi 50\,\mathrm{mm}$ 并保证孔深尺寸 L，然后再调头以已加工的右端面及外圆定位，加工其他表面至图样要求尺寸，试确定工序尺寸 L。

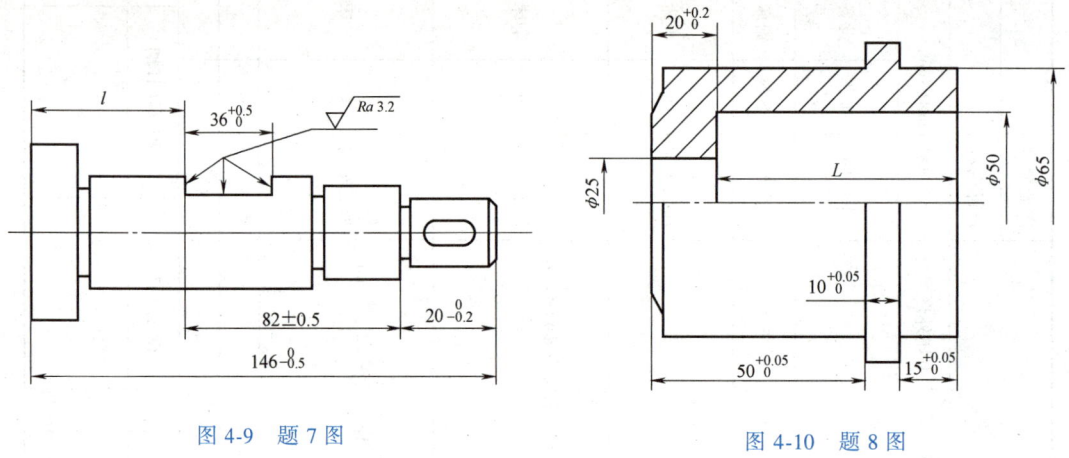

图 4-9 题 7 图　　　　　　　　　图 4-10 题 8 图

8. 图 4-11 所示的零件为液压缸缸筒，试编制其机械加工工艺。

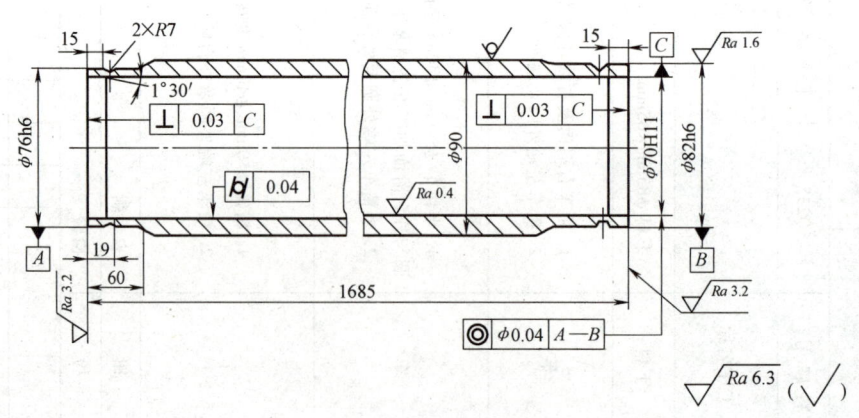

图 4-11 题 9 图

素养提升

大国工匠——管延安

　　管延安，曾担任中交港珠澳大桥岛隧工程Ⅴ工区航修队钳工，参与港珠澳大桥岛隧工程建设，负责沉管二次舾装、管内电气管线、压载水系统等设备的拆装维护以及船机设备的维修保养等工作。18岁起，管延安就开始跟着师傅学习钳工，"干一行，爱一行，钻一行"是他对自己的要求，以主人翁精神去解决每一个问题。通过二十多年的勤学苦练和对工作的专注，一个个细小突破的集成，一件件普通工作的累积，使他精通了錾、削、钻、铰、攻、套、铆、磨、矫正、弯形等各门钳工工艺，因其精湛的操作技艺被誉为中国"深海钳工"第一人，成就了"大国工匠"的传奇，先后荣获全国五一劳动奖章、全国技术能手、全国职业道德建设标兵、全国最美职工、中国质量工匠、齐鲁大工匠等称号。

项目五

齿轮类零件机械加工工艺的编制

项目描述

图 5-1 为某齿轮零件图,其材料为 45 钢,齿面硬度 50~55HRC,制订其机械加工工艺。

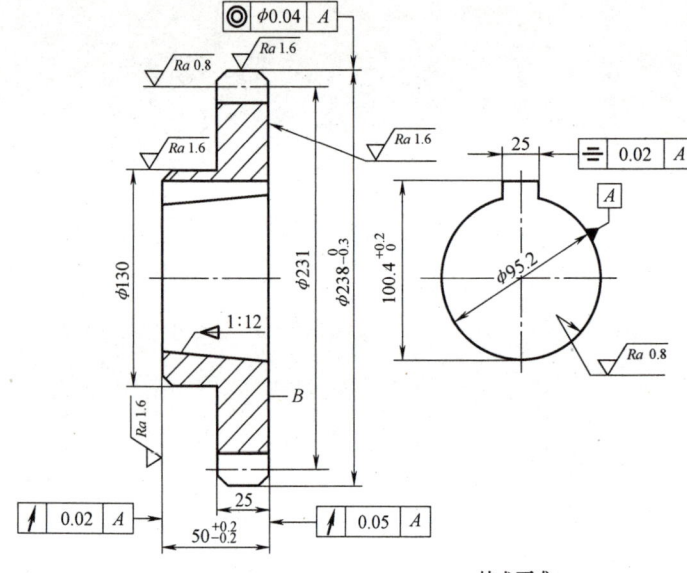

技术要求
1. 热处理,齿面硬度50~55HRC。
2. 未注倒角C2。

图 5-1 齿轮零件图

技能目标

能根据齿轮类零件的加工要求,编制齿轮零件的机械加工工艺规程。

知识目标

掌握齿轮类零件机械加工工艺规程的编制;成形法和展成法加工齿轮的适用范围。理解铣齿、滚齿、插齿、磨齿、珩齿、剃齿和研齿的加工原理。了解齿轮加工设备的结构和原理。

项目五 齿轮类零件机械加工工艺的编制

任务一　圆柱齿轮结构和精度的分析

任务描述

分析齿轮的结构和精度。

任务分析

根据齿轮的加工要求，对加工精度进行分析。

相关知识

1.1　圆柱齿轮的结构特点

1）圆柱齿轮分为齿圈和轮体。
2）圆柱齿轮有一个或多个齿圈。

1.2　圆柱齿轮传动的精度要求

（1）**传递运动的准确性**　作为传动零件，齿轮要能准确地传递运动，即保证主动轮转过一定角度，从动轮按传动比关系准确地转过一个相应的角度。这就要求齿轮在每转一转的过程中，转角误差的最大值不能超过一定的范围，即齿轮精度应符合第Ⅰ公差组中各项要求。

（2）**传递运动的平稳性**　在传动运动过程中，特别是高速转动的齿轮，不希望出现冲击、振动和噪声，这就要求齿轮工作平稳。因此，必须限制齿轮转动瞬时传动比的变化，也就是要限制较小范围内的转角误差，即齿轮精度应符合第Ⅱ公差组中各项要求。

（3）**载荷分布的均匀性**　齿轮在传递动力时，为了不致因接触不均匀使接触应力过大，引起齿面过早磨损，就要求齿轮工作时齿面接触均匀，并保证有一定的接触面积和符合要求的接触位置，即齿轮精度应符合第Ⅲ公差组中各项要求。

（4）**传动侧隙**　在齿轮传动中，互相啮合的一对轮齿的非工作面之间应留有一定的间隙，以便储存润滑油并使工作齿面形成油膜，减少磨损；同时齿侧间隙还可以补偿由于温度、弹性变形以及齿轮制造和装配所引起的间隙减小，防止卡死。但是齿侧间隙也不能过大，对于要求正反转的传动齿轮，侧隙过大就会引起换向冲击，产生噪声；对于正反转的分度齿轮，侧隙过大就会产生过大的空行程，使分度精度降低。可见齿轮的工作条件不同，要求的齿侧间隙也不同。

以上几个方面要求，根据齿轮传动装置的用途和工件条件的各项要求可能有所不同。

1.3　精度等级与公差组

（1）**精度等级**　根据齿轮传动的工作条件对精度的不同要求，国家标准对齿轮和齿轮副规定了 13 个精度等级，0 级精度最高，12 级精度最低。

0级、1级和2级是有待发展的精度等级；3~5级为高精度级；6~8级为中等精度等级；9~12级为低精度级。

(2) 公差组分为三个公差级　按齿轮控制的各项误差对传动性能的主要影响，将齿轮的各项公差与极限偏差分成三个公差组：

第Ⅰ公差组主要控制齿轮在一转内回转角的全部误差，它主要影响传递运动准确性。

第Ⅱ公差组主要控制齿轮在一个齿距范围内的转角误差，它主要影响传动的工作平稳性。

第Ⅲ公差组主要控制具体化的接触痕迹，它影响齿轮受载后载荷分布的均匀性。

(3) 齿轮副齿侧间隙　独立于齿轮精度外，它是用齿厚极限偏差来控制的，标准规定了14种齿厚极限偏差，代号分别为 C、D、E、F、G、H、J、K、L、M、N、P、R、S，从D起其偏差值依次递增。

任务实施

由学生完成。

评价

教师点评。

任务二　圆柱齿轮热处理方法的选择

任务描述

根据零件的热处理要求，选择热处理方法。

任务分析

齿面硬度为50~55HRC，通过何种热处理方法来保证热处理要求？

相关知识

2.1　材料的选择

齿轮的材料常用45、20CrMnTi、38CrMoAl和铸铁及铸钢等。

齿轮材料的选择对齿轮的加工性能和使用寿命都有直接的影响。

一般来说，对于低速、重载的传力齿轮，齿轮的齿面易受压产生塑性变形或磨损，且轮齿容易折断，应选用机械强度、硬度等综合力学性能好的材料（如20CrMnTi），经渗碳淬火，心部具有良好的韧性，齿面硬度可达56~62HRC；线速度高的传力齿轮，齿面易产生疲劳点蚀，所以齿面硬度要高，可选用38CrMoAlA渗氮钢，这种材料经渗氮处理后表面可得到一层硬度很高的渗氮层，而且热处理变形小；非传力齿轮可以选用非淬火钢、铸铁、夹布胶木或尼龙等材料。

2.2 齿轮毛坯

齿轮的毛坯形式主要有棒料、锻件和铸件。棒料用于小尺寸、结构简单且对强度要求低的齿轮。当齿轮要求强度高、耐磨和耐冲击时，多用锻件，直径为 400~600mm 的齿轮，常用铸造毛坯。为了减少机械加工量，对大尺寸、低精度齿轮，可以直接铸出轮齿；对于小尺寸、形状复杂的齿轮，可用精密铸造、压力铸造、精密锻造、粉末冶金、热轧和冷挤等新工艺制造出具有轮齿的齿坯，以提高劳动生产率、节约原材料。

2.3 齿轮的热处理

齿轮加工中根据不同的目的，安排两种热处理工序。

（1）毛坯热处理　在齿坯加工前后安排预备热处理正火或调质，改善材料的可加工性和提高综合力学性能。正火或调质的作用是消除锻造和粗加工造成的残余应力，改善齿轮材料内部的金相组织和切削加工性能。

（2）齿面热处理　齿面热处理的方法有渗碳淬火、表面淬火和碳氮共渗。齿形加工后，为提高齿面的硬度和耐磨性，常进行渗碳淬火、感应淬火、渗氮和碳氮共渗等热处理工序。热处理工序一般安排在滚齿、插齿、剃齿之后，珩齿、磨齿之前。

任务实施

由学生完成。

评价

教师点评。

任务三　齿形加工方法的选择

任务描述

根据零件的加工要求，选择合适的齿形加工方法。

任务分析

齿轮的轮齿为圆柱直齿，加工方法可选择滚齿或插齿。

相关知识

用切削加工的方法加工齿轮齿形，按加工原理的不同，可以分为成形法和展成法两大类，见表5-1。成形法是指用与被切齿轮齿间形状相符的成形刀具，直接切出齿形的加工方法，如铣齿、成形法磨齿等。展成法是指利用齿轮刀具与被切齿轮的啮合运动（或称展成运动），切出齿形的加工方法，如插齿、滚齿、剃齿和展成法磨齿等。

表 5-1 齿轮加工方法

加工方法		精度等级	齿面的表面粗糙度值 $Ra/\mu m$	适用范围
成形法铣齿		9 级以下	3.2~6.3	单件小批量生产中加工直齿和螺旋齿轮及齿条
展成法	滚齿	7~8 级	1.6~3.2	各种批量生产中加工直齿、斜齿外啮合圆柱齿轮和蜗轮
	插齿	7~8 级	1.6	各种批量生产中加工内圆柱齿轮、双联齿轮、扇形齿轮、短齿条等。但插削斜齿只适用于大批量生产
	剃齿	6~7 级	0.4~0.8	大批量生产中滚齿或插齿后未经淬火的齿轮精加工
	珩齿	6~7 级	0.4~1.6	大批量生产中感应淬火后齿形的精加工
	磨齿	4~6 级	0.2~0.8	单件小批量生产中淬硬或不淬硬齿形的精加工
	研齿		0.2~0.4	淬硬齿轮的齿形精加工,可有效地降低齿面的表面粗糙度值

3.1 铣齿

铣齿是指利用成形齿轮铣刀,在万能铣床上加工齿轮齿形的方法,如图 5-2 所示。

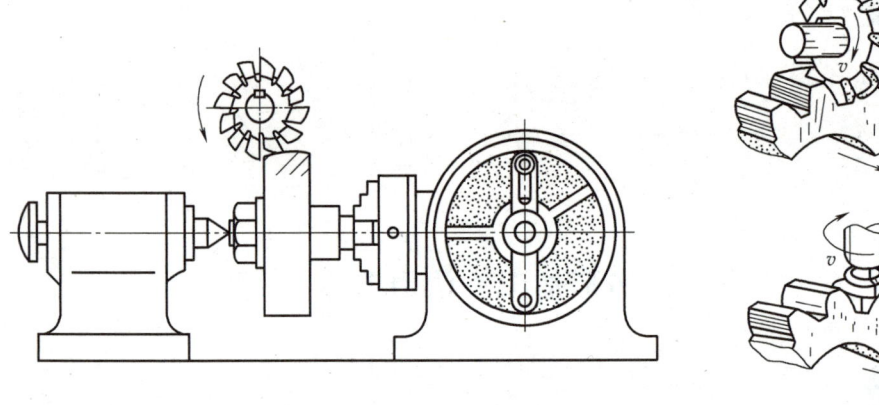

图 5-2 成形法加工齿形原理图

铣齿

加工时,工件安装在分度头上,用盘形齿轮铣刀($m<10mm$ 时)或指形齿轮铣刀(一般 $m>10mm$),对齿轮的齿间进行铣削,当加工完一个齿间后,进行分度,再铣下一个齿间。

3.2 滚齿

(1) 滚齿加工原理与工艺特点　滚齿加工是按照展成法的原理来加工齿轮的。用滚刀来加工齿轮相当于一对交错轴斜齿轮啮合。在这对啮合的齿轮传动中,一个齿轮的齿数很少,只有一个或几个,螺旋角很大,这就演变成了一个蜗杆,若这个蜗杆用高速工具钢等刀具材料制成,并在其螺纹的垂直方向开出若干个容屑槽,形成刀齿及切削刃,它就变成了齿轮滚刀。在齿轮滚刀螺旋线法向剖面内，各刀齿成了一根齿条，当滚刀连续转动时，相当于一根无限长的齿条沿刀具轴向连续移动。因此在滚齿过程中，在滚刀按给定的切削速度做旋转运动时，齿坯则按齿轮啮合关系转动（即当滚刀转一圈，相当于齿条移动一个或几个齿距，齿坯也相应转过一个或几个齿距），在齿坯上切出齿槽，形成渐开线齿面。

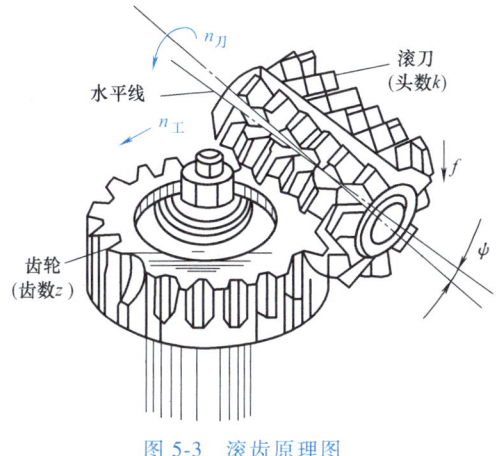

图 5-3 滚齿原理图

滚齿

（2）**滚齿的基本运动** 当滚刀旋转时，其螺旋线法向的切削刃就相当于一个齿条在连续地移动。当齿条的移动速度和齿轮分度圆上的圆周速度相等，即相当于被切齿轮的分度圆沿齿条分度线做无滑动的纯滚动时，根据齿轮啮合原理即可在被切齿轮上切出渐开线齿形，滚刀再做垂直进给运动，如图 5-3 所示，即能完成整个齿形的加工。因此，滚齿时必须使滚刀的转速和齿坯的转速之间严格地保持如下关系

$$\frac{n_0}{n}=\frac{z}{k}$$

式中　n_0——滚刀转速（r/min）；

　　　n——工件转速（r/min）；

　　　z——工件齿数；

　　　k——滚刀的头数。

滚齿时除了滚刀的旋转运动（主运动）、滚刀与齿坯之间的展成运动（也就是连续分齿运动）外，滚刀还需有沿工件轴向（齿宽方向）的进给运动，这三个运动构成了滚齿的基本运动，如图 5-3 所示。

（3）**滚齿的精度** 滚刀的精度等级为 AA 级、A 级、B 级和 C 级，AA 级精度最高。滚齿时使用不同精度的滚刀，可分别加工出精度等级为 7~10 级的齿轮。滚齿时，为了提高齿面的加工精度和质量，应将粗、精滚齿加工分开。精滚齿的加工余量为 0.5~1mm，精滚齿时应采取较高的切削速度和较小的进给量。

（4）**滚齿的工装及生产率** 目前，生产中广泛采用的是高速钢滚刀，切削速度一般为 30m/min 左右，进给量为 1~3mm/r。超硬高速钢滚刀出现后，切削速度提高到 60~70 m/min；滚刀刀齿采用硬质合金后，其切削速度又提高到 80~200m/min，使滚齿加工的生产率得到了大幅度提高。此外，硬质合金滚刀对淬火后的硬齿面齿轮还可进行精加工或半精加工。

滚齿既可以用于齿形的粗加工，也可以用于精加工。加工精度等级为7级以上的齿轮时，滚齿通常作为剃齿或磨齿等齿形精加工前的粗加工和半精加工工序。

滚齿加工所使用的滚刀和滚齿机结构比较简单，易于制造，加工时是连续切削的，具有质量好、效率高的优点。因此，滚齿加工在生产中广泛应用。

(5) 提高滚齿生产率的途径

1）提高滚齿速度。

2）采用大直径滚刀和多头滚刀。

3）改进滚齿加工方法。

3.3 插齿

(1) 插齿原理及运动

1）插齿原理。插齿属于展成法加工，用插齿刀在插齿机上加工齿轮的齿形，它是按一对圆柱齿轮相啮合的原理进行加工的。如图5-4所示，相啮合的一对圆柱齿轮，若其中一个是工件，另一个用高速工具钢制成，并于淬火后在轮齿上磨出前角和后角，形成切削刃，再具有必要的切削运动，即可在工件上切出齿形来，后者就是加工齿轮用的插齿刀。

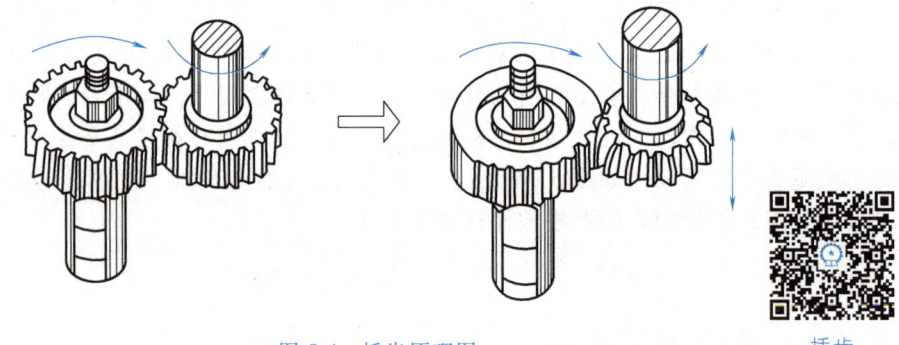

图5-4 插齿原理图

2）插齿运动。插齿时的主要运动有：主运动、展成运动、径向进给运动和让刀运动，如图5-5所示。

① 主运动。插齿刀向下为切削行程，向上为空行程，其上下往复运动称为主运动。

② 展成运动。插齿刀与齿坯之间必须保持一对齿轮正确的啮合关系，即传动比为

$$i = n/n_0 = z_0/z$$

式中　n、n_0——齿坯、刀具的转速；

　　　z_0、z——刀具、齿坯的齿数。

插齿刀每往复运动一次，齿坯与刀具在分度圆上所转过的弧长为加工时的圆周进给量。齿坯旋转一周，插

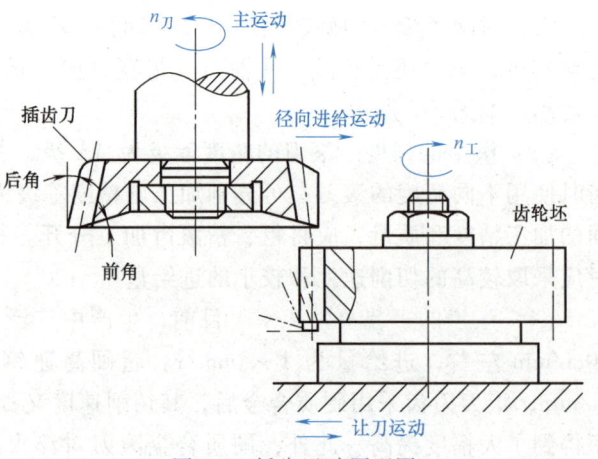

图5-5 插齿运动原理图

齿刀的各个刀齿便能逐渐地将工件的各个齿切出来。

③ 径向进给运动。插齿时，齿坯上的轮齿是逐渐被切至全齿深的，因此插齿刀应有径向进给，等到切至全齿深后才不再径向进给。插齿刀的径向进给运动由凸轮机构来控制。

④ 让刀运动。为避免刀具返回行程时擦伤已加工齿面和减少刀具的磨损，在插齿刀向上运动时，要使工作台带动工件有一个径向让刀运动。但在插齿刀向下做切削运动时，工作台又能很快回到原来的位置，以便使切削工作继续进行。

(2) 插齿的加工范围　插齿不仅能加工单齿圈圆柱齿轮，而且还能加工间距较小的双联或多联齿轮、内齿轮及齿条等。它的加工范围比铣齿和滚齿要广。插齿时还能控制圆周进给量，可在 0.2~0.5mm/双行程范围内选用，较小值用于精加工，较大值用于粗加工。

(3) 插齿的加工精度　插刀精度分为 AA 级、A 级和 B 级，插齿时使用不同的刀具可加工出精度等级为 6~8 级的齿轮，齿轮表面粗糙度值为 $Ra0.4~1.6\mu m$。

(4) 插齿、滚齿和铣齿的比较

1）插齿和滚齿的精度基本相同，且都比铣齿高。插齿刀的制造、刃磨及检验均比滚刀方便，容易制造得较精确，但插齿机的分齿传动链比滚齿机复杂，增加了传动误差。综合两方面，插齿和滚齿的精度基本相同。

由于插齿机和滚齿机的结构与传动机构都是按加工齿轮的要求而专门设计和制造的，分齿运动的精度高于万能分度头的分齿精度。插齿刀和齿轮滚刀的精度也比齿轮铣刀的精度高，不存在像齿轮铣刀那样因分组而带来的齿形误差。因此，插齿和滚齿的精度都比铣齿高。

2）插齿齿面的表面粗糙度值较小。插齿时，插齿刀沿齿宽连续地切下切屑，而在滚齿和铣齿时，轮齿齿宽是由刀具多次断续切削而成，并且在插齿过程中，包络齿形的切线数量比较多，所以插齿的齿面表面粗糙度值较小。

3）插齿的生产率低于滚齿而高于铣齿。插齿的主运动为往复直线运动，插齿刀有空行程，所以插齿的生产率低于滚齿。此外，插齿和滚齿的分齿运动是在切削过程中连续进行的，省去了铣齿时的单独分度时间，所以插齿和滚齿的生产率都比铣齿高。

4）插齿刀和齿轮滚刀加工齿轮齿数范围较大。插齿和滚齿都是按展成原理进行加工的，同一模数的插齿刀或齿轮滚刀，可以加工模数相同而齿数不同的齿轮，不像铣齿那样，每个刀号的铣刀，适于加工的齿轮齿数范围较小。在齿轮齿形的加工中，滚齿应用最为广泛，它不但能加工直齿圆柱齿轮，还可以加工螺旋齿轮、蜗轮等，但一般不能加工内齿轮和相距很近的多联齿轮。插齿的应用也比较广，它可以加工直齿和螺旋齿圆柱齿轮，但生产率没有滚齿高，多用于加工用滚刀难以加工的内齿轮、相距较近的多联齿轮或带有台肩的齿轮等。尽管滚齿和插齿所使用的刀具及机床比铣齿复杂、成本高，但由于加工质量好，生产率高，在成批和大量生产中仍可收到很好的经济效果。有时在单件小批生产中，为保证加工质量，也常常采用插齿或滚齿加工。

3.4　剃齿

剃齿是利用一对交错轴斜齿轮啮合时齿面产生相对滑移的原理，在剃齿机上"自由啮合"的展成加工方法，使用剃齿刀从被加工齿轮的齿面上剃去一层很薄金属的精加工方法。剃削直齿圆柱齿轮时，要用斜齿剃齿刀，使剃齿刀和被加工齿轮的轴线成 10°~20° 交叉角。

有了轴交叉角,在啮合运动中齿面上便有相对滑移存在,这相对滑移就是剃齿时的切削运动。

剃齿刀如图 5-6 所示,其外形很像斜齿圆柱齿轮,齿形精度很高,在轮齿两侧渐开线方向开有很多小槽,以形成切削刃,材料一般为高速工具钢,经淬火后成为剃齿刀。

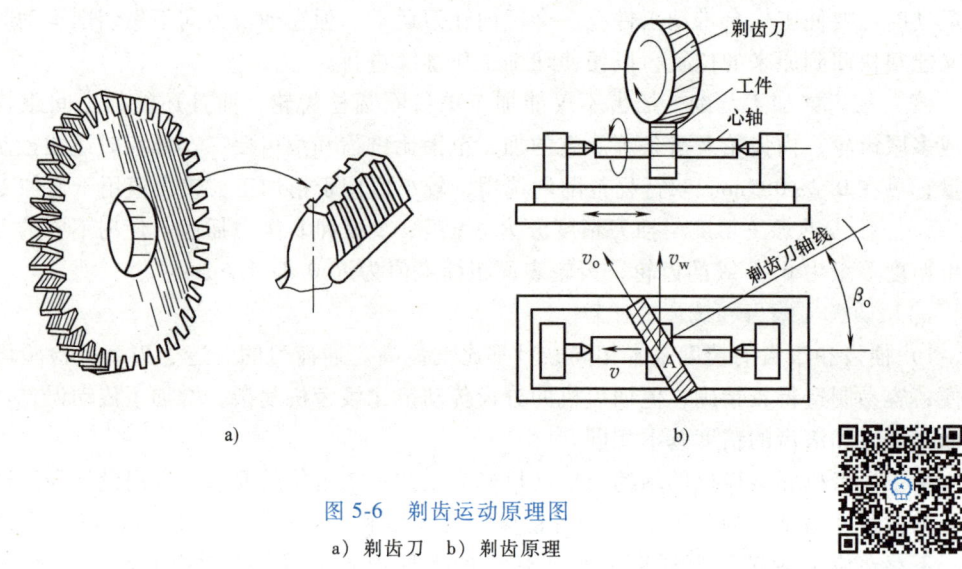

图 5-6 剃齿运动原理图
a) 剃齿刀 b) 剃齿原理

剃齿

剃齿刀安装在剃齿机的主轴上,其圆周速度为 v_o,工件安装在机床工作台的心轴上,与剃齿刀保持啮合,并由剃齿刀带动旋转,二者间是一种"自由啮合"。为了使剃齿刀和工件的齿向一致,应使剃齿刀的轴线偏斜一角度 β_o,其数值等于剃齿刀的螺旋角。

剃齿刀的圆周速度 v_o 分解为两个分速度:一个是沿工件圆周切线方向的分速度 v_w,它带动工件旋转,刀具与工件间不像插齿、滚齿那样靠同床传动链强制保持啮合运动,这就是"自由啮合"含义所在;另一个是沿齿轮工件轴线的分速度 v,即剃齿的切削速度,它使啮合齿面间产生相对滑动。正是这种相对滑动,使剃齿刀从工件上切下头发丝状的极细切屑,剃齿由此而得名,从而提高齿形精度和降低齿面的表面粗糙度值。

为剃出齿宽,工作台带动工件做往复直线进给。在工作台每一往复行程终了时,剃齿刀对工件还要做径向进给(0.02~0.04mm/往复行程),以达到所需的齿厚。剃齿过程中,剃齿刀还要时而正转,时而反转,以剃削轮齿的两个侧面。

剃齿的加工范围较广,可加工内、外啮合的直齿圆柱齿轮和斜齿圆柱齿轮、多联齿轮等。剃齿的生产率很高,加工一个中等模数齿轮通常只需 2~4min。

由于剃齿能修正齿圈径向圆跳动误差、齿距误差、齿形误差和齿向误差等,因此,经过剃齿的齿轮的工作平稳性和接触精度会有较大的提高,一般能提高一级;同时可获得精细的表面,其表面粗糙度值可达 $Ra0.4~0.8\mu m$,但齿轮的运动精度提高不多。

剃齿前的齿坯,除运动精度外,其他精度和表面质量只能比剃齿后低一级。剃齿余量的大小要适当。因为余量不足时,剃齿前的齿轮的误差和齿面缺陷就不能经过剃齿全部去除;余量过大时,剃齿效率低,刀具磨损快,剃齿质量反而下降。剃齿余量的大小,可参考表 5-2,并根据剃齿前的齿轮精度状况尽可能选取较小的数值。

表 5-2 剃齿余量

模数/mm	1~1.75	2~3	3.25~4	4~5	5.5~6
剃齿余量/mm	0.07	0.08	0.09	0.10	0.11

剃齿加工采用的是自由啮合的方法，并不需要严格的传动链，大大简化了剃齿机的机构，调整也简便，延长了刀具寿命，因此，剃齿工艺在成批和大量生产中被广泛应用。

剃齿刀分通用和专用两类。无特殊要求时，应尽量选用通用剃齿刀。剃齿刀的制造精度分 A、B、C 三级，可加工出精度等级为 6~8 级的齿轮。剃齿刀的螺旋角有 5°、10°和 15°三种，其中 5°和 15°两种应用较广，15°的多用于加工直齿圆柱齿轮，5°的多用于加工斜齿圆柱齿轮和多联齿轮中较小的齿轮。

3.5 珩齿

珩齿是在珩齿机上用珩磨轮对淬火后齿轮进行光整加工的方法。珩齿的主要作用是去除淬火后轮齿上的氧化皮及少量的热变形，以降低齿面的表面粗糙度值。

（1）珩齿原理　珩磨是一种齿面光整加工的方法，其工作原理与剃齿相同，都是应用交错轴斜齿轮啮合原理进行加工的，达到减小表面粗糙度值和校正齿轮部分误差的目的，所不同的是以珩磨轮代替了剃齿刀。

珩磨轮是将磨料和黏结剂等原料混合后，在轮芯（铸铁或钢材）上浇注而成的螺旋齿轮，珩磨齿面上不做出容屑槽，只是靠磨粒本身进行研削加工。

磨料一般为白色氧化铝，有时也用黑色碳化硅。粒度在 F80~F120 之间。珩齿时，珩磨轮高速旋转（1000~2000r/min），同时沿齿向和渐开线方向产生滑动进行切削。

（2）珩齿特点　珩齿时，珩磨轮与被加工齿轮的轮齿之间无侧隙，紧密啮合，在一定的压力作用下，由珩磨轮带动被加工齿轮正反向转动，同时被加工齿轮沿轴向往复运动，从而加工出齿轮的全长和两侧面。

珩齿开始时齿面压力较大，随后压力逐渐减小，接近消失时珩齿加工就结束。珩齿余量一般很小，通常为 0.01~0.02mm。实际上也可不留余量，剃齿时只要达到齿厚尺寸上限即可以加以珩齿。

珩磨轮齿面上分布着许多磨粒，各磨粒之间以黏结剂（环氧树脂）相隔，黏结剂的弹性大，珩磨轮本身的误差不会反映到被珩齿轮上去，因而珩磨轮的精度就不必要求很高。经浇注成形后的珩磨轮可以直接使用。因此珩齿过程的本质就是低速磨削、研磨和抛光的综合。珩齿过程具有磨、剃、抛光等综合作用，刀痕复杂、细密，所以齿面的表面粗糙度值可达 $Ra0.2~0.8\mu m$。但珩齿对齿形和齿向精度改善不大，也不能提高分齿精度。因珩磨轮转速一般在 1000r/min 以上，珩齿余量小，为 0.01~0.02mm，且多为一次切除，生产率很高，珩磨一个齿轮约 1min。珩齿加工精度等级可达 6 级，并能有效地减小齿面的表面粗糙度值，可达 $Ra0.4~0.8\mu m$，减小齿圈径向圆跳动量，还能在一定程度上纠正齿向和齿形的局部误差。因此，珩齿对于提高齿轮工作的平稳性、改善接触精度和减少噪声等极为有利，目前在生产中正逐渐以珩齿代替研齿。

3.6 磨齿

磨齿是在磨齿机上用砂轮对淬火或未淬火的轮齿进行精加工的一种常用方法。磨齿是精加工精密齿轮，尤其是加工淬硬精密齿轮的常用方法，经过磨齿，轮齿精度等级可达 3~6 级，齿面的表面粗糙度值为 $Ra0.2~0.8\mu m$，按加工原理磨齿可分为成形法磨齿和展成法磨齿两种。

(1) 成形法磨齿　成形法磨齿和成形法铣齿原理相同，其砂轮应修整成与被磨削齿轮的齿槽相吻合的渐开线齿形，用此砂轮对已经滚齿或插齿的齿轮齿槽逐个进行磨削，如图 5-7 所示。

由于成形砂轮的修整不仅复杂，且经渐开线砂轮修整器修整的砂轮廓形具有一定误差，所以成形法磨齿精度较低。但成形法磨齿生产率较展成法磨齿高近 10 倍。另外，成形法磨齿可在花键磨床或工具磨床上进行，设备费用较低。

成形法磨齿余量一般为 0.1~0.4mm。

(2) 展成法磨齿　生产中常用的展成法有锥面砂轮磨齿和双碟形砂轮磨齿两种方法。

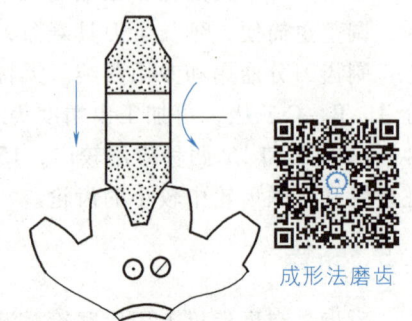
成形法磨齿

图 5-7　成形法磨齿原理图

1) 锥面砂轮磨齿。如图 5-8 所示，将砂轮的磨削部分修整为锥面，以构成假想的齿条齿面。

其原理是使砂轮与被磨齿轮强制保持齿条和齿轮的啮合运动关系，且使被磨齿轮沿假想的固定齿条做往复纯滚动，边转动，边移动，砂轮的磨削部分即可包络渐开线齿形。

2) 双碟形砂轮磨齿。双碟形砂轮磨齿原理如图 5-9 所示，与锥面砂轮磨齿原理相同。两个碟形砂轮 2 倾斜成一定角度，使其端面构成假想齿条的两个齿外侧面（或一个齿的两个侧面）。工作时，两个砂轮在一次分齿后，可同时磨削被磨齿轮一两个不同齿槽的不同齿面（或同一个齿槽的两个侧面）。此种方法磨齿是被磨齿轮沿其轴向往复进给以磨出齿宽，其他的运动与锥形砂轮磨具相同。

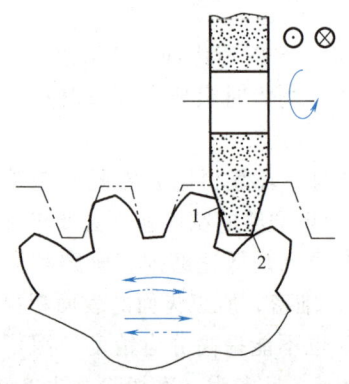

图 5-8　锥面砂轮磨齿原理图
1—工件　2—锥面砂轮

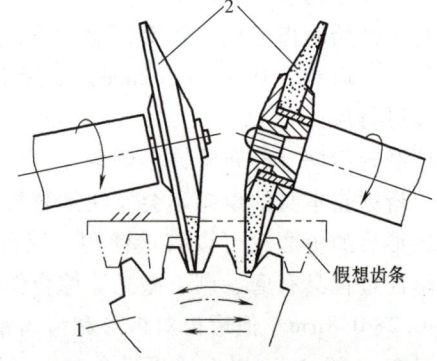

图 5-9　双碟形砂轮磨齿原理图
1—工件　2—碟形砂轮

3.7　研齿

研齿是用研磨轮在研齿机上对齿轮进行光整加工的方法。研齿的加工原理是使工件与轻微制动的研磨轮做无间隙的自由啮合。加工时，在啮合的齿面间加入研磨剂，利用齿面的相对滑动，从被研齿轮的齿面上切除一层极薄的金属，达到减小表面粗糙度值和校正齿轮部分误差的目的。

结合图 5-10，将工件放在三个研磨轮之间，同时与三个研磨轮啮合。

研磨直齿圆柱齿轮时，三个研磨轮中，一个是直齿圆柱齿轮，另两个是螺旋角相反的斜齿圆柱齿轮。

研齿时，工件带动研磨轮旋转，并沿轴向做快速往复运动，以便研磨全齿宽上的齿面。研磨一定时间后，改变旋转方向，研磨另一齿面。

研齿对齿轮精度的提高作用不大，但能减小齿面的表面粗糙度值，同时稍微修正齿形、齿向误差，主要用于淬硬齿面的精加工。

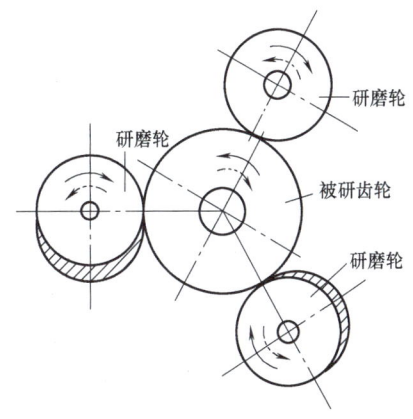

图 5-10　研齿原理图

任务实施

由学生完成。

评价

教师点评。

任务四　齿轮加工机床的选择

任务描述

根据齿轮的加工要求，选择合适的齿轮加工机床。

任务分析

根据齿形加工方法来选择齿轮加工机床。

相关知识

齿轮加工机床是加工各种圆柱齿轮、锥齿轮和其他带齿零件齿部的机床。齿轮加工机床广泛应用于机械制造业中。齿轮加工机床的品种规格繁多，有加工几毫米直径齿轮的小型机床，加工十几米直径齿轮的大型机床，还有大量生产用的高效机床和加工精密齿轮的高精度机床。

齿轮加工机床主要分为圆柱齿轮加工机床和锥齿轮加工机床两大类。圆柱齿轮加工机床主要用于加工各种圆柱齿轮、齿条、蜗轮。常用的有滚齿机、插齿机、铣齿机、剃齿机等。

滚齿机是用滚刀按展成法粗、精加工直齿轮、斜齿轮、人字齿轮和蜗轮等，加工范围广，可达到较高精度或高生产率，如图 5-11 所示。

插齿机是用插齿刀按展成法加工直齿轮、斜齿轮和其他齿形件，主要用于加工多联齿轮和内齿轮，如图 5-12 所示。

铣齿机是用成形铣刀按分度法进行加工的，主要用于加工特殊齿形的仪表齿轮。剃齿机是用齿轮式剃齿刀精加工齿轮的一种高效机床。磨齿机是用砂轮精加工淬硬圆柱齿轮或齿轮

图 5-11　滚齿机

图 5-12　插齿机

刀具齿面的高精度机床。珩齿机是利用珩轮与被加工齿轮的自由啮合，消除淬硬齿轮毛刺和其他齿面缺陷的机床。挤齿机是利用高硬度无切削刃的挤轮与工件进行自由啮合，将齿面上的微小不平碾光，以提高精度和降低表面粗糙度值的机床。齿轮倒角机是对内外啮合的滑移齿轮的齿端部倒圆的机床，是生产齿轮变速箱和其他齿轮移换机构不可缺少的加工设备。圆柱齿轮加工机床还包括齿轮热轧机和齿轮冷轧机等。

锥齿加工机床主要用于加工直齿、斜齿、弧齿和延长外摆线齿等锥齿轮的齿部。

直齿锥齿轮刨齿机是以成对刨齿刀按展成法粗、精加工直齿锥齿轮的机床，有的机床还能刨制斜齿锥齿轮，在中小批量生产中应用最广。

双刀盘直齿锥齿轮铣齿机使用两把刀齿交错的铣刀盘，按展成法铣削同一齿槽中的左右两齿面，生产率较高，适用于成批生产。由于铣刀盘与工件无齿长方向的相对运动，铣出的齿槽底部呈圆弧形，加工模数和齿宽均受到限制。这种机床也可配以自动上下料装置，实现单机自动化。

直齿锥齿轮拉铣机是在一把大直径的拉铣刀盘的一转中，从实体轮坯上用成形法切出一个齿槽的机床。它是锥齿轮切削加工机床中生产率最高的机床，由于刀具复杂，价格昂贵，而且每种工件都需要专用刀盘，只适用于大批量生产。机床一般带有自动上下料装置。

弧齿锥齿轮铣齿机是以弧齿锥齿轮铣刀盘，按展成法粗、精加工弧齿锥齿轮和准双曲面齿轮的机床，有精切机、粗切机和拉齿机等类型。

弧齿锥齿轮磨齿机是用于磨削淬硬的弧齿锥齿轮，以提高精度和降低齿面表面粗糙度值的机床，其结构与弧齿锥齿轮铣齿机相似，但以砂轮代替铣刀盘，并装有砂轮修整器，也可磨削准双曲面齿轮。

延长外摆线齿锥齿轮铣齿机是利用延长外摆线齿锥齿轮铣刀盘，或双刀体组合式端面铣刀盘，按展成法连续分度切齿的机床。切齿时，摇台、铣刀盘和工件均做连续旋转运动，同时摇台做进给运动，加工一个工件，摇台往复一次。铣刀盘和工件的连续旋转使工件获得一定齿数的连续分度，并形成齿长曲线。摇台的旋转和工件的附加运动结合起来，产生展成运动，使工件获得齿形曲线。

准渐开线齿锥齿轮铣齿机是用锥度滚刀，按展成法连续分度切齿的机床。切齿时，锥度滚刀首先以大端切削，然后再以它较小直径的一端切削。为保证整个切削过程中切削速度一致，机床靠无级变速装置控制滚刀转速。在切齿时，摇台、滚刀和工件均做连续旋转运动，加工一个工件，摇台往复一次。摇台和工件的旋转通过差动机构产生展成运动，使工件获得沿齿长方向等高的齿形曲线。

锥齿轮加工机床的配套设备有磨削铣刀盘和拉刀盘切削刃的磨刀机，配研成对锥齿轮的研齿机，检验成对锥齿轮啮合接触情况的锥齿轮滚动检查机和防止齿部热处理变形的淬火压力机等。

任务实施

由学生完成。

评价

教师点评。

任务五　圆柱齿轮机械加工工艺过程及工艺分析

任务描述

根据齿轮零件的加工要求，拟定齿轮加工的工艺过程。

任务分析

拟定齿轮加工的工艺过程，要选择定位基准，划分加工阶段，确定工艺路线。

相关知识

5.1　圆柱齿轮的机械加工工艺过程

毛坯制造→齿坯热处理→齿坯加工→齿形加工→齿圈热处理→齿轮定位表面精加工→齿圈的精整加工。

5.2　圆柱齿轮的机械加工工艺分析

1. 定位基准的选择

齿轮加工时的定位基准应尽可能与设计基准一致，以避免由于基准不重合而产生误差，即符合"基准重合"原则。在齿轮加工的整个过程中（如滚、剃、珩、磨等）也应尽量采用相同的定位基准，即采用"基准统一"的原则。

对于小直径齿轮轴，可采用两端中心孔或锥体作为定位基准，符合"基准统一"原则；对于大直径的齿轮轴，通常用轴颈和一个较大的端面组合定位，符合"基准重合"原则；带孔齿轮则以孔和一个端面组合定位，既符合"基准重合"原则，又符合"基准统一"原则。

2. 齿坯加工

齿形加工前的齿轮加工称为齿坯加工。齿坯的外圆、端面或孔经常作为齿形加工、测量和装配的基准，所以齿坯的精度对于整个齿轮的精度有着重要的影响。另外，齿坯加工在齿轮加工总工时中占有较大的比例，因而齿坯加工在整个齿轮加工中占有重要的地位。

齿轮在加工、检验和装夹时的径向基准面和轴向基准面应尽量一致。多数情况下，常以齿轮孔和端面为齿形加工的基准面，所以齿坯精度中主要对齿轮孔的尺寸精度和形状精度、孔和端面的位置精度有较高的要求；当外圆作为测量基准或定位、找正基准时，对齿坯外圆也有较高的要求。

3. 齿形加工

齿圈上的齿形加工是整个齿轮加工的核心。尽管齿轮加工有许多工序，但都是为齿形加工服务的，其目的在于最终获得符合精度要求的齿轮。

齿形加工方案的选择，主要取决于齿轮的精度等级、结构形状、生产类型和齿轮的热处理方法及生产工厂的现有条件，对于不同精度的齿轮，常用的齿形加工方案如下。

(1) 8级精度以下的齿轮　调质齿轮用滚齿或插齿就能满足要求。对于淬硬齿轮可采用滚（插）齿→剃齿或冷挤→齿端加工→淬火→校正孔的加工方案。根据不同的热处理方式，在淬火前齿形加工精度应提高一级以上。

(2) 6~7级精度齿轮　对于淬硬齿面的齿轮可采用滚（插）齿→齿端加工→表面淬火→校正基准→磨齿（蜗杆砂轮磨齿），该方案加工精度稳定；也可采用滚（插）齿→剃齿或冷挤→表面淬火→校正基准→内啮合珩齿的加工方案，这种方案加工精度稳定，生产率高。

(3) 5级以上精度的齿轮　一般采用粗滚齿→精滚齿→齿端加工→表面淬火→校正基准→粗磨齿→精磨齿的加工方案。磨齿是目前齿形加工中精度最高、表面粗糙度值最小的加工方法，最高精度可达3~4级。

4. 齿端加工

齿轮的齿端加工方式有倒圆、倒尖、倒棱和去毛刺。经倒圆、倒尖、倒棱后的齿轮，沿轴向移动时容易进入啮合，齿端倒圆应用最多。

5. 精基准的修整

齿轮淬火后其孔常发生变形，孔直径可缩小0.01~0.05mm。为确保齿形精加工质量，必须对基准孔予以修整。修整的方法，一般采用磨孔或推孔。对于成批或大批量生产的未淬硬的外径定心的内花键及圆柱孔齿轮，常采用推孔。推孔生产率高，并可用加长推刀前导引部分来保证推孔的精度。对于以小径定心的内花键或已淬硬的齿轮，以磨孔为好，可稳定地保证精度，磨孔应以齿面定位，符合互为基准原则。

任务实施

由学生完成。

评价

教师点评。

任务六　齿轮零件机械加工工艺的编制

任务实施

根据零件图的要求，制订圆柱齿轮机械加工工艺过程卡片，见表5-3。

表 5-3　圆柱齿轮机械加工工艺过程卡片

(单位名称)	机械加工工艺过程卡片		产品型号		零件图号			
			产品名称		零件名称	圆柱齿轮	备注	
材料牌号	毛坯种类	毛坯外形尺寸			每毛坯件数	每台件数		
45	锻件							

工序号	工序名称	工序内容	车间	工段	设备	工艺装备	工时	
							准终	单件
10	锻	锻造齿轮毛坯	锻		空气锤			
20	热处理	正火处理			箱式电阻炉			
30	车	粗车各部分,均留 2~3mm 余量	加工	车	车床			
40	热处理	调质处理 217~255HBW			箱式电阻炉			
50	车	精车各部分,内孔至锥孔塞规刻线外露 6~8mm,其余达到图样要求	加工	车	车床			
60	滚齿	加工齿形,公法线长度留余量 0.3mm	加工	滚齿	滚齿机			
70	倒角	对齿轮进行倒角	加工	滚齿	倒角机			
80	刨	插键槽达到图样要求	加工	刨	插床			

机械加工工艺过程卡片（续）

（单位名称）	机械加工工艺过程卡片	产品型号		零件图号		备注
		产品名称		零件名称	圆柱齿轮	

材料牌号	45	毛坯种类	锻件	毛坯外形尺寸		每毛坯件数		每台件数		备注	

工序号	工序名称	工序内容	车间	工段	设备	工艺装备	工时	
							准终	单件
90	剃齿	剃齿	加工	剃齿	剃齿机			
100	热处理	高频感应淬火，齿面硬度达到50~55HRC			高频感应炉			
110	磨	磨内锥孔，至锥孔塞规小端平	加工	车	内圆磨床			
120	珩齿	珩齿达到图样要求	加工	珩齿	珩齿机			
130	检验	检查各部分尺寸						

					设计(日期)	校对(日期)	审核(日期)	标准化(日期)	会签(日期)
标记	处数	更改文件号	签字	日期					
标记	处数	更改文件号	签字	日期					

思 考 题

1. 简述圆柱齿轮传动的精度要求。
2. 齿轮的热处理方法有哪些？各适合于什么场合？
3. 齿面热处理方法有哪些？如何选择？
4. 在不同生产类型条件下，齿坯加工是怎样进行的？
5. 齿形加工方法有哪些？选择齿形加工方案的依据是什么？
6. 简述滚齿加工原理与工艺特点。
7. 插齿加工时的主要运动有哪些？什么运动可加工出整个齿宽？
8. 简述滚齿和插齿的加工原理、工艺特点及适用场合。
9. 珩齿和磨齿有什么异同点？
10. 简述圆柱齿轮的机械加工工艺过程。
11. 图 5-13 所示为齿轮零件图，材料为 HT200，编制其机械加工工艺规程。

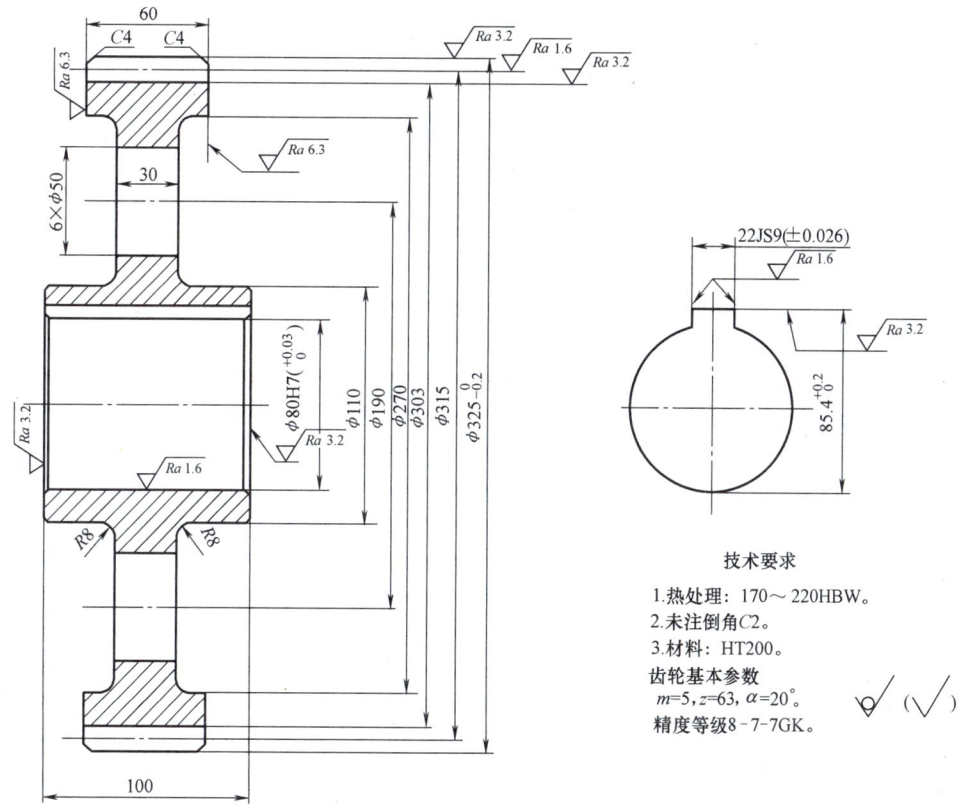

图 5-13　齿轮零件图

12. 图 5-14 所示为齿轮轴零件图，材料为 40Cr，编制其机械加工工艺规程。

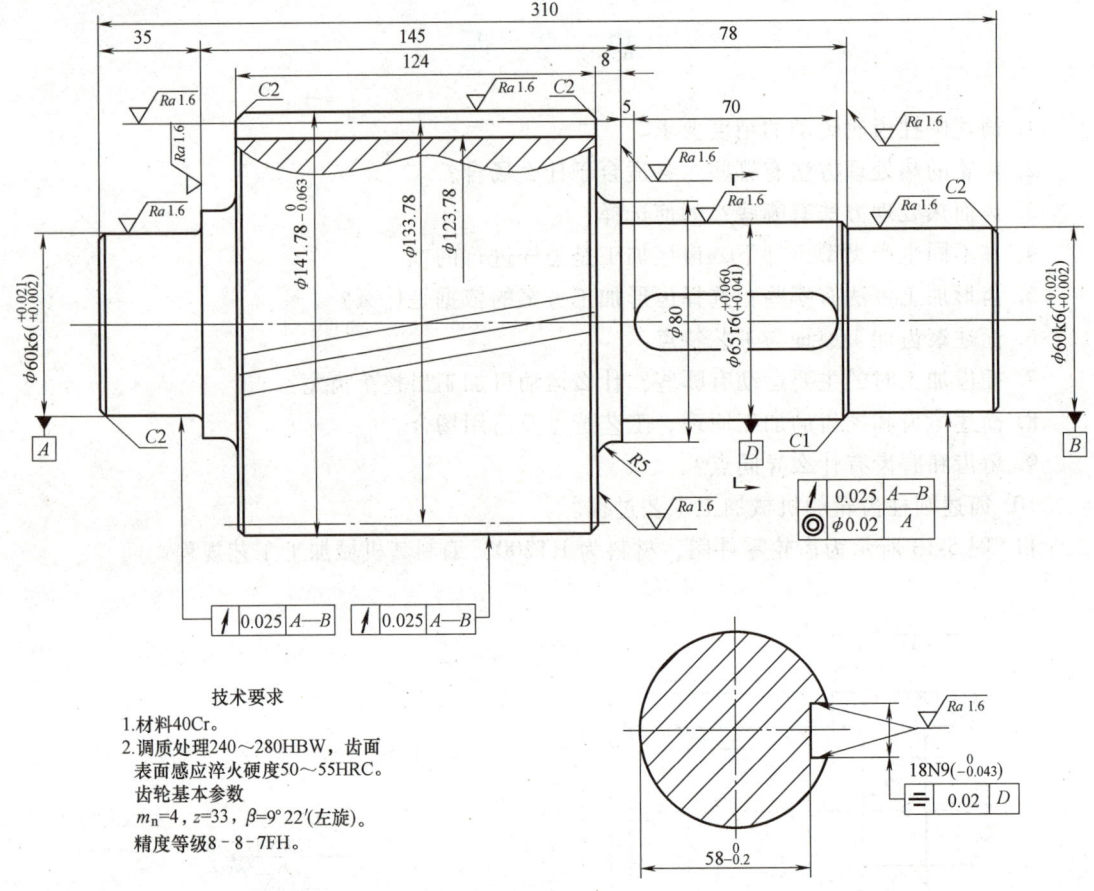

图 5-14 齿轮轴零件图

素养提升

再制造技术

再制造技术，是指对报废的产品进行加工、修复，使修复后的产品使用性能与新产品一致甚至超越原有产品，同时其使用寿命不低于新产品的使用寿命。再制造技术可节省80%~98%的新材料，有助于将某些行业的温室气体排放量减少79%~99%，对节能减排具有极大作用。

在我国，潍柴、广西玉柴、徐工等制造业巨头相继走上了再制造发展道路。实践证明，再制造技术是解决能源危机和环境问题的有效途径之一。习近平总书记在主持召开中央财经委员会第九次会议时强调："要把碳达峰、碳中和纳入生态文明建设整体布局，拿出抓铁有痕的劲头，如期实现2030年前碳达峰、2060年前碳中和的目标。"彰显了我国坚定不移走生态优先、绿色低碳发展道路的决心和信心。扎实做好碳达峰、碳中和工作已成为我国重要任务，自然也将是各行各业的首要发力点。实现"双碳"目标是一场硬仗，作为绿色循环经济的机械零部件再制造行业，更是责无旁贷。

项目六

箱体类零件机械加工工艺的编制

项目描述

图 6-1 所示为某减速器箱体的部件图，材料为 HT200，请编制减速器箱体的机械加工工艺规程。

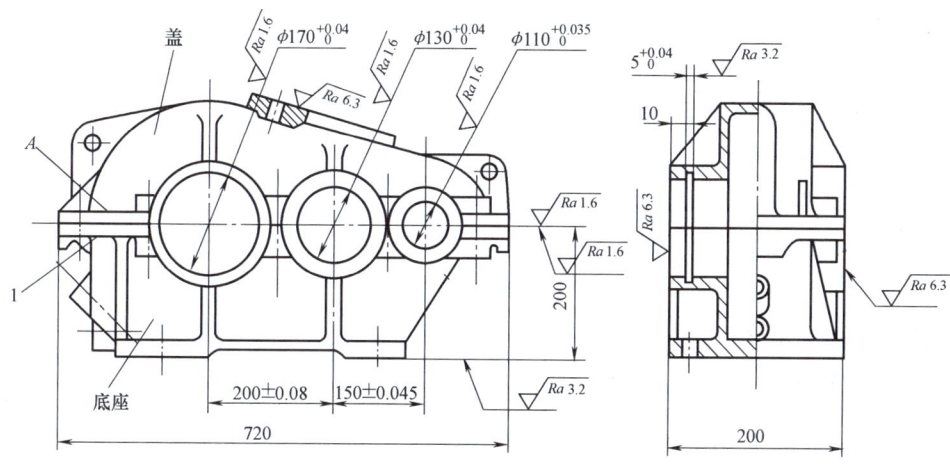

图 6-1 减速器箱体

技能目标

能根据减速器箱体的加工要求，编制机械加工工艺规程。

知识目标

掌握箱体类零件的加工工艺规程的编制；镗床、刨床的工艺范围；镗削加工方法；刨削加工方法；箱体平面的加工方法；箱体孔系的加工方法；箱体的检验。了解箱体类零件的结构与功用；箱体类零件的结构工艺性。

任务一 箱体类零件的功用和结构分析

任务描述

对箱体类零件的结构进行分析。

155

任务分析

分析箱体类零件的结构、加工精度和表面粗糙度要求。

相关知识

1.1 箱体类零件的功用和结构特点

1. 箱体类零件的功用

箱体类零件是机器的基础件之一，它将轴、套、传动轮等零件组装在一起，使各零件保持正确的位置关系，以满足机器或部件的工作性能要求。

2. 箱体类零件的结构特点

箱体类零件结构一般比较复杂，有许多精度较高的支承孔和平面，还有许多精度较低的紧固孔、油孔和油槽等。箱体零件的结构特点如下。

1）结构形状比较复杂，有内腔。
2）体积较大，箱体壁薄且厚薄不均。
3）有许多精度要求很高的孔（孔系）和装配用的基准平面。
4）精度要求较低的紧固用孔。

一般说来，箱体类零件不仅需要加工的部位较多，而且加工的难度也较大。据统计，一般中型机床厂用在箱体类零件的机械加工工时占整个产品的15%~20%。

1.2 箱体类零件的技术要求

（1）**孔径精度** 孔径的尺寸误差和几何形状误差会造成轴承与孔的配合不良。孔径过大，会使配合过松，主轴回转轴线不稳定，并降低支承刚度，易产生振动和噪声；孔径太小，会使配合偏紧，轴承将因外环变形，不能正常运转而缩短寿命。

装轴承的孔不圆，也会使轴承外环变形而引起主轴径向圆跳动。因此，对孔的精度要求是较高的。一般支承孔的公差等级为IT7~IT8，表面粗糙度值为 $Ra0.8~1.6\,\mu m$，圆度公差控制在尺寸公差之内。精密支承孔的公差等级为IT6，表面粗糙度值为 $Ra0.4~0.8\,\mu m$，圆度公差为 $0.005~0.01mm$。

主轴孔的尺寸公差等级为IT6，其余孔的尺寸公差等级为IT7~IT8。孔的几何形状精度未作规定的，一般控制在尺寸公差的1/2范围内即可。

（2）**孔与孔的位置精度** 同一轴线上各孔的同轴度误差和孔端面对轴线的垂直度误差，会使轴和轴承装配到箱体内出现歪斜，从而造成主轴径向圆跳动和轴向圆跳动，也加剧了轴承磨损。孔系之间的平行度误差，会影响齿轮的啮合质量。一般支承孔之间的孔距尺寸公差为 $0.03~0.12mm$，同一轴线孔的同轴度公差为 $0.01~0.04mm$，各平行孔轴线的平行度公差在全长上可取 $0.03~0.08mm$。

（3）**孔和平面的位置精度** 主要孔对主轴箱安装基面的平行度，决定了主轴与床身导轨的相互位置关系。这项要求一般根据具体情况确定。例如车床主轴箱支承孔轴线与底面之间的距离尺寸为未注公差尺寸，但在加工过程中应保证主轴孔与尾架孔等高；而主轴孔轴线与底面的平行度公差为 $0.1mm/600mm$。这项精度是在总装时通过刮研来达到的，为了减少刮

孔的加工方法

研工作量，一般规定在垂直和水平两个方向上，只允许主轴前端向上和向前偏。

（4）主要平面的精度　装配基面的平面度影响主轴箱与床身连接时的接触刚度，加工过程中作为定位基面则会影响主要孔的加工精度。因此规定了底面和导向面必须平直，为了保证箱盖的密封性，防止工作时润滑油泄出，还规定了顶面的平面度要求，当大批量生产将其顶面用作定位基面时，对它的平面度要求还要提高。平面度公差一般为 $0.03\sim0.1mm$，表面粗糙度值为 $Ra0.8\sim3.2\mu m$。

平面是箱体、机座、机床床身和工作台类零件的主要表面。根据其作用不同平面可分为以下几种。

1）非接合平面。这种平面不与任何零件相配合，一般无加工精度要求，只有当表面为了增加耐蚀性和美观时才进行加工，属于低精度平面。

2）接合平面。这种平面多数用于零部件的连接面，如车床的主轴箱、进给箱与床身的连接平面，一般对精度和表面质量的要求均较高。

3）导向平面。如各类机床的导轨面，这种平面的精度和表面质量要求极高。

（5）表面粗糙度　一般主轴孔的表面粗糙度值为 $Ra0.4\mu m$，其他各纵向孔的表面粗糙度值为 $Ra1.6\mu m$；孔的内端面的表面粗糙度值为 $Ra3.2\mu m$，装配基准面和定位基准面的表面粗糙度值为 $Ra0.8\sim3.2\mu m$，其他平面的表面粗糙度值为 $Ra3.2\sim12.5\mu m$。

一般说来，箱体类零件需要加工的部位较多，且加工难度也较大，因此，精度要求较高的孔、孔系和基准平面构成了箱体类零件的主要加工表面。

1.3　箱体类零件的材料、毛坯和热处理

由于灰铸铁有一系列技术上（如耐磨性、铸造性、可加工性以及减振性都比较好）和经济上（材料来源广、成本低）的优点，常作为箱体类零件的材料。根据需要可选用各种牌号的灰铸铁，常用牌号为HT200。选用箱体材料要根据具体条件和需要。例如，坐标镗床主轴箱可选用耐磨铸铁；某些负荷较大的箱体，可采用铸钢件；单件生产或某些简易机床的箱体，为了缩短毛坯制造周期可采用钢材焊接结构。

箱体零件的结构复杂，壁厚也不均匀，因此，在铸造时会产生较大的残余应力。为了消除残余应力，减少加工后的变形和保证精度的稳定，在铸造之后必须安排人工时效处理。人工时效的工艺规范为：加热到 $500\sim550℃$，保温 $4\sim6h$，冷却速度不高于 $30℃/h$，出炉温度不高于 $200℃$。

普通精度的箱体零件，一般在铸造之后安排1次人工时效处理。对一些高精度或形状特别复杂的箱体零件，在粗加工之后还要安排1次人工时效处理，以消除粗加工所造成的残余应力。

有些精度要求不高的箱体零件毛坯，有时不安排时效处理，而是利用粗、精加工工序间的停放和运输时间，使之得到自然时效。

箱体类零件人工时效的方法，除了加热保温法外，也可采用振动时效来达到消除残余应力的目的。

任务实施

由学生完成。

评价

教师点评。

任务二　箱体类零件机械加工工艺过程及工艺分析

任务描述

对箱体类零件进行机械加工工艺过程及工艺分析。

任务分析

分析箱体类零件的加工工艺，确定热处理方法、定位基准和箱体孔的加工方法。

相关知识

2.1　箱体类零件机械加工工艺过程

箱体类零件的工艺过程为：铸造毛坯→退火→划线→粗加工主要平面→粗加工支承孔→时效→划线→精加工主要平面→精加工支承孔→加工其他次要表面→检验。

2.2　箱体类零件机械加工工艺过程分析

1. 定位基准的选择

（1）粗基准的选择　粗基准的作用主要是确定不加工面与加工面之间的位置关系以及保证加工面的余量均匀。

箱体类零件上一般有一个（或几个）主要的大孔，为了保证孔的加工余量均匀，应以该毛坯孔为粗基准（如主轴箱上的主轴孔）。箱体零件上的不加工面主要考虑内腔表面，它和加工面之间的距离尺寸有一定的要求，因为箱体中往往装有齿轮等传动件，它们与不加工的内壁之间的间隙较小，如果加工出的轴承孔端面与箱体内壁之间的距离尺寸相差太大，就有可能使齿轮安装时与箱体内壁相碰。从这一要求出发，应选内壁为粗基准。但这将使夹具结构复杂，甚至不能实现。考虑到铸造时内壁与主要孔都是同一个型芯浇注的，因此实际生产中常以孔为主要粗基准，限制四个自由度，而辅之以内腔或其他毛坯孔为次要基准面，以达到完全定位的目的。

（2）精基准的选择　分离式箱体的对合面与底面（装配基面）有一定的尺寸精度和相互位置精度要求；轴承孔轴线应在对合面上，与底面也有一定的尺寸精度和相互位置精度要求。为了保证以上几项要求，加工底座的对合面时，应以底面为精基准，使对合面加工时的定位基准与设计基准重合；箱体合装后加工轴承孔时，仍以底面为主要定位基准，并与底面上的两定位孔组成典型的"一面两孔"定位方式。这样，轴承孔的加工，其定位基准既符合"基准统一"原则，也符合"基准重合"原则，有利于保证轴承孔轴线与对合面的重合度及与装配基面的尺寸精度和平行度。

2. 加工顺序的安排和设备的选择

（1）**先面后孔原则** 箱体类零件的加工顺序均为先加工面，以加工好的平面定位，再加工孔。

因为主要平面是箱体类零件装配时的基准，先加工主要平面后加工支承孔，使定位基准与设计基准和装配基准重合，从而消除因基准不重合而引起的误差。另外，先以孔为粗基准加工平面，再以平面为精基准加工孔，这样，可为孔的加工提供稳定可靠的定位基准，并且加工平面时切去了铸件的硬皮和凹凸不平，对后续孔的加工有利，可减少钻头引偏和崩刃现象，对刀调整也比较方便。

（2）**粗精分开、先粗后精原则** 粗、精加工分开的原则：对于刚度差、批量较大、要求精度较高的箱体类零件，一般要粗、精加工分开进行，即在主要平面和各支承孔的粗加工之后再进行主要平面和各支承孔的精加工。这样，可以消除由粗加工所造成的内应力、切削力、切削热、夹紧力对加工精度的影响，并且有利于合理地选用设备等。

粗、精加工分开进行，会使机床、夹具的数量及工件安装次数增加，而使成本提高，所以对单件或小批生产、精度要求不高的箱体类零件，常常将粗、精加工合并在一道工序进行，但必须采取相应措施，以减少加工过程中的变形。例如粗加工后松开工件，让工件充分冷却，然后用较小的夹紧力，以较小的切削用量，多次走刀进行精加工。

（3）**合理安排时效处理** 为了消除铸造后铸件中的内应力，在毛坯铸造后安排一次人工时效处理，有时甚至在半精加工之后还要安排一次时效处理，以便消除残留的铸造内应力和切削加工时产生的内应力。对于特别精密的箱体，在机械加工过程中还应安排较长时间的自然时效（如坐标镗床主轴箱箱体）。箱体人工时效的方法，除加热保温外，也可采用振动时效。

（4）**所用设备依批量不同而异** 单件小批量生产一般都在通用机床上进行，除个别必须用专用夹具才能保证质量的工序（如孔系加工）外，一般不用专用夹具，而大批量箱体的加工则广泛采用专用机床，如多轴龙门铣床、组合磨床等，各主要孔的加工采用多工位组合机床、专用镗床等，专用夹具用得也很多，这就大大地提高了生产率。

任务实施

由学生完成。

评价

教师点评。

任务三 孔系加工方法的选择

任务描述

选择箱体类零件上同轴孔、平行孔及其端面的加工方法。

任务分析

箱体类零件上既有同轴孔又有平行孔，确定其加工方法。

相关知识

3.1 箱体类零件上孔的分类

1. 基本孔

箱体类零件上的基本孔可分为通孔、阶梯孔、不通孔、交叉孔等几类。最常见的是通孔，在通孔内又以长径比 L/D 为 1~1.5 的短圆柱孔工艺性为最好（箱体孔壁上多为这种孔）。阶梯孔的工艺性与"孔径比"有关，孔径相差越小，则工艺性越好，孔径相差越大，且其中最小孔径又很小，则工艺性很差。相贯通的交叉孔的工艺性也较差，如图 6-2a 所示。不通孔的工艺性最差，如图 6-2b 所示。

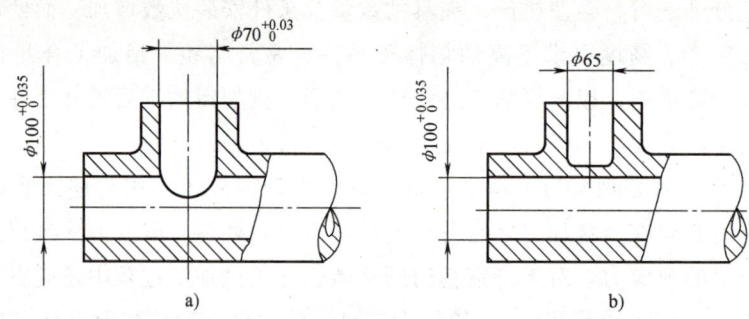

图 6-2 孔的工艺性

a）相贯通的交叉孔　b）不通孔

2. 孔系

箱体类零件上一系列有相互位置要求的孔称为孔系。

孔系可分为平行孔系、同轴孔系和交叉孔系，如图 6-3 所示。

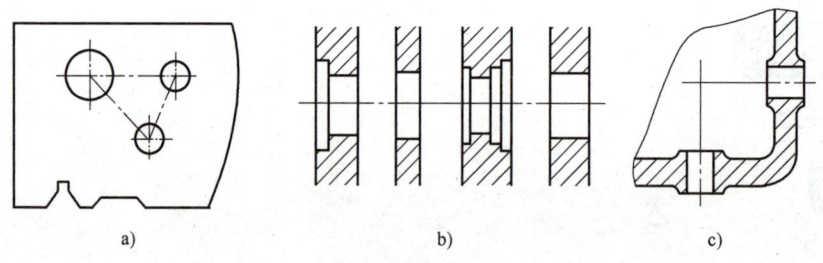

图 6-3 孔系分类

a）平行孔系　b）同轴孔系　c）交叉孔系

3.2 孔系的加工

1. 平行孔系的加工

（1）找正法　找正法是工人在通用机床利用辅助工具找正要加工孔的正确位置的加工

方法。这种方法加工效率低,一般只适用于单件小批生产。

1)划线法加工。先在已加工过的工件表面上精确地划出各孔加工线,并用中心冲在各孔的中心处冲出中心孔,然后在车床、钻床或镗床上按照划线逐个找正和加工,如图 6-4 所示。

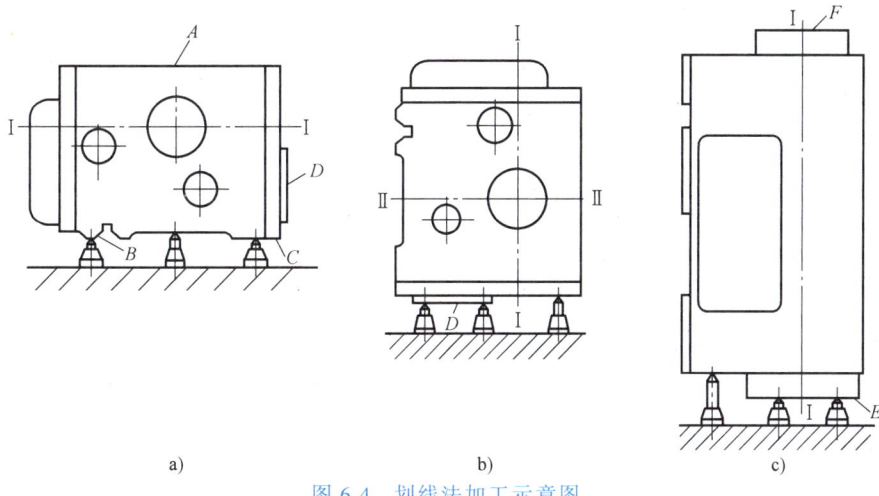

图 6-4 划线法加工示意图

2)心轴和量规找正法加工。在普通镗床等通用机床上,可以借助一些辅助装置,如心轴和量规等,来找正每个被加工孔的正确位置,如图 6-5 所示。

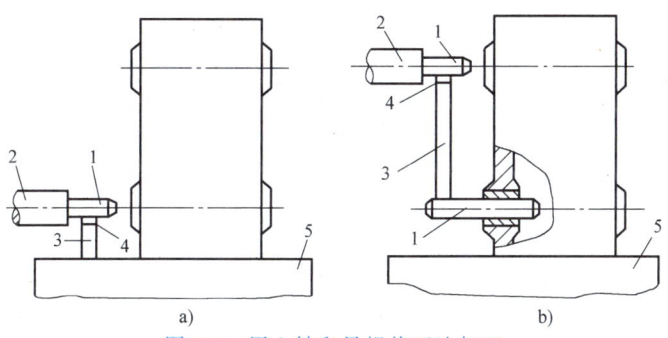

图 6-5 用心轴和量规找正法加工
a)仅使用心轴 b)心轴和量规结合
1—心轴 2—镗床主轴 3—量块 4—量规 5—镗床工作台

3)样板找正加工。如图 6-6 所示,用 10~20mm 厚的钢板制成样板 1,装在垂直于各孔的端面上(或固定于机床工作台上),样板上的孔距精度较箱体孔系的孔距精度高,样板上的孔径较工件的孔径大。

(2)镗模法 镗杆与机床主轴多采用浮动连接,机床精度对孔系加工精度影响较小,孔距精度主要取决于镗模,因而可以在精度较低的机床上加工出精度较高的孔系。同时,镗杆刚度大大地提高,有利于采用多刀同时切削;

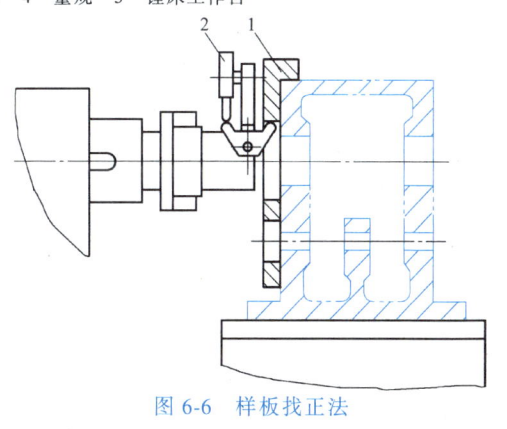

图 6-6 样板找正法
1—样板 2—千分表

定位夹紧迅速，不需找正，生产率高。因此不仅在中批生产中普遍采用镗模技术加工孔系，就是在小批生产中，对一些结构复杂、加工量大的箱体孔系，采用镗模加工也是合算的。

另外，由于镗模自身的制造误差和导套与镗杆的配合间隙对孔系加工精度有一定影响，所以，该方法不可能达到很高的加工精度。一般孔径尺寸公差等级为IT7左右，表面粗糙度值为$Ra0.8~1.6\mu m$；孔与孔的同轴度和平行度，如果从一头开始加工，可达0.02~0.03mm，如果从两头加工，可达0.04~0.05mm；孔距精度一般为±0.05mm左右。对于大型箱体零件来说，由于镗模的体积庞大且过于笨重，给制造和使用带来了困难，故很少采用。

用镗模加工孔系，既可以在通用机床上加工，也可以在专用机床或组合机床上加工，如图6-7所示。

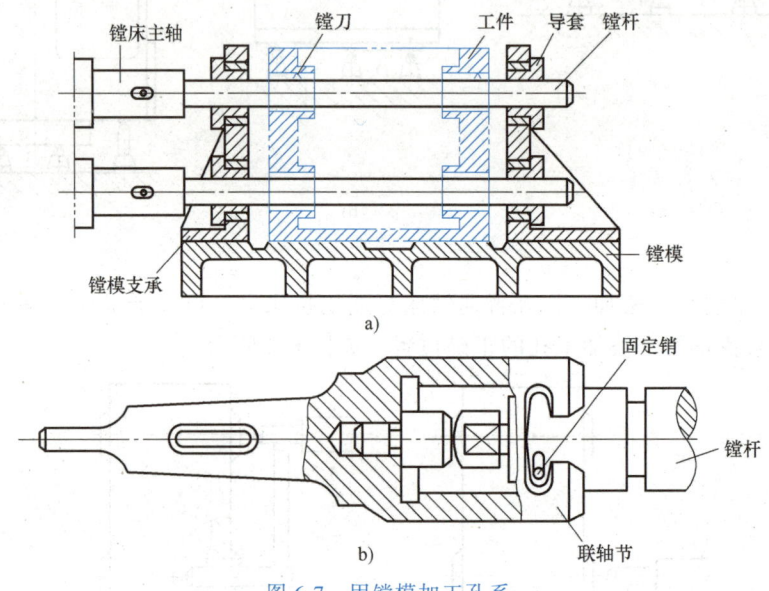

图6-7 用镗模加工孔系

a）安装示意图 b）镗杆浮动连接头

（3）坐标法 坐标法镗孔是在普通卧式镗床、坐标镗床或数控镗铣床等设备上，借助于精密测量装置，调整机床主轴与工件间在水平和垂直方向的相对位置，来保证孔中心距精度的一种镗孔方法。

采用坐标法加工孔系，需将加工孔系的孔中心距尺寸换算成两个互相垂直的坐标尺寸，然后按此坐标尺寸，精确地调整机床主轴与工件的相对位置，通过坐标镗削或坐标磨削来保证各孔之间的相互位置精度。坐标法镗孔的孔中心距精度取决于坐标的移动精度，也就是取决于机床坐标测量装置的精度。

采用坐标法加工孔系时，要特别注意选择基准孔和镗孔顺序，否则，坐标尺寸累积误差会影响孔中心距精度。基准孔应尽量选择本身尺寸精度高、表面粗糙度值小的孔（一般为主轴孔），这样在加工过程中，便于校验其坐标尺寸。孔中心距精度要求较高的两孔应连在一起加工；加工时，应尽量使工作台朝同一方向移动，因为工作台多次往复，其间隙会产生误差，影响坐标精度。

现在国内外许多机床厂，已经直接用坐标镗床或加工中心机床来加工一般机床箱体。这样可以加快生产周期，适应机械行业多品种小批量生产的需要。

2. 同轴孔系的加工

成批生产中，箱体同轴孔系的同轴度几乎都由镗模保证。在中批以上生产中，一般采用镗模加工同轴孔系，其同轴度由镗模保证；当采用精密刚度主轴组合机床从两头同时加工同轴线的各孔时，其同轴度则由机床保证，可达 0.01mm。

大批量生产中，可采用组合机床从箱体两边同时加工，孔系的同轴度由机床两端主轴间的同轴精度保证。

单件小批生产中，其同轴度可用下面几种方法来保证。

1）利用已加工孔作为支承导向。这种方法只适于加工箱壁较近的孔系，如图 6-8 所示。

2）利用铣镗床后立柱上的导向套支承导向。镗杆由两端支承，刚度好。但此法调整麻烦，镗杆很长，故只适于大型箱体加工。

3）采用调头镗。当箱体孔壁相距较远时，可采用调头镗，工件在一次装夹下，镗好一面孔后，将镗床工作台回转 180°，调整工作台位置，使已加工孔与镗床主轴同轴，然后加工另一面上的孔。

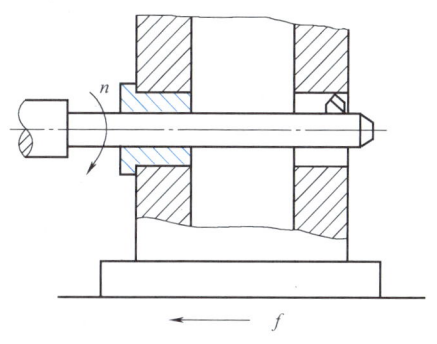

图 6-8 利用已加工孔导向

3. 交叉孔系的加工

交叉孔系的主要技术条件为控制各孔的垂直度。在普通镗床上主要靠机床工作台上的 90°对准装置。90°对准装置是挡铁装置，结构简单，对准精度低。目前国内有些铣镗床如 TM617，采用了端面齿定位装置，90°定位精度达 5″。每次对准，需要凭经验保证挡块接触松紧程度一致，否则不能保证对准精度。所以，有时采用光学瞄准装置。

4. 孔系加工的自动化

由于箱体孔系的精度要求高，加工量大，实现加工自动化对提高产品质量和劳动生产率都有重要意义。随着生产批量的不同，实现自动化的途径也不同。大批生产箱体，广泛使用组合机床和自动线加工，不但生产率高，而且利于降低成本和稳定产品质量。单件小批生产箱体，大多数采用万能机床，产品的加工质量主要取决于机床操作者的技术熟练程度。但加工具有较多加工表面的复杂箱体时，如果仍用万能机床加工，则工序分散，占用设备多，要求有技术熟练的操作者，生产周期长，生产率低，成本高。为了解决这个问题，可以采用适于单件小批生产的自动化多工序数控机床。这样，可用最少的加工装夹次数，由机床的数控系统自动地更换刀具，连续地对工件的各个加工表面自动地完成铣、钻、扩、镗（铰）及攻螺纹等工序。所以对于单件小批、多品种的箱体孔系加工，这是一种较为理想的设备。

3.3 箱体类零件上的平面加工

箱体类零件上平面的粗加工和半精加工，主要采用刨削、铣削和磨削。铣削的生产率一般比刨削高，在成批和大量生产中，多采用铣削。当生产批量较大时，还可以采用各种专用的组合铣床对箱体各平面进行多刀、多面的同时铣削。对于尺寸较大的箱体，也可以在龙门铣床上进行组合铣削，以便提高箱体平面加工的生产率。箱体平面的精加工，在单件小批生产时，除一些高精度的箱体仍需手工刮研以外，一般以精刨代刮。

刨削加工具有以下特点：

1) 刨削过程是一个断续的切削过程，返回行程一般不进行切削，刨刀又属于单刃刀具，因此生产率比较低，但很适宜刨削狭长平面。

2) 刨刀结构简单，制造、刃磨和工件安装比较简便，刨床的调整也比较方便，刨削特别适合于单件小批生产的场合。

3) 刨削属于粗加工和半精加工的范畴，尺寸公差等级可以达到 IT7~IT10、表面粗糙度值为 $Ra0.4$~$12.5\ \mu m$。

4) 刨床无抬刀装置时，在返回行程，刨刀后刀面与工件已加工表面发生摩擦，影响工件的表面质量，也会使刀具磨损加剧。

5) 刨削加工切削速度低，并且有一次空行程，产生的切削热少，散热条件好。

刨削加工可以用于加工多种表面，如图 6-9 所示。

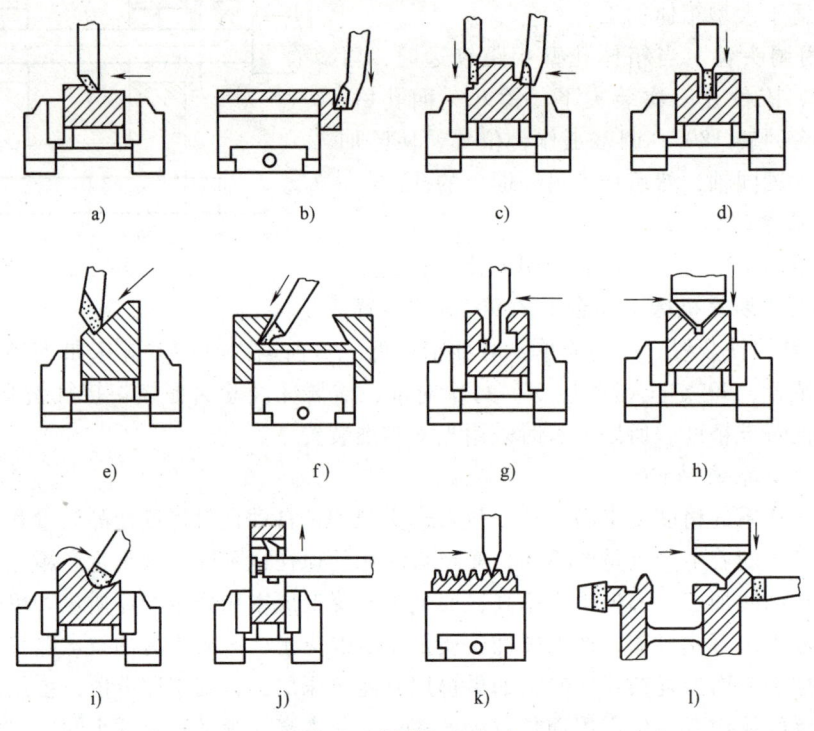

图 6-9 刨削加工方法

a) 刨平面　b) 刨垂直面　c) 刨台阶面　d) 刨直角沟槽　e) 刨斜面　f) 刨燕尾槽
g) 刨 T 形槽　h) 刨 V 形槽　i) 刨曲面　j) 刨孔内键槽　k) 刨齿条　l) 刨复合表面

当生产批量大而精度要求又高时，多采用磨削。为了提高生产率和平面间的相互位置精度，还可采用专用磨床进行组合磨削。

对于孔的端面，还可以在镗床上进行加工，如图 6-10 所示。

3.4　箱体类零件的检验

1) 表面粗糙度。通常用目测或样板比较法来检验，只有当表面粗糙度值很小时，才考虑使用光学量仪或用表面粗糙度仪。

2) 孔的尺寸精度。一般用塞规检验；单件小批生产时可用内径千分尺或内径千分表检

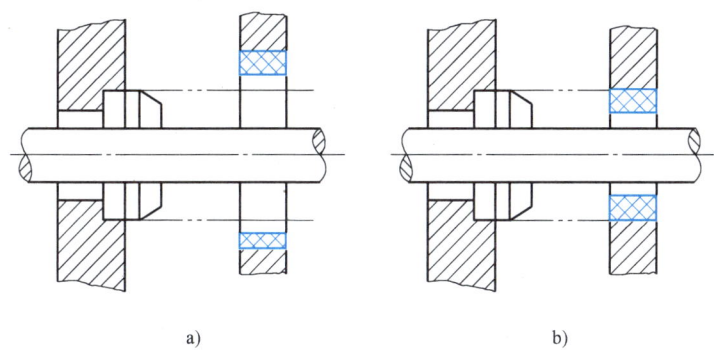

a)　　　　　　　　　b)

图 6-10　镗床上加工箱体孔的端面示意图

验；若精度要求很高可用气动量仪检验。

3）平面的直线度。可用平尺和塞规或水平仪与桥板检验。

4）平面的平面度。可用自准直仪或水平仪与桥板检验，也可用涂色检验。

5）同轴度检验。一般工厂常用检验棒检验同轴度。

6）孔中心距和孔轴线平行度检验。根据孔中心距精度的高低，可分别使用游标卡尺或千分尺，也可用块规测量。

三坐标测量机可同时对零件的尺寸、形状和位置等进行高精度的测量。

任务实施

由学生完成。

评价

教师点评。

任务四　箱体加工机床的选择

任务描述

加工箱体类零件上的孔和平面，选择合适的机床。

任务分析

箱体类零件中需要加工孔和平面，根据孔和平面的加工精度要求，选择加工机床。

相关知识

4.1　刨床

刨床是用刨刀对工件的平面、沟槽或成形表面进行刨削的直线运动机床。刨床是使刀具和工件之间产生相对的直线往复运动来达到刨削工件表面的目的。往复运动是刨床上的主运动。机床除了有主运动以外，还有辅助运动，也称为进刀运动，刨床的进刀运动是工作台（或刨刀）的间歇移动。使用刨床加工，刀具较简单，但生产率较低（加工长而窄的平面除外），因而主要用于单件小批量生产及机修车间，在大批量生产中往往采用铣床。

在刨床上可以刨削水平面、垂直面、斜面、曲面、台阶面、燕尾形工件、T形槽、V形槽，也可以刨削孔、齿轮和齿条等。如果对刨床进行适当的改装，那么刨床的适应范围还可以扩大。

滑枕带着刨刀做直线往复运动，因滑枕前端的刀架形似牛头，故又称为牛头刨床，如图6-11 所示。中小型牛头刨床的主运动，大多采用曲柄摇杆机构传动，故滑枕的移动速度是不均匀的。大型牛头刨床多采用液压传动，滑枕基本上是匀速运动，滑枕的返回行程速度大于工作行程速度。由于采用单刃刨刀加工，且在滑枕回程时不切削，牛头刨床的生产率较低。机床的主参数是最大刨削长度，刀架可在垂直面内回转一个角度，并可手动进给，工作台带着工件做间歇的横向或垂直进给运动。

工件由平口钳夹紧并安装在工作台上，工作台 1 可随横梁 8 上下升降，沿横梁 8 的导轨做横向进给。刀架 2 随滑枕 3 做往复运动，可手动垂直进给，也可绕水平轴摆动来调整刀位，滑枕 3 可沿床身 4 上的导轨做往复运动，变速手柄 5 可根据加工工件的需要来调整主运动速度，即滑枕的运动速度，滑枕行程调节手柄 6 可根据工件的长度来调整滑枕往复运动的行程。

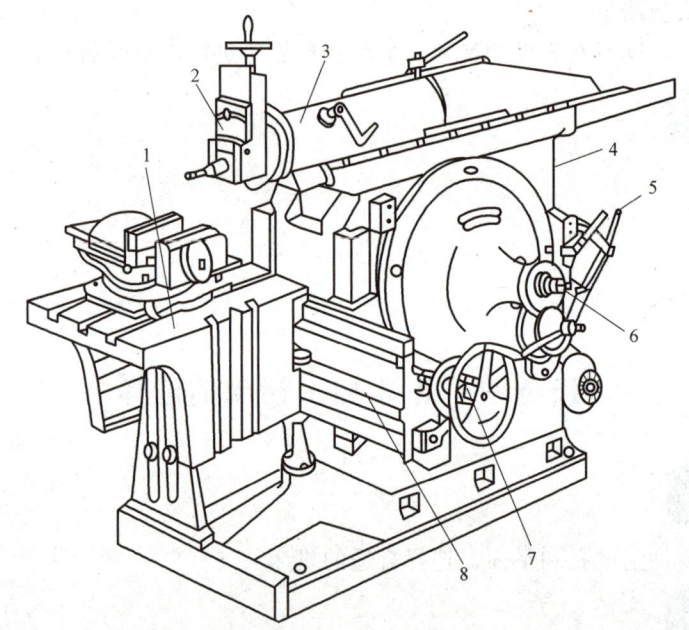

牛头刨床
加工平面

图 6-11　牛头刨床

1—工作台　2—刀架　3—滑枕　4—床身　5—变速手柄
6—滑枕行程调节手柄　7—工作台前后移动手柄　8—横梁

4.2　龙门刨床

龙门刨床是用来刨削大型工件的刨床，有些龙门刨床能够加工长度为几米甚至几十米以上的工件。对于中、小型工件，它可以在工作台上一次装夹多个工件，还可以用几把刨刀同时刨削，生产率比较高。龙门刨床是利用工作台的直线往复运动和刨刀的间歇移动来进行刨削加工的。按结构形式的不同，龙门刨床又分为单臂龙门刨床和双臂龙门刨床两种。图 6-12 所示为一种典型的双臂龙门刨床。

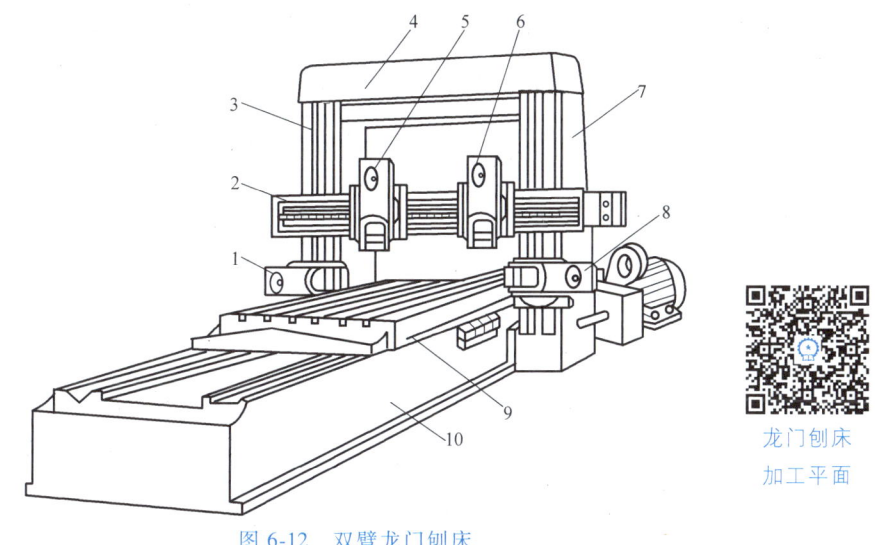

图 6-12　双臂龙门刨床

1、8—侧刀架　2—横梁　3、7—立柱　4—顶梁　5、6—立刀架　9—工作台　10—床身

龙门刨床主要加工大型工件或同时加工多个工件。与牛头刨床相比，从结构上看，其形体大，结构复杂，刚度好；从机床运动上看，龙门刨床的主运动是工作台的直线往复运动，而进给运动则是刨刀的横向或垂直间歇运动，这刚好与牛头刨床的运动相反。龙门刨床由直流电动机带动，并可进行无级调速，运动平稳。龙门刨床的所有刀架在水平和垂直方向都可平动。龙门刨床主要用来加工大平面，尤其是长而窄的平面。

龙门刨床的主参数是最大刨削宽度。龙门刨床横梁上的刀架，可在横梁导轨上做横向进给运动，以刨削工件的水平面。立柱上的侧刀架，可沿立柱导轨做垂直进给运动，以刨削垂直面。刀架也可偏转一定角度以刨削斜面。横梁可沿立柱导轨上下升降，以调整刀具和工件的相对位置，龙门刨床上的工件一般用压板螺栓压紧。

4.3　镗床

卧式镗床的结构外形如图 6-13 所示。它由床身 8、主轴箱 1、前立柱 2、后立柱 10、下滑座 7、上滑座 6 和工作台 5 等部件组成。主轴箱 1 可沿前立柱 2 的导轨上下移动。在主轴箱中装有主轴部件、主运动和进给运动变速机构以及操纵机构。

根据加工情况不同，刀具可以装在镗杆 3 上或平旋盘 4 上。加工时，镗杆 3 旋转完成主运动，并可沿轴向移动完成进给运动；平旋盘 4 只能做旋转主运动。装在后立柱 10 上的后支架 9，用于支承悬伸长度较大的镗杆的悬伸端，以增加刚度。后支架可沿后立柱上的导轨与主轴箱同步升降，以保持其上的支承孔与镗杆在同一轴线上。后立柱可沿床身 8 的导轨左右移动，以适应镗杆不同长度的需要。工件安装在工作台 5 上，可与工作台一起随下滑座 7 或上滑座 6 做纵向或横向移动。工作台还可绕上滑座的圆导轨在水平平面内转位，以便加工

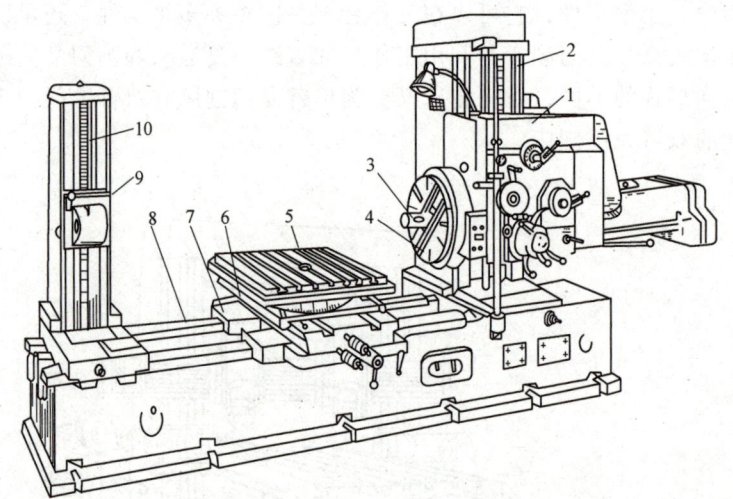

卧式镗床

图 6-13 卧式镗床

1—主轴箱　2—前立柱　3—镗杆　4—平旋盘　5—工作台
6—上滑座　7—下滑座　8—床身　9—后支架　10—后立柱

互相成一定角度的平面或孔。

卧式镗床的加工范围如图 6-14 所示。

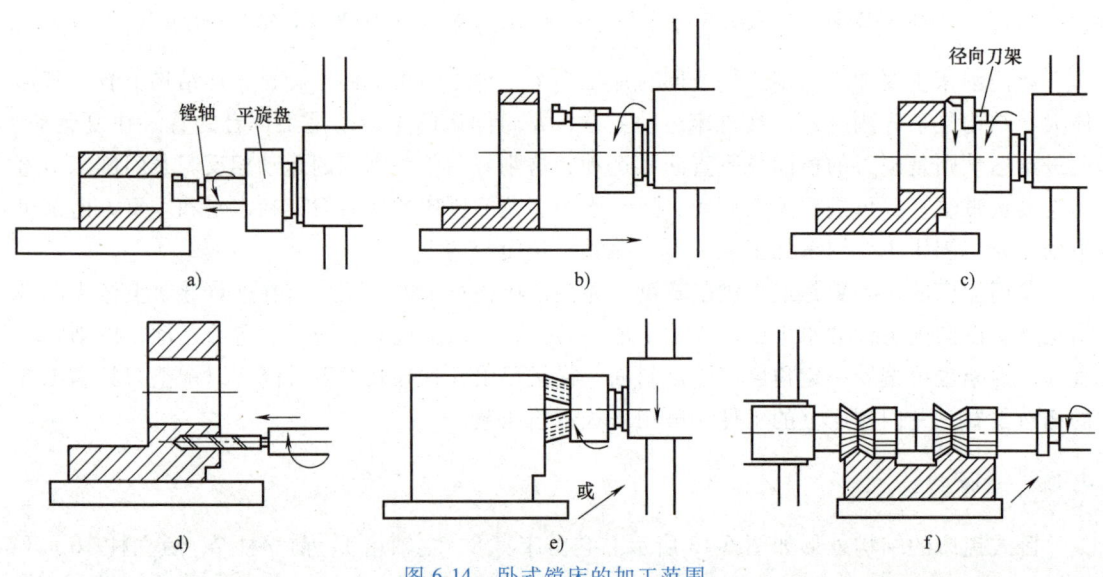

图 6-14 卧式镗床的加工范围

a) 镗轴镗孔　b) 平旋盘镗孔　c) 平旋盘铣平面　d) 钻孔　e) 铣平面　f) 铣成形面

任务实施

由学生完成。

评价

教师点评。

任务五　减速器箱体机械加工工艺的编制

任务实施

根据零件图的要求，编制减速器箱体机械加工工艺过程卡片，见表6-1。

思　考　题

1. 常用箱体类零件的材料有哪些？采用何种热处理方式？
2. 箱体类零件的加工顺序是如何安排的？
3. 平行孔系加工过程中，如何保证孔系之间的平行度？
4. 刨床的种类有哪些？简述刨床的加工范围。
5. 简述镗床的加工范围。
6. 图6-15所示为车床主轴箱的零件图，材料为HT200，编制其机械加工工艺。

素养提升

大国工匠——胡双钱

"好工人"胡双钱出身于工人家庭，作为中国商飞上海飞机制造有限公司高级技师、数控机加车间钳工组组长，他先后高精度、高效率地完成了ARJ21新支线飞机首批交付飞机起落架钛合金作动筒接头特制件、C919大型客机首架机壁板长桁对接接头特制件等加工任务。核准、划线、切断，拿起气动钻头依线点打孔，握着锉刀将零件的锐边倒圆、去毛刺、打光……这样的动作，他整整重复了30年。这位"航空手艺人"用一丝不苟的工作态度和精益求精的工作作风，创造了"35年没出过一个次品"的奇迹。

胡双钱说，"工匠精神是一种努力将99%提高到99.99%的极致，每个零件都关系着乘客的生命安全，确保质量，是我最大的职责"。

表 6-1 减速器箱体机械加工工艺过程卡片

(单位名称)		机械加工工艺过程卡片		产品型号	减速器		零件图号			共 2 页	第 1 页
				产品名称			零件名称	箱体			
材料牌号	HT200	毛坯种类	锻件	毛坯外形尺寸		每毛坯件数	1	每台件数	1	备注	
工序号	工序名称	工序内容			车间	工段	设备	工艺装备		工时	
										准终	单件
10	铸	按照图样要求，考虑箱体的加工余量，将毛坯铸成			铸造						
20	热处理	对铸造毛坯进行人工时效处理（去应力退火）			热处理		箱式电阻炉				
30	油漆	将箱体的内外表面涂上底漆			油漆						
40	钳	划线：考虑箱体孔的加工余量，并尽量均匀，划上、下箱体结合面和下箱体底面的加工线和找正线			装配			划线平台			
50	铣	按线找正，粗、精铣上、下箱体结合面和下箱体底面			加工	铣	龙门铣床				
60	钳	划线钻上、下箱结合面的孔，将上、下箱体用螺栓装配成一体，划三对孔的找正线及各次要孔和螺孔的加工线			装配		Z3040				
70	镗	按线找正，粗、精镗三对孔，精镗三对孔对孔的端面及孔			加工	镗	T619				
80	钳	加工各面上的次要孔和螺孔，清洗、去毛刺			装配						
90	检验	按照图样要求，检查各部尺寸									
						设计（日期）	校对（日期）	审核（日期）	标准化（日期）	会签（日期）	
标记	处数	更改文件号	签字	日期	标记	处数	更改文件号	签字	日期		

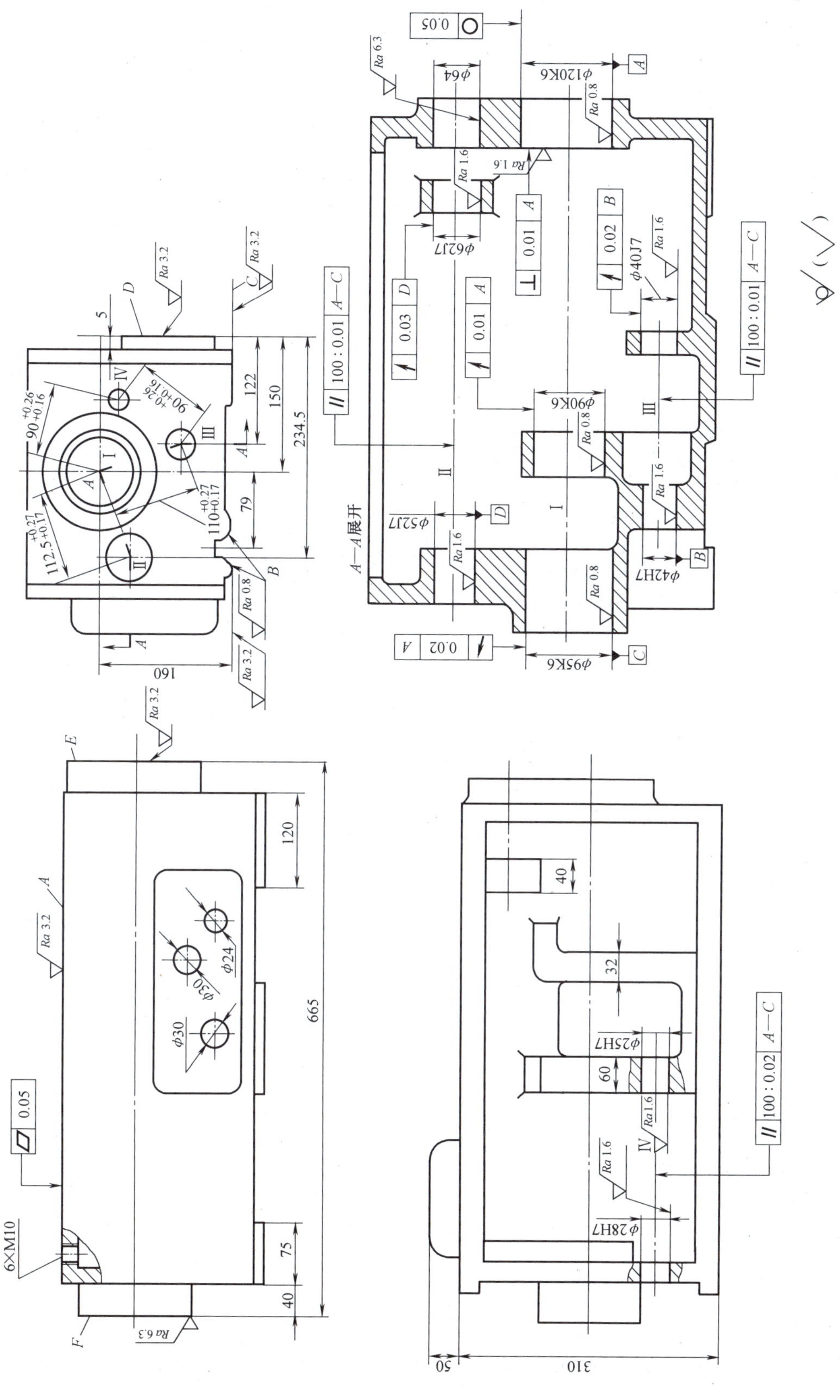
A—A展开
φ120K6
φ64
φ62J7
φ90K6
φ52J7
φ95K6
φ42H7
φ40J7
φ25H7
φ28H7
φ30
φ24
100:0.01 A—C
100:0.02 A—C
0.05
0.02 A
0.01 A
0.03 D
0.02 B
665
310
160
234.5
150
122
120
79
75
60
50
40
32
5
6×M10
Ra 0.8
Ra 1.6
Ra 3.2
Ra 6.3

图 6-15　车床主轴箱

项目七

机械产品装配工艺的编制

项目描述

分析图 7-1 所示减速器的结构,确定装配工艺过程。

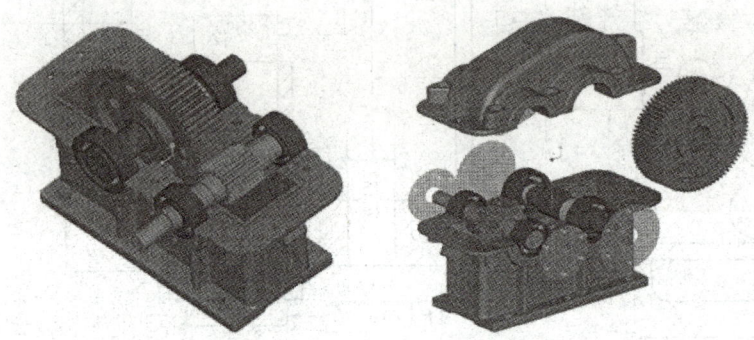

图 7-1 减速器结构图

技能目标

能根据减速器装配图的技术要求,确定减速器的装配工艺过程。

知识目标

掌握装配尺寸链的解法、保证装配精度的基本方法、减速器装配工艺规程的编制方法;理解减速器产品结构工艺性。

任务一 产品结构装配工艺性的分析

任务描述

观察减速器内部结构,熟悉其主要零部件,分析其装配关系。

相关知识

1.1 产品结构的装配工艺性

1. 零部件一般装配工艺性要求

1)产品应划分成若干单独部件或装配单元,在装配时应避免有关组成部分的中间拆卸和再装配。

2）装配件应有合理的装配基面，以保证它们之间的正确位置。

3）避免装配时的切削加工和手工修配；应尽量避免装配时采用复杂工艺装备。

4）便于装配、拆卸和调整；各组成部分的连接方法应尽量保证能用最少的工具快速装拆。

5）注意工作特点、工艺特点、考虑结构合理性；质量大于20kg的装配单元或其组成部分的结构中，应具有吊装的结构要素。

6）各种连接结构形式应便于装配工作的机械化和自动化。

2. 零部件自动装配工艺性要求

1）尽量减少零件的数量，有助于减少装配线的设备。因为减少一个零件，就会减少自动装配过程中的一个完整工作站，包括送料器、工作头、传送装置等。

2）应便于识别、能互换、易抓取、易定向、有良好的装配基准、能以正确的空间位置就位，易于定位。

3）产品要有一个合适的基础零件作为装配依托，基础零件要有一些在水平面上易于定位的特征。

4）尽量将产品设计成叠层形式，每一个零件从上方装配；要保证定位，避免机器转体期间在水平力的作用下偏移；还应避免采用昂贵费时的固定操作。

1.2 装配的基本要求

1）产品应按图样和装配工艺规程进行装配。装到产品上的零件（包括外购件、标准件等）均应符合质量要求。过盈配合和单配的零件，在装配前，对有关尺寸应严格进行复检，并做好配对标记，不应放入图样未规定的垫片和套等。

2）装配环境应清洁。通常，装配区域内不宜安装切削加工设备。对不可避免的配钻、配铰、刮削等装配工序间的加工，要及时清理切屑，保持场地清洁。

3）零部件应清理干净（去净毛刺、污垢、锈蚀等）。装配过程中，加工件不应磕、碰、划伤和锈蚀，配合面和外露表面不应有修锉和打磨等痕迹。

4）装配后的螺栓、螺钉头部和螺母端面，应与被紧固的零件平面均匀接触，不应倾斜和留有间隙。装配在同一部位的螺钉，其长度一般应一致。紧固的螺钉、螺栓和螺母不应有松动；影响精度的螺钉，紧固力应一致。

5）螺母紧固后，各种止动垫圈应达到制动要求。根据结构需要，可采用在螺纹部分涂低强度的防松胶代替止动垫圈。

6）移动、转动部件在装配后，运动应平稳、灵活、轻便，无阻滞现象。变位机构应保证准确可靠地定位。

7）高速旋转的零部件应做平衡试验。

8）按装配要求选择合适的工艺和装备。对特殊产品要考虑特殊措施。例如，在装配精密仪器、轴承、机床时，装配区域除了要严格避免金属切屑及灰尘干扰外，按装配环境要求，需要考虑空调、恒温、恒湿、防尘、隔振等措施。对有很高就位精度要求的重大关键机件，需要具备超慢速的起吊设备。

9）液压系统、气动系统、电气系统的装配应符合国家专项标准规定。

1.3 装配的基本内容

装配是整个机械产品制造过程的最后一个阶段。装配阶段的主要工作有清洗、平衡、刮削、各种方式的连接、校正、检验、调整、试验、涂装、包装等。

1. 清洗

（1）清洁度　清洗质量的主要评价指标是产品的清洁度。划分清洁度等级的依据是零件经清洗后在其表面残留污垢量的大小，详见表7-1。

表7-1　工件表面清洁度等级

级别	0	1	2	3	4	5	6	7	8	9	10
残留污垢量/(mg/cm^2)	≥5	2.5	1.6	1.25	1.00	0.75	0.55	0.40	0.25	0.10	0.01

（2）清洗液　清洗时，应正确选择清洗液。金属清洗液，大多数按四种基本组分来配置，这四种基本组分中助剂（Builder）用B表示；含表面活性剂的乳化剂（Emulsion）用E表示；溶剂（Solvent）用S表示；水（Water）用W表示。按上述四种基本组分的不同配置，常用清洗液分类，成分和性能见表7-2。

表7-2　清洗液的分类、成分和性能

分类	代号	成　　分	性　　能
单组分	W	纯净水	对电解液，无机盐和有机盐有很好的溶解力。如灰尘、铁锈、抛光膏和研磨膏的残留物、淬火后的溶盐残留液。但不能去除有机物污垢
单组分	S	石油类：汽油、柴油、煤油 有机类：二甲醇、丙醇 氯化物：三氯乙烯、CFC-113	常温下对各种油脂、石蜡等有机污物具有很强的清洗作用，缺点为安全性能差、防火防爆要求高，易污染及危害健康、能源耗费大
双组分	Bs和Es	在S型溶液中加入少量的助剂和表面活性剂。其中以三氟三氯乙烷为主要组成的清洗液（氟里昂TF）应用最广	具有特别强的脱油和去污能力；不损伤清洗件；不燃、无毒、安全性好；易于回收重复使用；沸点低，气相清洗后迅速蒸发，清洗时间短。常用于清洗流水线
双组分	BW	属碱性清洗液，在水中加入氢氧化钠、碳酸钠、硅酸钠、磷酸钠等化合物组成	用于清洗油垢、浮渣、尘粒、积碳等。配置成本低，使用时经加热（70~90℃），清洗后易锈蚀，故须加缓蚀剂
双组分	EW	由一种或数种非离子型表面活性剂的金属清洗剂（质量分数小于5%）和水（质量分数大于95%）配置而成	除了能清洗工件表面的油污外，还能清除前道工序残留在工件表面上的切削液、研磨膏、抛光膏、盐浴残液等。如进行合理配置还可清除积碳和具有缓蚀作用
三组分	BEW	在EW型的基础上加入一定的助剂配制而成，常用的助剂有无机盐类和有机盐类两类	能充分发挥表面活性剂的作用，提高清洗效果，增加清洗液的缓蚀、消泡、调节pH值以及增强化学稳定性，抗硬水性等功能
四组分	BESW	由BEW型清洗液加水配制，或在BEW型的基础上加所需要的助剂（B）配制而成	按所加助剂不同，其去污力、（对污垢的）分散力、消泡性、缓蚀性等可以分别获得提高。具有较好的综合功能

（3）清洗方法　清洗的方法主要取决于污垢的类型和与之相适应的清洗液种类；工件的材料、形状及尺寸、质量大小；生产批量、生产现场的条件等因素。常用的清洗方法有擦洗、浸洗、高压喷射清洗、气相清洗、电解清洗、超声波清洗。

2. 平衡

在生产中常用静平衡法和动平衡法来消除由于质量分布不均匀而造成的旋转体的不平衡。

对于盘类零件一般采用静平衡法消除静力不平衡。而对于长度较大的零件（如电动机转子和机床主轴等）则需采用动平衡法。

平衡的办法有：加重（采用铆、焊、胶结、压装、螺纹连接、喷涂等），去重（采用钻、铣、刨、偏心车削、打磨、抛光、激光熔化等），调节转子上预先设置的可调重块的位置等方法。

3. 连接（连接）

装配工作的完成要依靠大量的连接，常用的连接方式一般有两种。

1）可拆卸连接。可拆卸连接是指相互连接的零件拆卸时不受任何损坏，而且拆卸后还能重新装在一起，如螺纹连接、键连接、弹性环连接、楔连接、榫连接和销钉连接等。

2）不可拆卸连接。不可拆卸连接是指相互连接的零件在使用过程中不拆卸，若拆卸将损坏某些零件，如焊接、铆接、胶接、胀接、锁接及过盈连接等。

4. 校正、调整与配做

（1）校正　校正是指在装配过程中对相关零部件的位置进行找正、校平及相应的调整工作，在产品总装和大型机械的基础件装配中应用较多。常用的校正工具有平尺、角尺、水平仪、光学准直仪及相应检具（如心棒和桥板）等。

（2）调整　调整是指在装配过程中对相关零部件相互位置的具体调节工作。它除了配合校正工作去调节零部件的位置精度以外，还用于调节运动副间的间隙，例如轴承间隙、导轨副间隙及齿轮与齿条的啮合间隙等。

（3）配做　配做通常指配钻、配铰、配刮和配磨等，这是装配中附加的一些钳工和机械加工工作，并应与校正、调整工作结合起来进行。只有经过校正、调整，保证相关零件间的正确位置后，才能进行配做。

5. 性能检验

性能检验包括检测和试验的项目及检验质量指标；检测和试验的方法、条件与环境要求；检测和试验所需的工艺装备的选择或设计；质量问题的分析方法和处理措施。

性能检验是机械产品出厂前的最终检验工作。它是根据产品标准和规定，对其进行全面的检验和试验。

例如，金属切削机床验收试验工作的主要步骤和内容有如下几点。

1）检查机床的几何精度。

2）空运转试验。即在不加负载的情况下，使机床完成设计规定的各种运动。

3）机床负荷试验。

4）机床工作精度试验。

6. 涂装

涂装有多种方法，常见的有刷涂、辊涂、浸涂、淋涂、流涂、空气喷涂、静电喷涂、电泳涂覆、无气涂覆、高压无气喷涂、粉末涂装等。涂装是用涂料在金属和非金属基体材料表面形成有机覆层的材料保护技术。涂层光亮美观、色彩鲜艳，可改变基体的颜色，具有装饰的作用。涂层能将基体材料与空气、水、阳光及其他酸、碱、盐、二氧化硫等腐蚀介质隔离，免除化学腐蚀和锈蚀。涂层的硬膜可减轻外界物质对基体材料的摩擦和冲撞，具有一定的机械防护作用。另外，有些特殊的涂层还能降噪、吸振、抗红外线、抗电磁波、反光、导电、绝缘、杀虫、防污等，因此人们把涂装喻为"工业的盔甲"或"工业的外衣"。

任务实施

由学生完成。

评价

教师点评。

任务二 装配精度的分析

相关知识

零件的加工精度是保证装配精度的基础。一般情况下，零件的加工精度越高，装配精度也越高。例如，车床主轴定心轴颈的径向圆跳动这一指标，主要取决于滚动轴承内环上滚道的径向圆跳动和主轴定心轴颈的径向圆跳动。因此，要合理地控制这些相关零件的加工精度，才能满足装配精度的要求。

对于某些要求高的装配精度项目，如果完全由零件的加工精度来直接保证，则零件的加工精度将提得很高，从而给零件的加工造成很大的困难，甚至用现代的加工方法还无法满足。在实际生产中，希望能按经济加工精度来确定零件的精度要求，使之易于加工，而在装配时采用相应的装配方法和装配工艺措施，使装配出的机械产品仍能达到高的装配精度。这种方法特别适用于精密的机械产品装配工作。

任务三 装配尺寸链的建立

相关知识

3.1 装配尺寸链的组成和查找

装配尺寸链是产品或部件在装配过程中，由相关零件的有关尺寸（表面或轴线间距离）或相互位置关系（平行度、垂直度或同轴度等）所组成的尺寸链，其特征是呈封闭图形。装配精度（封闭环）是零、部件装配后才最后形成的尺寸或位置关系。在装配关系中，对装配精度有直接影响的零部件的尺寸和位置关系，都是装配尺寸链的组成环。如图 7-2a 所示的装配关系，装配精度要求主轴轴线和尾座中心线等高，从查找影响此项装配精度的有关尺寸入手，建立以此项装配要求为封闭环的装配尺寸链，如图 7-2b 所示。A_0 是在装配后才

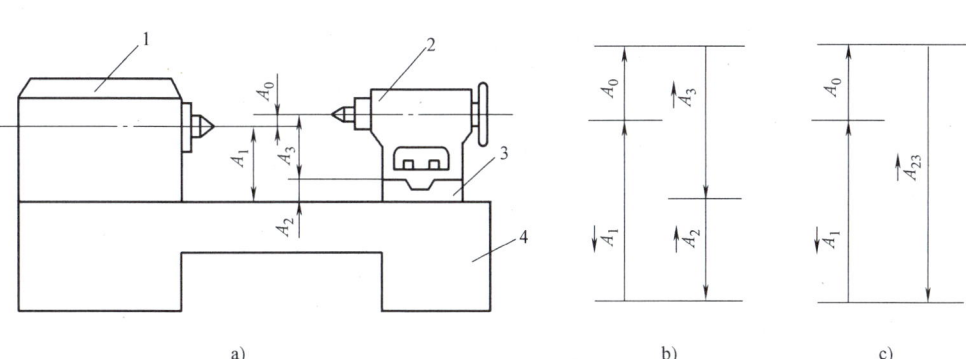

a)   b)   c)

图 7-2　车床主轴轴线与尾座中心线的等高性要求

1—主轴箱　2—尾座　3—尾座底板　4—床身

形成的尺寸,是装配尺寸链的封闭环,A_2、A_3 是增环,A_1 是减环。

3.2　装配尺寸链的建立方法

装配尺寸链的建立是在装配图的基础上,根据装配精度要求,找出与此项精度有关的零件及相应的有关尺寸,并画出尺寸链图。图 7-3 所示为某减速器的齿轮轴装配示意图。齿轮轴 1 在两个滑动轴承 2 和 5 中转动,装配时要求齿轮轴与滑动轴承间的轴向间隙为 0.2～0.7mm,试建立轴向间隙为装配精度的尺寸链。

建立装配尺寸链的步骤如下。

(1) 确定封闭环　装配尺寸链的封闭环是装配精度,即 A_0 = 0.2～0.7mm。

(2) 查找组成环　组成环的查找分两步,首先找出对装配精度有影响的相关零件,然后再在相关零件上找出相关尺寸。

① 查找相关零件。以封闭环两端的那两个零件为起点,以相邻零件装配基准间的联系为线索,分别由近及远地找出装配关系中影响装配精度的零件,直至找到同一个基准零件或同一个基准表面为止。

其间经过的所有零件都是相关零件。本例中封闭环 A_0 两端的零件分别是齿轮轴 1 和左滑动轴承 2。左端:与左滑动轴承 2 的装配基准相联系的是左箱体 3。右端:与齿轮轴 1 的装配基准相联系的是右滑动轴承 5,与右滑动轴承 5 的装配基准相联系的是右箱体 4,最后左、右箱体在其装配基准"止口"处封闭。这样齿轮轴 1、左滑动轴承 2、左箱体 3、右箱体 4 和右滑动轴承 5 都是相关零件。

② 确定相关零件上的相关尺寸。每个相关零

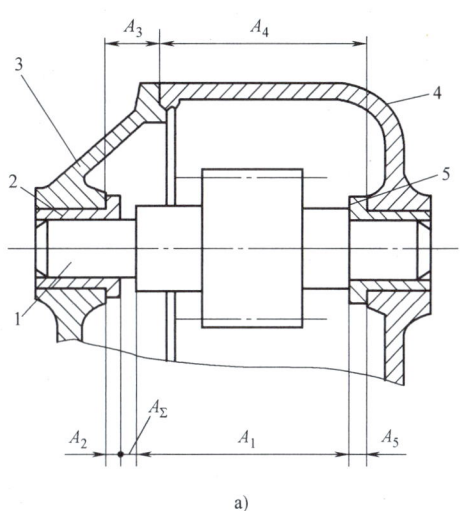

a)

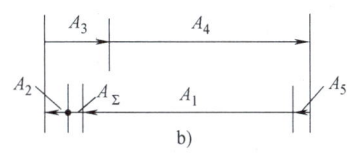

b)

图 7-3　齿轮轴装配示意图

1—齿轮轴　2—左滑动轴承　3—左箱体
4—右箱体　5—右滑动轴承

件上只能选一个长度尺寸作为相关尺寸。即选择相关零件上装配基准间的联系尺寸作为相关尺寸。本例中的尺寸 A_1、A_2、A_3、A_4 和 A_5 都是相关尺寸，它们就是以 A_0 为封闭环的装配尺寸链中的组成环。

(3) 画出尺寸链，确定增、减环 将封闭环和所找到的组成环画成如图 7-3b 所示的尺寸链图。利用画箭头的方法可判断 A_3、A_4 是增环，A_1、A_4 和 A_5 是减环。

3.3 装配尺寸链的组成原则

(1) 封闭原则 组成环由封闭环两端开始，到基准件后形成封闭的尺寸组。

(2) 环数最少原则 装配尺寸链以零件或部件的装配基准为联系确定相关零件，以相关零件上装配基准间的尺寸为相关尺寸，由相关尺寸作为组成环即可满足环数最少原则。这时每个相关零部件上只有一个组成环。

(3) 精确原则 当装配精度要求较高时，组成环中除长度尺寸环外，还会有几何公差环和配合间隙环。

任务四 装配方法的选择

相关知识

生产中达到装配精度的工艺方法有互换法、选择法、修配法和调整法。具体选择哪种方法来装配，应根据产品的性能要求、结构特点和生产形式、生产条件等来选择。这四种方法既是机器和部件的装配方法，也是装配尺寸链的解算方法。

4.1 互换装配法

机器或部件的所有合格零件，在装配时不经任何选择、调整和修配，装入后就可以使全部或绝大部分的装配对象达到规定的装配精度和技术要求的装配方法称为互换法。

根据零件的互换程度不同，互换法又可分为完全互换法和大数互换法（不完全互换法）。

1. 完全互换法

合格的零件在进入装配时，不经任何选择、调整和修配就可以使装配对象全部达到装配精度的装配方法，称为完全互换法。其实质是用控制零件加工误差来保证装配精度。完全互换装配法是用极值法来解装配尺寸链的，因而极值法计算工艺尺寸链的公式，在这里也可使用。计算时在已知封闭环（装配精度）的公差，分配有关零件（各组成环）公差时，可按"等公差"原则先确定组成环的平均公差 T_{av}，即

$$T_{av} = \frac{T_0}{n-1} \tag{7-1}$$

然后根据各组成环尺寸大小和加工的难易程度，对各组成环的平均公差在平均公差值的基础上作适当调整。

【例 7-1】 图 7-4 所示为车床主轴部件的局部装配图，要求装配后保证轴向间隙 $A_0 = 0.1 \sim 0.35\text{mm}$。已知各组成环的公称尺寸为：$A_1 = 43\text{mm}$，$A_2 = 5\text{mm}$，$A_3 = 30\text{mm}$，$A_4 = 3^{\ 0}_{-0.04}\text{mm}$，$A_5 =$

5mm，A_4 为标准件的尺寸。试按极值法求出各组成环的公差及上、下极限偏差。

解：1）画出装配尺寸链（图 7-4b），检验各环尺寸。

尺寸链中的组成环为增环 A_1，减环为 A_2、A_3、A_4、A_5，封闭环 A_0 的公称尺寸为

$$A_0 = \vec{A}_1 - (\overleftarrow{A}_2 + \overleftarrow{A}_3 + \overleftarrow{A}_4 + \overleftarrow{A}_5)$$
$$= 43\text{mm} - (5+30+3+5)\text{mm} = 0\text{mm}$$

由此可知，各组成环的公称尺寸的已定数值正确。

2）确定各组成环的公差。

首先计算各组成环的平均公差 T_{av}

$$T_{av} = \frac{T_0}{n-1} = \frac{0.35-0.1}{6-1}\text{mm} = 0.05\text{mm}$$

现参考 T_{av} 来确定各组成环的公差：$\vec{A}_1$ 和 $\overleftarrow{A}_3$ 尺寸大小和加工难易程度大体相当，故取 $TA_1 = TA_3 = 0.06\text{mm}$；$\overleftarrow{A}_2$ 和 $\overleftarrow{A}_5$ 尺寸大小和加工难易程度相当，故取 $TA_2 = TA_5 = 0.045\text{mm}$；$A_4$ 为标准件尺寸，其公差为定值，$TA_4 = 0.04\text{mm}$。

$$\sum T_i = (0.06+0.045+0.06+0.045+0.04)\text{mm}$$
$$= 0.25\text{mm} = TA_0$$

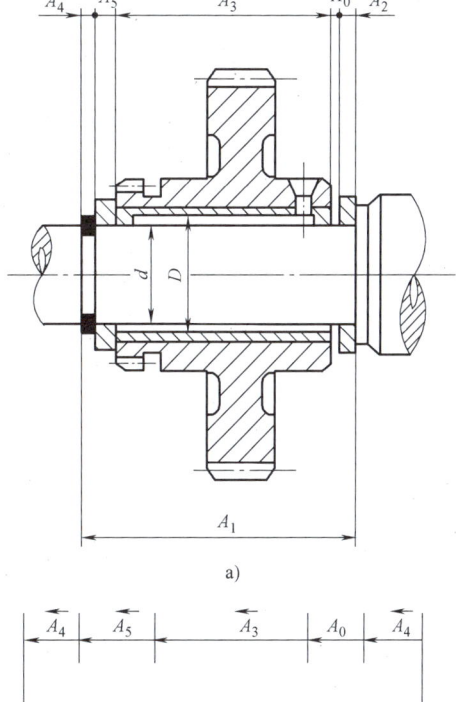

图 7-4 车床主轴部件装配图及尺寸链

从计算可知，各组成环公差之和未超过封闭环公差。封闭环可写成 $A_0 = 0^{+0.35}_{+0.10}\text{mm}$。协调环的公差 TA_3 也可以先不给定，而是通过公式 $\sum T_i \leq TA_0$ 算出。

3）确定各组成环的公差带位置。

将 A_3 作为协调环，其余组成环的公差均按"入体原则"分布，即 $A_1 = 43^{+0.06}_{0}\text{mm}$，$A_2 = 5^{0}_{-0.045}\text{mm}$，$A_4 = 3^{0}_{-0.04}\text{mm}$，$A_5 = 5^{0}_{-0.045}\text{mm}$。

协调环 A_3 的上、下极限偏差计算如下：

$$ESA_0 = \sum_{i=1}^{m} E\vec{SA}_i - \sum_{i=m+1}^{n-1} E\overleftarrow{IA}_i$$

$0.35\text{mm} = 0.06\text{mm} - (-0.045\text{mm} + EIA_3 - 0.045\text{mm} - 0.04\text{mm})$

$EIA_3 = -0.16\text{mm}$

$ESA_3 = TA_3 + EIA_3 = 0.06\text{mm} + (-0.16\text{mm}) = -0.10\text{mm}$

故 $A_3 = 30^{-0.10}_{-0.16}\text{mm}$

全部计算结果为

$A_1 = 43^{+0.06}_{0}\text{mm}$，$A_2 = 5^{0}_{-0.045}\text{mm}$，$A_3 = 30^{-0.10}_{-0.16}\text{mm}$，$A_4 = 3^{0}_{-0.04}\text{mm}$，$A_5 = 5^{0}_{-0.045}\text{mm}$。

2. 大数互换法

完全互换法的装配过程虽然简单，但它是根据增、减环同时出现极值情况下建立封闭环与组成环的关系式，由于组成环分得的制造公差过小，常使零件加工过程产生困难。根据数理统计规律可知，首先，在一个稳定的工艺系统中进行大批大量加工时，零件尺寸出现极值的可能性很小，其次在装配时，各零件的尺寸同时为极大、极小的"极值组合"的可能性更小，实际上可以忽略不计。所以完全互换法以提高零件加工精度为代价来换取完全互换装配显然是不经济的。

大数互换（不完全互换法）装配法的实质是将组成环的制造公差适当放大，使零件容易加工，这会使极少数产品的装配精度超出规定要求，所以需在装配时，采取适当的工艺措施，以排除个别产品因超出公差而产生废品的可能性。大数互换法用于封闭环精度要求较高而组成环又较多的场合。

【例 7-2】 已知条件与例 7-1 相同，试用大数互换法确定各组成环的公差及上、下极限偏差。

解： 解题步骤跟极值法相同，首先建立装配尺寸链；然后计算组成环的平均公差 T_{av}，以 T_{av} 做参考，根据各组成环公称尺寸的大小和加工难易程度确定各组成环的公差及其分布。

计算出组成环的平均公差：

$$T_{av} = \frac{TA_0}{\sqrt{n-1}} = \frac{0.25}{\sqrt{6-1}} \text{mm} \approx 0.112 \text{mm}$$

根据组成环公差的上述确定原则，确定 $TA_1 = 0.15$mm，$TA_2 = TA_5 = 0.10$mm，A_4 为标准件尺寸，其公差为定值，$TA_4 = 0.04$mm。将 A_3 作为协调环，其公差 TA_3 为

$$TA_3 = \sqrt{TA_0^2 - \sum_{i=1}^{n-2} TA_i^2}$$

$$= \sqrt{0.25^2 - (0.15^2 + 0.10^2 + 0.10^2 + 0.04^2)} \text{mm} \approx 0.13 \text{mm}$$

最后确定各组成环公差的位置。除协调环 A_3 外，其他组成环按"入体原则"分布，即 $A_1 = 43^{+0.15}_{0}$mm，$A_2 = A_5 = 5^{0}_{-0.10}$mm，$A_4 = 3^{0}_{-0.04}$mm。

计算协调环 A_3 的上、下极限偏差。

各组成环相应的中间偏差为：$\Delta_1 = 0.075$mm，$\Delta_2 = \Delta_5 = -0.05$mm，$\Delta_4 = -0.02$mm；封闭环的中间偏差 $\Delta_0 = 0.225$mm。

计算协调环的中间偏差 Δ_3。

$$\Delta_0 = \vec{\Delta}_1 - (\overleftarrow{\Delta}_2 + \overleftarrow{\Delta}_3 + \overleftarrow{\Delta}_4 + \overleftarrow{\Delta}_5)$$

$$0.225 \text{mm} = 0.075 \text{mm} - (-0.05 \text{mm} + \Delta_3 - 0.02 \text{mm} - 0.05 \text{mm})$$

$$\Delta_3 = -0.03 \text{mm}$$

$$ESA_3 = \Delta_3 + \frac{TA_3}{2} = \left(-0.03 + \frac{0.13}{2}\right) \text{mm} = +0.035 \text{mm}$$

$$EIA_3 = \Delta_3 - \frac{TA_3}{2} = \left(-0.03 - \frac{0.13}{2}\right) \text{mm} = -0.095 \text{mm}$$

故 $A_3 = 30^{+0.035}_{-0.095}$ mm

4.2 分组装配法

在大批大量生产中，当装配精度要求特别高，同时又不便于采用调整装置的部件，若用互换装配法装配，组成环的制造公差过小，加工困难，很不经济，此时可以采用分组装配法装配。**分组法装配是将各组成环公差增大若干倍（一般为2~4倍），使组成环零件可以按经济精度进行加工，然后再将各组成环按实际尺寸大小分为若干组，各对应组进行装配，同组零件具有互换性，并保证全部装配对象达到规定的装配精度。** 该方法通常采用极值法计算。

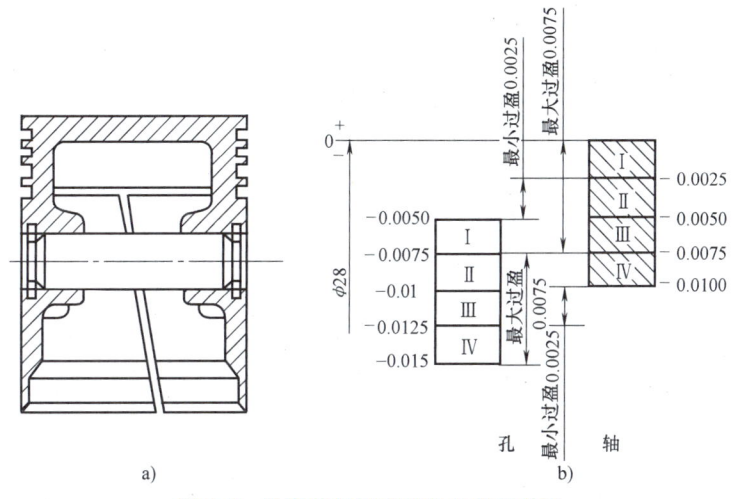

图 7-5 活塞销与活塞销孔的装配关系

与分组法有着选配共性的装配方法还有直接选配法和复合选配法。前者是由装配工人从许多待装配的零件中，凭检验挑选合格的零件通过试凑进行装配的方法。这种方法的优点是简单，不需将零件事先分组，但装配中工人挑选零件需要较长时间，劳动量大，而且装配质量在很大程度上取决于工人的技术水平，因此不宜用于节拍要求较严的大批大量生产中。这种装配方法没有互换性。复合选配法是上述两种方法的综合，即将零件预先测量分组，装配时再在各对应组内凭工人经验直接选配。这一方法的特点是配合件公差可以不等，装配质量高，且装配速度快，能满足一定的生产节拍要求。

在汽车发动机中，活塞销和活塞销孔的配合要求很高的，图 7-5a 所示为某厂汽车发动机活塞销与活塞销孔的装配关系，销和销孔的公称尺寸为 $\phi28$mm，在冷态装配时要有 0.0025~0.0075mm 的过盈量。若按完全互换法装配，必须使封闭环公差 T_0（$T_0 = 0.0075$mm - 0.0025mm = 0.0050mm）均等地分配给活塞销 d（$d = \phi28^{0}_{-0.0025}$ mm）与活塞销孔 D（$D = \phi28^{-0.0050}_{-0.0075}$ mm），制造这样精确的销孔和销是很困难的，也是不经济的。生产上常采用将销孔与销的制造公差放大，而在装配时用分组法装配来保证上述装配精度要求，方法如下。

将活塞销和活塞销孔的制造公差同向放大 4 倍，让 $d = \phi28^{0}_{-0.010}$ mm，$D = \phi28^{-0.005}_{-0.015}$ mm；然后在加工好的一批工件中，用精密量具测量，将销孔孔径 D 与销直径 d 按尺寸从大到小分成 4 组，分别涂上不同颜色的标记；装配时让具有相同颜色标记的销与销孔相配，即让大销配大销孔，小销配小销孔，保证达到上述装配精度要求。图 7-5b 给出了活塞销和活塞销孔的分组公差带位置，具体分组情况可见表 7-3。

表 7-3 活塞销与活塞销孔直径分组 （单位：mm）

组别	标志颜色	活塞销孔直径 $d=\phi 28_{-0.010}^{0}$	活塞销孔直径 $D=\phi 28_{-0.015}^{-0.005}$	配合情况	
				最小过盈量	最大过盈量
Ⅰ	红	$\phi 28_{-0.0025}^{0}$	$\phi 28_{-0.0075}^{-0.0050}$	0.0025	0.0075
Ⅱ	白	$\phi 28_{-0.0050}^{-0.0025}$	$\phi 28_{-0.0100}^{-0.0075}$		
Ⅲ	黄	$\phi 28_{-0.0075}^{-0.0050}$	$\phi 28_{-0.0125}^{-0.0100}$		
Ⅳ	绿	$\phi 28_{-0.0100}^{-0.0075}$	$\phi 28_{-0.0150}^{-0.0125}$		

采用分组法装配时须注意如下事项。

1) 要保证分组后各组的配合精度和配合性质符合原设计要求，原来规定的几何公差不能扩大，表面粗糙度值不能因公差增大而增大；配合件的公差应当相等；公差增大的方向要同向；增大的倍数要等于以后分组数，放大倍数应为整数倍。

2) 零件分组后，各组内相配合零件的数量要相等，相配件的尺寸分布应相同，以形成配套。按照一般正态分布规律，零件分组后可以相互配套，不会产生各对应配合组内相配零件数量不等的情况。但是如果受某些因素的影响，则将造成加工尺寸非正态分布（图 7-6）从而造成各组尺寸分布不对应，使得各对应组相配零件数不等而不能配套。

3) 分组数不宜太多。尺寸公差只要增大到经济精度即可。否则会增加分组、测量、储存、保管等的工作量，造成组织工作复杂和混乱，增加生产费用。

分组装配法适用于大批大量生产中封闭环公差要求很严的场合，且组成环的环数不宜太多，一般相关零件只有 2~3 个。因其生产组织复杂，应用范围受到一定限

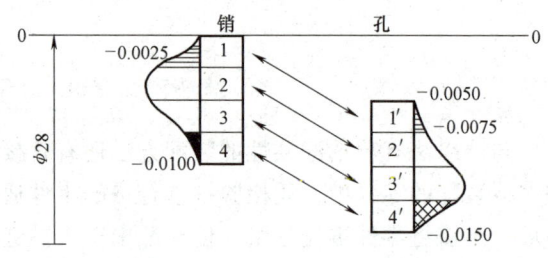

图 7-6 活塞销和活塞销孔的各组数量不等

制。此种方法常用于汽车、拖拉机制造及轴承制造等大批大量生产中。

4.3 修配装配法

当尺寸链的环数较多，而封闭环的精度要求较高时，若用互换法来装配，则势必使组成环的公差很小，由此增加了机械加工的难度并影响经济性。如生产批量不大，可采用修配装配法来装配，即各组成环均按经济精度制造，而对其中某一环（称补偿环或修配环）预留一定的修配量，在装配时用钳工或机械加工的方法将修配量去除，使装配对象达到设计要求的装配精度。

用修配法进行装配，装配工作复杂，劳动量大，产品装配以后，先要测量产品的装配精度，如果不合格，就要拆开产品，对某一零件进行修整，然后重新装配，进行检验，直到满足规定的要求为止。

修配法通常采用极值法计算尺寸链，以决定修配环的尺寸。所选择的修配环应是容易进行装配加工并且对其他尺寸链没有影响的零件。

1. 修配方法

（1）**单件修配法** 上述修配法定义中的"补偿环"若为一个零件上的尺寸，则该修配方法称为单件修配法。它在修配法中应用最广，如车床尾架底板的修配、平键连接中的平键或键槽的修配就是常见的单件修配法。

（2）**合并加工修配法** 若补偿环是由多个零件构成的尺寸，则该装配方法称为合并加工修配法。该方法是将两个或多个零件合并在一起进行加工修配，合并加工所得尺寸作为一个补偿环，并视作"一个零件"参与总装，从而减少组成环的环数。合并加工修配法在装配时不能进行互换，相配零件要打上号码以便对号装配，此方法多用于单件及小批生产。

（3）**自身加工修配法** 利用机床本身具有的切削能力，在装配过程中，将预留在待修配零件表面上的修配量（加工余量）去除，使装配对象达到设计要求的装配精度，这就是自身加工修配法。

修配法的主要优点是既可放宽零件的制造公差，又可获得较高的装配精度。缺点是增加了一道修配工序，对工人的技术水平要求较高，且不适宜组织流水线生产。

2. 修配环的选择

采用修配法时应正确选择修配环，选择时应遵循以下原则。

1）尽量选择结构简单、质量轻、加工面积小和易于加工的零件。

2）尽量选择易于独立安装和拆卸的零件。

3）选择的修配环，修配后不能影响其他装配精度。因此，不能选择并联尺寸链中的公共环作为修配环。

3. 修配环尺寸的确定

修配环在修配时对封闭环尺寸变化的影响分两种情况：一种是使封闭环尺寸变小，另一种是使封闭环尺寸变大。因此用修配法解尺寸链时，应根据具体情况分别进行。

1）修配环被修配时，封闭环尺寸变小的情况（越修越小）。

由于各组成环均按经济精度制造，加工难度降低，从而导致封闭环实际误差值 δ_0 大于封闭环规定的公差值 T_0，即 $\delta_0 > T_0$（图7-7）。为此，要通过修配法使 $\delta_0 \leq T_0$。但是，修配环现处于"越修越小"的状态，所以封闭环实际尺寸最小值 $A'_{0\min}$ 不能小于封闭环最小尺寸 $A_{0\min}$。因此，δ_0 与 T_0 之间的相对位置应如图7-7a所示，即 $A'_{0\min} = A_{0\min}$。

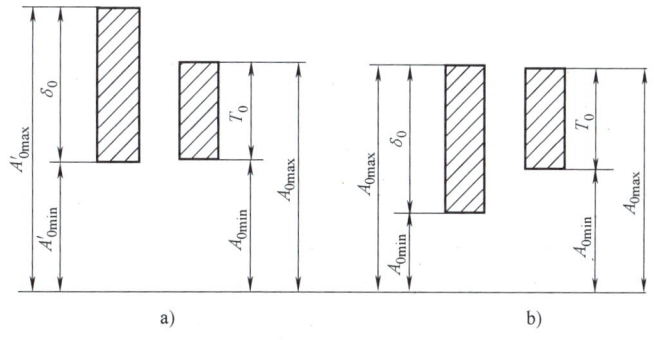

图7-7 修配环调节作用示意图

a）越修越小 b）越修越大

用极值法解算时，可用下式计算封闭环实际尺寸的最小值 $A'_{0\min}$ 和公差增大后的各组成环之间的关系

$$A'_{0\min} = A_{0\min} = \sum_{i=1}^{m} \overrightarrow{A}_{i\min} - \sum_{i=m+1}^{n-1} \overleftarrow{A}_{i\max} \qquad (7\text{-}2)$$

式（7-2）只有修配环为未知数，可以利用它求出修配环的一个极限尺寸（修配环为增环时求出最小尺寸，为减环时可求出最大尺寸）。修配环的公差也可按经济加工精度给出，求出一个极限尺寸后，修配环的另一个极限尺寸也可以确定。

2) 修配环被修配时，封闭环尺寸变大的情况（越修越大）。

修配前 δ_0 相对于 T_0 的位置如图 7-7b 所示，即 $A'_{0\max} = A_{0\max}$。

修配环的一个极限尺寸可按下式计算

$$A'_{0\max} = A_{0\max} = \sum_{i=1}^{m} \overrightarrow{A}_{i\max} - \sum_{i=m+1}^{n-1} \overleftarrow{A}_{i\min} \qquad (7\text{-}3)$$

修配环的另一个极限尺寸，在公差按经济精度给定后也随之确定。

【例 7-3】 已知条件与例 7-1 相同，试用修配法求出各组成环的公差及上、下极限偏差。

解：在建立了装配尺寸链以后，则要确定修配环。按修配环的选取原则，现选 A_5 为修配环。然后按经济加工精度给各组成环定出公差及上、下极限偏差：$A_1 = 43^{+0.20}_{0}$mm，$A_2 = 5^{0}_{-0.10}$mm，$A_3 = 30^{-0.10}_{-0.16}$mm，$A_3 = 30^{0}_{-0.20}$mm，$A_4 = 3^{0}_{-0.05}$mm。修配环 A_5 的公差定为 $TA_5 = 0.10$mm，但上、下极限偏差则应通过公式求出（因为修配环"越修越大"）。

$$ESA_0 = \sum_{i=1}^{m} \overrightarrow{ESA}_i - \sum_{i=m+1}^{n-1} \overleftarrow{EIA}_i$$

$$0.35\text{mm} = 0.20\text{mm} - (-0.10\text{mm} - 0.20\text{mm} - 0.05\text{mm} + EIA_5)$$

$$EIA_5 = +0.20\text{mm}$$

$$ESA_5 = EIA_5 + TA_5 = (0.20 + 0.10)\text{mm} = 0.30\text{mm}$$

所以 $A_5 = 5^{+0.30}_{+0.20}$mm

$$\delta_0 = \sum_{i=1}^{n-1} TA_i = (0.20 + 0.10 + 0.20 + 0.05 + 0.10)\text{mm} = 0.65\text{mm}$$

最大修配量　　　　　　$\delta_{c\max} = (0.65 - 0.25)\text{mm} = 0.40\text{mm}$

最小修配量　　　　　　$\delta_{c\min} = 0\text{mm}$

【例 7-4】 在图 7-2 所示的装配尺寸链中，设各组成环的公称尺寸为 $A_1 = 205$mm，$A_2 = 49$mm，$A_3 = 156$mm，封闭环 $A_0 = 0$mm，其公差按车床精度标准 $TA_0 = 0.06$mm。其尺寸链图如图 7-2b 所示。

此装配尺寸链若采用完全互换法（按等公差法计算）求解，可得出各组成环的平均公差值为 0.02mm，要达到这样的加工精度比较困难；即使采用大数互换法（也按等公差法计算）求解，可得出各组成环的平均公差值为 0.035mm，零件加工仍然困难，故一般采用修配法来装配。

下面采用合并修配法来解本题。将 A_2 和 A_3 两环合并成 A_{23}（图 7-2）一个组成环，各组成环均按经济公差制造，确定 $TA_1 = TA_{23} = 0.1$mm，考虑到控制方便，令 A_1 的公差作对称分

布，即 $A_1 = (205±0.05)$ mm，则修配环 A_{23} 的尺寸计算如下。

1）公称尺寸 A_{23}。

$$A_{23} = A_2 + A_3 = 49\text{mm} + 156\text{mm} = 205\text{mm}$$

2）修配环公差 TA_{23} 已按设定给出，即 $TA_{23} = 0.1\text{mm}$。

3）修配环最小尺寸 $A_{23\min}$，A_{23} 为增环，且此种情况为"越修越小"，已知 $A_{0\min} = 0$，故

$$A_{0\min} = A_{23\min} - A_{1\max}$$
$$0\text{mm} = A_{23\min} - 205.05\text{mm}$$
$$A_{23\min} = 205.05\text{mm}$$

4）修配环最大尺寸 $A_{23\max}$。

$$A_{23\max} = A_{23\min} + TA_{23} = 205.05\text{mm} + 0.1\text{mm} = 205.15\text{mm}$$

5）修配量 δ_c 的计算。

$$\delta_c = \delta_0 - T_0 = 0.2\text{mm} - 0.06\text{mm} = 0.14\text{mm}$$

考虑到车床总装时，尾座底板与床身配合的导轨接触面需刮研以保证有足够的接触点，故必须留有一定的刮研量。取最小刮研量为 0.15mm，这时修配环的公称尺寸还应增加一个刮研量，故合并加工后的尺寸为 $A_{23} = 205^{+0.15}_{+0.05}\text{mm} + 0.15\text{mm} = 205^{+0.30}_{+0.20}\text{mm}$。

4.4 调整装配法

对于精度要求高且组成环数又较多的产品或部件，在不能用互换法进行装配时，除了用分组互换和修配法外，还可用调整法来保证装配精度。

调整法也是按经济加工精度确定零件的公差。由于每一个组成环的公差扩大，结果使一部分装配件超差。为了保证装配精度，可通过改变一个零件的位置或选择一个适当尺寸的调整件或通过调整有关零件的相互位置来补偿这些影响。

调整装配法与修配法的区别是，调整装配法不是靠去除金属，而是靠改变补偿件的位置或更换补偿件的方法来保证装配精度。

根据调整方法的不同，调整装配法可分为可动调整法、固定调整法和误差抵消调整法三种。

1. 可动调整法

在装配尺寸链中，选定某个零件为调整环，根据封闭环的精度要求，采用改变调整环的位置，即移动、旋转或移动旋转同时进行，以达到装配精度，这种方法称为可动调整法。该方法在调整过程中不必拆卸零件，比较方便。

例如图 7-8 所示的丝杠副调整间隙的机构，当发现丝杠副间隙不合适时，可转动中间的调节螺钉 5，通过楔块的上下移动来改变轴向间隙的大小。图 7-9 所示的结构是靠转动中间螺钉来调整轴承外圈相对于内圈的位置以取得合适的间隙或过盈的，调整合适后，用螺母锁紧，保证轴承即有足够的刚度又不至于过分发热。

可动调整，不但调整方便，能获得比较高的精度，而且可以补偿由于磨损和变形等所引起的误差，使设备恢复原有精度。所以在一些传动机构或易磨损机构中，常用可动调整法。

但是，可动调整法中因可动调整件的出现，削弱了机构的刚度，因而在刚度要求较高或机构比较紧凑，无法安排可动调整件时，就必须采用其他的调整方法。

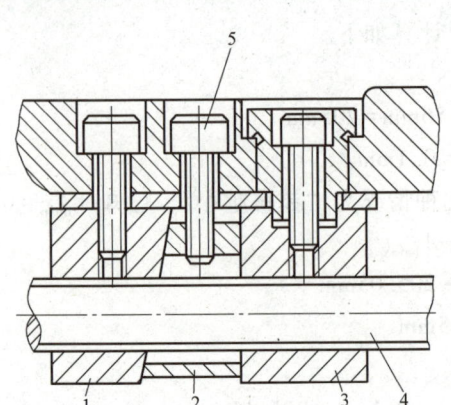

图 7-8　丝杠副轴向间隙的调整

1、3—螺母　2—楔块　4—丝杠　5—调节螺钉

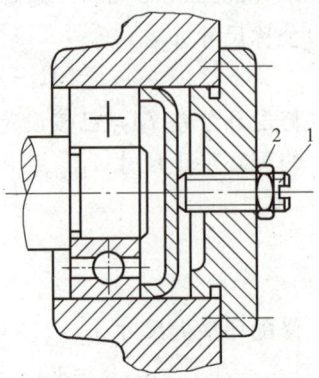

图 7-9　轴承间隙的调整

1—螺钉　2—螺母

2. 固定调整法

在装配尺寸链中，选择某一组成环为调节环（补偿环），该环是按一定尺寸间隔分级制造的一套专用零件（如垫片、垫圈或轴套等）。产品装配时，根据各组成环所形成累积误差的大小，通过更换调节件来实现改变调节环实际尺寸的方法，以保证装配精度，这种方法即固定调整法。

【例 7-5】 图 7-4a 所示双联齿轮装配后要求轴向间隙 $A_0 = 0^{+0.20}_{+0.05}$ mm，已知 $A_1 = 115$ mm，$A_2 = 8.5$ mm，$A_3 = 95$ mm，$A_4 = 2.5$ mm，$A_5 = 9$ mm，现采用固定调整法装配，试确定各组成环的尺寸偏差，并求调整件的分组数及尺寸系列。

解： 1）建立装配尺寸链，如图 7-4b 所示。

2）选择调整环。

选择加工比较容易，装卸比较方便的组成环 A_5 作调整环。

3）确定组成环公差。

按加工经济精度确定各组成环公差并确定极限偏差：$A_1 = 115^{+0.15}_{0}$ mm，$A_2 = 8.5^{0}_{-0.1}$ mm，$A_3 = 95^{0}_{-0.1}$ mm，$A_4 = 2.5^{0}_{-0.12}$ mm，并设 $T_5 = 0.03$ mm。

4）确定调整范围 δ。

在未装入调整环 A_5 之前，先实测齿轮端面轴向间隙的大小。然后再选一个合适的调整环 A_5 装入该空隙中，要求达到装配要求。所测空隙 A_0 的变动范围就是所要求的、取的调整范围 δ。

从尺寸链图中可以看出，由 A_1、A_2、A_3、A_4 四个环节造成的装配误差累积值为

$$\delta_s = 0.15\text{mm} + 0.1\text{mm} + 0.1\text{mm} + 0.12\text{mm} = 0.47\text{mm}$$

5）确定调整环的分组数 i。

取封闭环公差与调整环公差之差 $T_0 - T_5$，作为调整环尺寸分组间隔 Δ，则

$$i = \frac{\delta_s}{\Delta} = \frac{\delta_s}{T_0 - T_5} = \frac{0.47}{0.15 - 0.03} \approx 3.9$$

分组数不能为小数，取 $i = 4$，调整环分组数不宜过多，否则组织生产烦琐，一般 i 取 3~4 为宜。

6）确定调整环 A_5 的尺寸系列。

假定调整件最大尺寸级别为 A_{51}，则

$$A_{51\min} = A_{1\max} - (A_{2\min} + A_{3\min} + A_{4\min}) - A_{0\max} = 9.32\text{mm}$$

因 T_5 为 0.03mm，调整件级差为 $T_0 - T_5 = 0.12\text{mm}$，则四组调整件的分级尺寸如下

$A_{51} = 9.30_{-0.03}^{\ 0}\text{mm}$，$A_{52} = 9.18_{-0.03}^{\ 0}\text{mm}$，$A_{53} = 9.06_{-0.03}^{\ 0}\text{mm}$，$A_{54} = 8.94_{-0.03}^{\ 0}\text{mm}$

在产量大，精度要求高的装配中，固定调整环可用不同厚度的薄金属片冲出，再与一定厚度的垫片组合成所需的各种不同尺寸，然后把它装到空隙中去，使装配结构达到装配要求。这种装配方法比较灵活。在汽车、拖拉机生产中广泛应用。

任务五　减速器装配工艺的编制

相关知识

将合理的装配工艺过程和操作方法，按一定的格式编写而成的书面文件就是装配工艺规程。装配工艺规程不仅是指导装配作业的主要技术文件，而且是制订装配生产计划和技术的准备以及设计或改建装配车间的重要依据。在装配工艺规程中，应规定产品及其部件的装配顺序、装配方法、装配的技术要求及检验方法，装配所需的设备和工具以及装配的时间定额等。

5.1　制订装配工艺规程的基本原则及原始资料

1. 制订装配工艺规程的基本原则

1）保证产品的装配质量，尽量延长产品的使用寿命。

2）尽量缩短生产周期，力争提高生产率。

3）合理安排装配顺序和工序，尽量减少钳工装配的工作量。装配工作中的钳工劳动量是很大的，在机器和仪器制造中，分别占劳动量的20%和50%以上。所以减少手工劳动量，降低工人的劳动强度，改善装配工作条件，使装配实现机械化与自动化是一个急需解决的问题。

4）尽量减少装配工作所付出的成本在产品成本中所占的比例。

5）装配工艺规程应做到正确、完整、协调、规范。

作为一种重要的技术文件不仅不允许出现错误，而且应该配套齐全。例如除了编制出全套的装配工艺规程卡片、装配工序卡片，还应该有与之配套的装配系统图、装配工艺流程图、装配工艺流程表、工艺文件更改通知等一系列工艺文件。

6）在了解本企业现有的生产条件下，尽可能采用先进的技术。

7）工艺规程中使用的术语、符号、代号、计量单位、文件格式等，要符合相应标准的规定，并尽量与国际接轨。

8）制订装配工艺规程时要充分考虑到安全和防污的问题。

2. 制订装配工艺规程的原始资料

在制订装配工艺规程之前，为使该规程能够顺利进行，必须具备下列原始资料。

1）产品的装配图样及验收技术文件。产品的装配图样应包括总装配图样和部件装配图

样,并能清楚地表示出零部件的相互连接情况及其联系尺寸、装配精度和其他技术要求、零件的明细表等。为了在装配时对某些零件进行补充机械加工和核算装配尺寸链,有时还需要某些零件图样。

验收技术条件主要规定了产品主要技术性能的检验、试验工作的内容及方法,这是制订装配工艺规程的主要依据之一。

2) 产品的生产纲领。生产纲领决定了生产类型,不同的生产类型使装配的组织形式、装配方法、工艺规程的划分、设备及工艺装备专业化或通用化水平、手工操作量的比例、对工人技术水平的要求和工艺文件的格式等均有不同。各种生产类型下的装配工作的特点见表7-4。

表7-4 各种生产类型的装配工作特点

生产类型	大批大量生产	成批生产	单件小批生产
装配工作特点	产品固定,生产内容长期重复,生产周期一般较短	产品在系列化范围内变动,分批交替投产或多品种同时投产,生产内容在一定时期内重复	产品经常变换,不定期重复生产,生产周期一般较长
组织形式	多采用流水装配线,有连续移动、间歇移动及可变节奏移动等方式,还可采用自动装配机或自动装配线	笨重且批量不大的产品多采用固定流水装配;批量较大时采用流水装配;多品种同时投产时用多品种可变节奏流水装配	多采用固定装配或固定式流水装配进行总装
装配工艺方法	按互换法装配,允许有少量简单的调整,精密偶件成对供应或分组供应装配,无任何修配工作	主要采用互换法,但灵活运用其他保证装配精度的方法,如调整法、修配法、合并加工法以节约加工费用	以修配法及调整法为主,互换件比例较小
工艺过程	工艺过程划分很细,力求达到高度的均衡性	工艺过程的划分须适合于批量的大小,尽量使生产均衡	一般不制订详细的工艺文件。工序可适当调整,工艺也可灵活掌握
工艺装备	专业化程度高,宜采用专用高效工艺装备,易于实现机械化自动化	通用设备较多,但也采用一定数量的专用工、夹、量具,以保证装配质量和提高工效	一般为通用设备及通用工夹量具
手工操作要求	手工操作比重小,熟练程度容易提高,便于培养新工人	手工操作比重较大,技术水平要求较高	手工操作比重大,要求工人有高的技术水平和多方面的工艺知识
应用实例	汽车、拖拉机、内燃机、滚动轴承、手表、缝纫机、电气开关等行业	机床、机车车辆、中小型锅炉、矿山采掘机械等行业	重型机床、重型机械、汽轮机、大型内燃机、大型锅炉等行业

3) 生产条件。生产条件包括现有装配设备、工艺装备、装配车间面积、工人技术水平、机械加工条件及各种工艺资料和标准等。设计者熟悉和掌握了它们,才能切合实际地制订出合理的装配工艺规程。

5.2 制订装配工艺规程的步骤、方法及内容

1. 熟悉产品的图样及验收技术条件

制订装配工艺规程时,要通过对产品的总装配图、部件装配图、零件图及技术要求的研

究，深入地了解产品及其各部分的具体结构；产品及各部件的装配技术要求；设计人员所需保证产品装配精度的方法以及产品的检查验收的内容和方法；审查产品的结构工艺性；研究设计人员所确定的装配方法，进行必要的装配尺寸链分析和计算。

产品结构的装配工艺性是指在一定的生产条件下，产品结构符合装配工艺上的要求。产品结构的装配工艺性主要有以下几个方面的要求。

1）整个产品能被分解为若干独立的装配单元。若产品被分成若干个独立单元，就可以组织装配工作的平行作业、流水作业，使装配工作专业化，有利于装配质量的提高，缩短整个装配工作的周期，提高劳动生产率。装配单元是指机器中能进行独立装配的部分，它可以是零件、部件，也可以是套件。

2）方便装配。零件和部件的结构应能顺利地装配出机器。

图 7-10 所示是零件相互位置对装配的影响，图中是将一个已装有两个单列深沟球轴承的轴装入箱体内。图 7-10a 所示为两轴承同时进入箱体孔，这样在装配时不易对准，若将左右两轴承之间的距离在原有基础上扩大 3~5mm（图 7-10b），则安装时右轴承将先进入箱壁孔中，然后再对准左轴承就会方便许多。为使整个轴组件能从箱体左端进入，设计时还应使右轴承外径及齿轮外径均小于左箱体壁孔径。

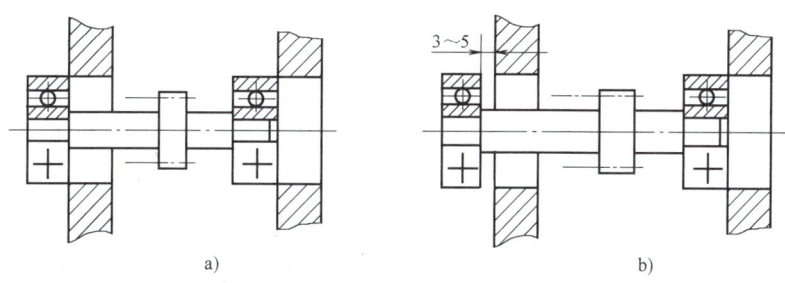

图 7-10　零件相互位置对装配的影响
a）不合理　b）合理

图 7-11 所示为一配合精度要求较高的定位销。图 7-11a 所示结构由于在基体上未开气孔，故压入时空气无法排出，可能造成定位销压不进去。图 7-11b、c 所示的结构则可将定位销顺利压入。若基体不便钻排气孔时，也可考虑在定位销上钻排气孔。

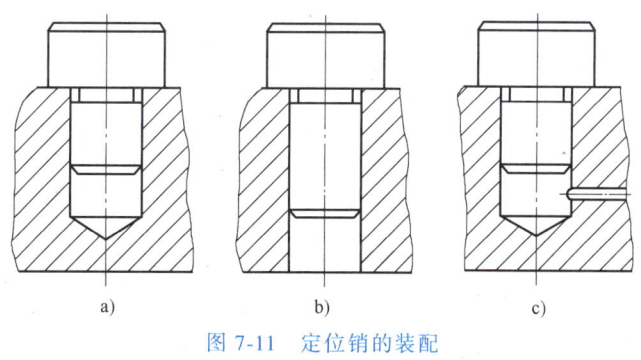

图 7-11　定位销的装配
a）不合理　b）、c）合理

3）要考虑装配后返工、修理和拆卸的方便。装配时要考虑到如发生装配不当需进行返工，以及今后修理和更换配件时，应便于拆卸。如图 7-12 所示，图 7-12a 所示结构是在设计时，使箱体的孔径等于轴承外环的内径，不便直接拆卸；图 7-12b 所示结构是使箱体的孔径大于轴承外环的内径，方便直接拆卸。二者相比，图7-12a 所示结构更为合理。

4）尽量减少装配过程中的机械加工和钳工的修配工作量。

2. 确定装配的组织形式

产品装配工艺方案的制订与装配的组织形式有关。如装配工序划分的集中或分散程度，产品装配的运送方式，以及工作地的组织等均与装配的组织形式有关。装配的组织形式要根据生产纲领及产品结构特点来确定。下面介绍各种装配组织形式的特点及应用。

（1）固定式装配　固定式装配是将产品或部件的全部装配工作安排在一个固定的工作地上进行装配，装配过程中产品位置不变，装配所需要的零部件都汇集在工作地点。

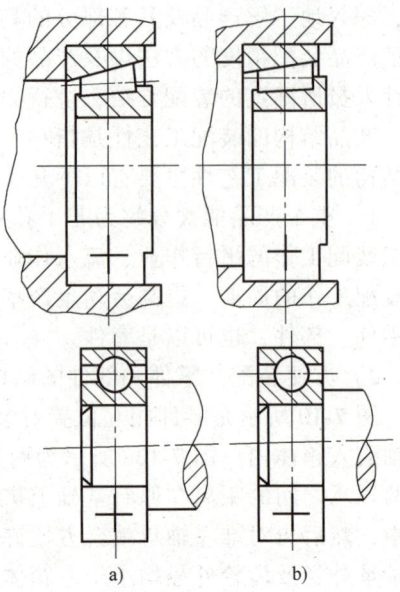

图 7-12　轴承的结构应考虑拆卸方便
a）不合理　b）合理

固定式装配的特点是装配周期长，装配面积利用率低，且需要技术水平高的工人。在单件或中、小批生产中，对那些因质量和尺寸较大，装配时不便移动的重型机械，或机体刚度较差，装配时移动会影响装配精度的产品，均宜采用固定式装配的组织形式。

（2）移动式装配　移动式装配是装配工人和工作地点固定不变而将产品或部件置于装配线上，通过连续或间隔地移动使其顺次经过各装配工作地，以完成全部装配工作。

采用移动式装配时，装配过程分得很细，每个工人重复地完成固定的工序，广泛采用专用的设备及工具，生产率高，多用于大批大量生产中。

3. 装配方法的选择

这里所指的装配方法包含两个方面，一方面是选择手工装配还是机械装配；另一方面是选择保证装配精度的工艺方法和装配尺寸链的计算方法，如互换分组法等。对前者的选择，主要取决于生产纲领和产品的装配工艺性，但也要考虑产品尺寸和质量的大小以及结构的复杂程度；对后者的选择则主要取决于生产纲领和装配精度，但也与装配尺寸链中的环数的多少有关。具体情况见表 7-5。

表 7-5　各种装配方法的适用范围和应用实例

装配方法	适用范围	应用实例
完全互换法	适用于零件数较少、批量很大、零件可用经济精度加工时	汽车、拖拉机、中小型柴油机、缝纫机及小型电动机的部分部件
不完全互换法	适用于零件数稍多、批量大、零件加工精度需适当放宽时	机床、仪器仪表中某些部件
分组法	适用于成批或大量生产中，装配精度很高，零件数较少，又不便采用调整装置时	中小型柴油机的活塞与缸套、活塞与活塞销、滚动轴承的内外圈与滚子
修配法	单件小批生产中，装配精度要求高且零件数较多的场合	车床尾座垫板、滚齿机分度蜗轮与工作台装配后精加工齿形、平面磨床砂轮（架）对工作台面自磨

(续)

装配方法	适用范围	应用实例
调整法	除必须采用分组法选配的精密配件外,调整法可用于各种装配场合	机床导轨的楔形镶条,内燃机气门间隙的调整螺钉,滚动轴承调整间隙的间隔套、垫圈、锥齿轮调整间隙的垫片

4. 划分装配单元,确定装配顺序

将产品划分为可进行独立装配的单元是制订装配工艺规程中最重要的一个步骤。对于大批大量生产结构复杂的产品尤其重要。只有划分好装配单元,才能合理安排装配顺序和划分装配工序,组织平行流水作业。

产品或机器是由零件、合件、组件和部件等装配单元组成。零件是组成机器的基本单元,它是由整块金属或其他材料组成。零件一般都预先装成合件、组件和部件后,在安装到机器上。合件是由若干个零件永久连接(铆和焊)而成,或连接后再经加工而成,如装配式齿轮、发动机连杆小头孔压入衬套后再精镗。组件是指一个或几个合件与零件的组合,没有显著完整的功用,如主轴箱中轴与其上的齿轮、套、垫片、键和轴承的组合件。部件是若干组件、合件及零件的组合体,并在机器中能完成一定的完整的功用,如车床的主轴箱、进给箱等。机器是由上述各装配单元结合而成的整体,具有独立的、完整的功能。

无论哪一级的装配单元都要选定某一零件或比它低一级的单元作为装配基准件。装配基准件通常应为产品的基体或主干零部件。基准件应有较大的体积和质量,有足够的支承面,以满足陆续装入零件或部件时的作业要求和稳定性要求。如床身零件是床身组件的装配基准零件;床身组件是床身部件的装配基准组件;床身部件是机床产品的装配基准部件。

划分好装配单元,并确定装配基准件后,就可安排装配顺序。确定装配顺序的要求是保证装配精度,以及使装配连接、调整、校正和检验工作能顺利进行,前面工序不妨碍后面工序进行,后面工序不应损坏前面工序的质量。

一般装配顺序的安排如下。

1)预处理工序先行,如零件的倒角、去毛刺与飞边、清洗、防锈和防腐处理、油漆和干燥等。

2)先基准件、重大件的装配,以便保证装配过程的稳定性。

3)先复杂件、精密件和难装配件的装配,以保证装配顺利进行。

4)先进行易破坏以后装配质量的工作,如冲击性质的装配、压力装配和加热装配。

5)集中安排使用相同设备及工艺装备的装配和有共同特殊装配环境的装配。

6)处于基准件同一方位的装配尽可能集中进行。

7)电线、油气管路的安装应与相应工序同时进行。

8)易燃、易爆、易碎或含有有毒物质的零部件的安装,尽可能放在最后,以减少安全防护工作量,保证装配工作顺利完成。

为了清晰地表示装配顺序,常用装配单元系统图来表示。图 7-13 所示为部件的装配系统图,图 7-14 所示为机器的装配系统图。

装配单元系统图的画法是:首先画一条横线,横线左端画出基准件的长方格,横线右端箭头指向装配单元的长方格。然后按装配顺序由左向右依次装入基准件的零件、合件、组件和部件。表示零件的长方格画在横线上方,表示合件、组件和部件的长方格画在横线下方。

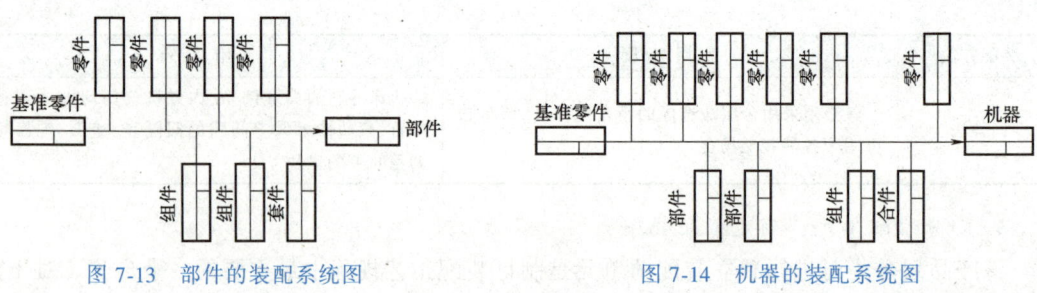

图 7-13 部件的装配系统图　　　　图 7-14 机器的装配系统图

每一长方格内，上方注明装配单元名称，左下方填写装配单元的编号，右下方填写装配单元的件数。

在装配单元系统图上加注所需的工艺说明（如焊接、配钻、配刮、冷压、热压、攻螺纹、铰孔及检验等），就形成装配工艺系统图（图 7-15）。此图较全面地反映了装配单元的划分、装配顺序和装配工艺方法，它是装配工艺规程制订中的主要文件之一，也是划分装配工序的依据。

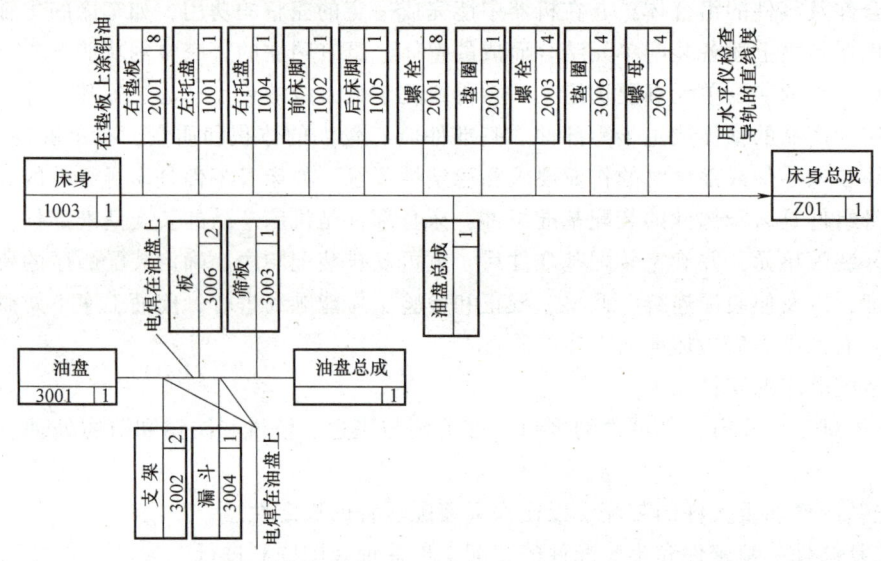

图 7-15 床身部件装配工艺系统图

5. 划分装配工序

装配顺序确定后，就可将装配工艺过程划分为若干工序，其主要工作如下。
1) 确定工序集中与分散的程度。
2) 划分装配工序，确定工序内容。
3) 确定各工序所需的设备和工具。
4) 制订各工序装配操作规范，如过盈配合的压入力、变温装配的装配温度等。
5) 制订各工序装配质量要求与检测方法。
6) 确定工序时间定额，平衡各工序节拍。

装配工艺过程是由个别的站、工序、工步和操作所组成的。

站是装配工艺过程的一部分，是指在一个装配地点，由一个（或一组）工人所完成的那部分装配工作，每一个站可以包括一个工序，也可以包括多个工序。

工序是站的一部分，它包括在产品任何一部分上所完成组装的一切连续工作。

工步是工序的一部分，在每个工步中，所使用的工具及组合件不变。但根据生产规模的不同，每个工步还可以按技术条件分得更加详细一些。

操作是指在工步进行过程中（或工步的准备工作中）所做的各个简单的动作。

在安排工序时，必须注意下面几个问题。

1）前一工序不能影响后一工序的进行。

2）在完成某些重要的工序或易出废品的工序之后，应安排检查工序。

3）在采用流水式装配时，每一工序所需要的时间应该等于装配节拍（或为装配节拍的整数倍）。

划分装配工序应按装配单元系统图来进行，首先由套件和组件装配开始，然后是部件到产品的总装配。装配工艺流程图可以在该过程中一并拟制，与此同时还应考虑到期间的运输、停放、储存等问题。

6. 制订装配工艺卡片

在单件小批生产时，通常不制订工艺卡片。工人按装配图和装配工艺系统图进行装配。成批生产时，应根据装配工艺系统图分别制订总装和部装的装配工艺卡片。卡片的每一工序内应简单地说明工序的工作内容，所需设备和夹具的名称及编号、工人技术等级、时间定额等，大批大量生产时，应为每一工序单独制订工序卡片，详细说明该工序的工艺内容。工序卡片能直接指导工人进行装配。

除了装配工艺过程卡片及装配工序卡片以外，还应有装配检验卡片及试验卡片，有些产品还应附有测试报告、修正（校正）曲线等。

7. 制订产品检测与试验规范

产品装配完毕，应按产品技术性能和验收技术条件制订检测与试验规范。它包括：

1）检测和试验的项目及检验质量指标。

2）检测和试验的方法、条件与环境要求。

3）检测和试验所需工装的选择与设计。

4）质量问题的分析方法及处理措施。

5.3 减速器的装配工艺过程

减速器的装配设计是按减速器的装配顺序进行的，先实现部件的装配，然后再由部件装配成为减速器。生产实际中将减速器分为大齿轮部件、小齿轮部件、箱座、箱盖。先进行大、小齿轮部件的装配，然后再将大、小齿轮部件装配到箱座上，最后进行整体的装配。下面介绍主要的装配步骤。

1. 大齿轮部件的装配

先将键装到轴上，然后将大齿轮装到轴上，再依次将定距环和轴承装好。保证键槽与键在宽度方向上对齐、大齿轮轮毂端面与轴肩端面贴合、齿轮与轴的轴线对齐。大齿轮和轴装配图如图7-16所示。

2. 小齿轮部件的装配

将轴承装在小齿轮轴的两个轴端即可。

3. 箱座部件的装配

先将大、小齿轮部件装配到箱座上，大齿轮组件的轴线与箱座轴承孔的轴线对齐，完成箱座与大齿轮部件的装配。然后将螺塞及油尺组件装配到箱座上，完成箱座的附件装配。

箱座部件装配图如图 7-17 所示。

4. 箱盖的装配

使箱座与箱盖的凸缘装配面贴合、箱座与箱盖的大轴承孔的中心线对齐、箱座与箱盖的定位销孔中心线对齐，依次将定位销、螺栓装好。

图 7-16 大齿轮和轴装配图

5. 轴承端盖的组装

保证轴承端盖的凸缘内端面与箱体上的轴承座端面贴合、两者的中心线重合；螺钉轴线与箱体螺纹孔对齐、螺钉端面与轴承端盖端面贴合。

6. 观察孔盖及通气器的组装

依次将观察孔盖、通气器装到减速器箱盖。

减速器的总装配图如图 7-18 所示。

图 7-17 箱座部件装配图

图 7-18 减速器的总装配图

5.4 减速器装配工艺实例

图 7-19 所示为减速器装配简图。减速器的运动由轴 1 输入，经小齿轮传至大齿轮，最后由轴 19 输出。它具有结构紧凑、工作平稳、噪声小等特点。主要技术指标有：滚动轴承的轴向间隙为 0.05~0.1mm；齿面接触斑点沿全长不小于 80%，沿齿高不小于 50%。滚动轴承的轴向间隙采用调整法装配，即分别调整或更换两组垫片 16、23 的尺寸大小来保证。齿面的接触精度用完全互换法装配，即控制零件的加工精度来保证。根据减速器为成批生产，结构简单，尺寸不大，可确定其装配组织形式为移动式流水线装配。

根据减速器的结构，将其划分为 6 个装配单元，分别为输出轴组件、输入轴组件、轴承盖组件Ⅰ、轴承盖组件Ⅱ、箱盖组件和油塞组件。它们所包含的零件见表 7-6。

选择箱体 25 作为总装的基准件，确定减速器的装配顺序，绘制出它的装配工艺系统图，如图 7-20 所示。

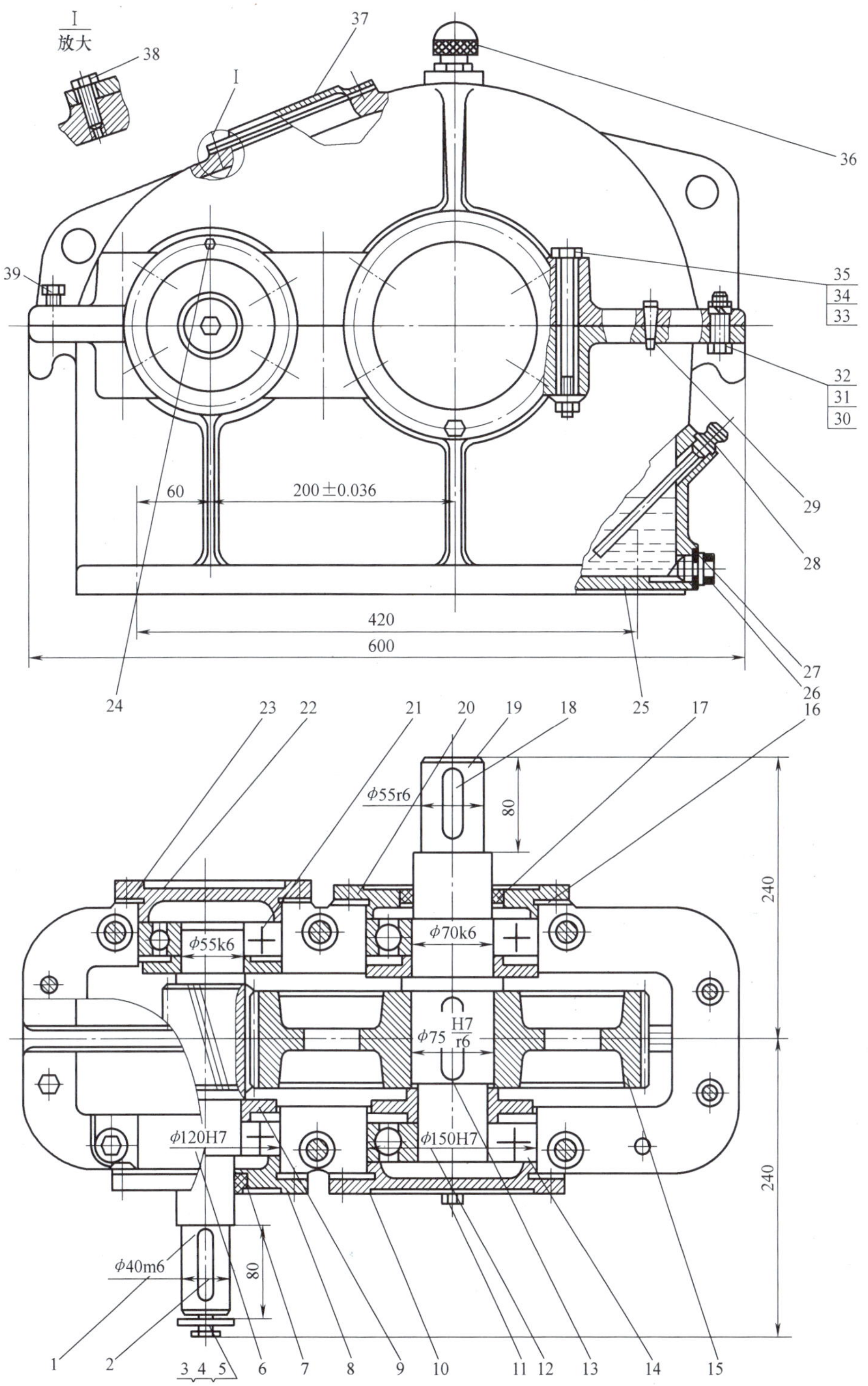

图 7-19 减速器装配简图

1—输入轴 2、13、18—键 3、11、24、30、33、38—螺栓 4、5—挡圈 6—箱盖 8、17—毡圈 8、10、20、22—轴承盖 9、12—挡油环 14、21—轴承 15—齿轮 16、23—垫片 19—输出轴 25—箱体 26—油塞 27—封油垫 28—油标尺 29—定位销 31、34—弹垫 32—螺母 35—螺母 36—通气器 37—视孔盖 39—启箱螺钉

表 7-6 装配单元简表

名称	代号	所含零件号
输出轴组件	001	12,13,14,15,18,19
输入轴组件	002	1,2,3,4,5,9,21
轴承盖组件Ⅰ	003	7,8
轴承盖组件Ⅱ	004	17,20
箱盖组件	005	6,36
油塞组件	006	26,27

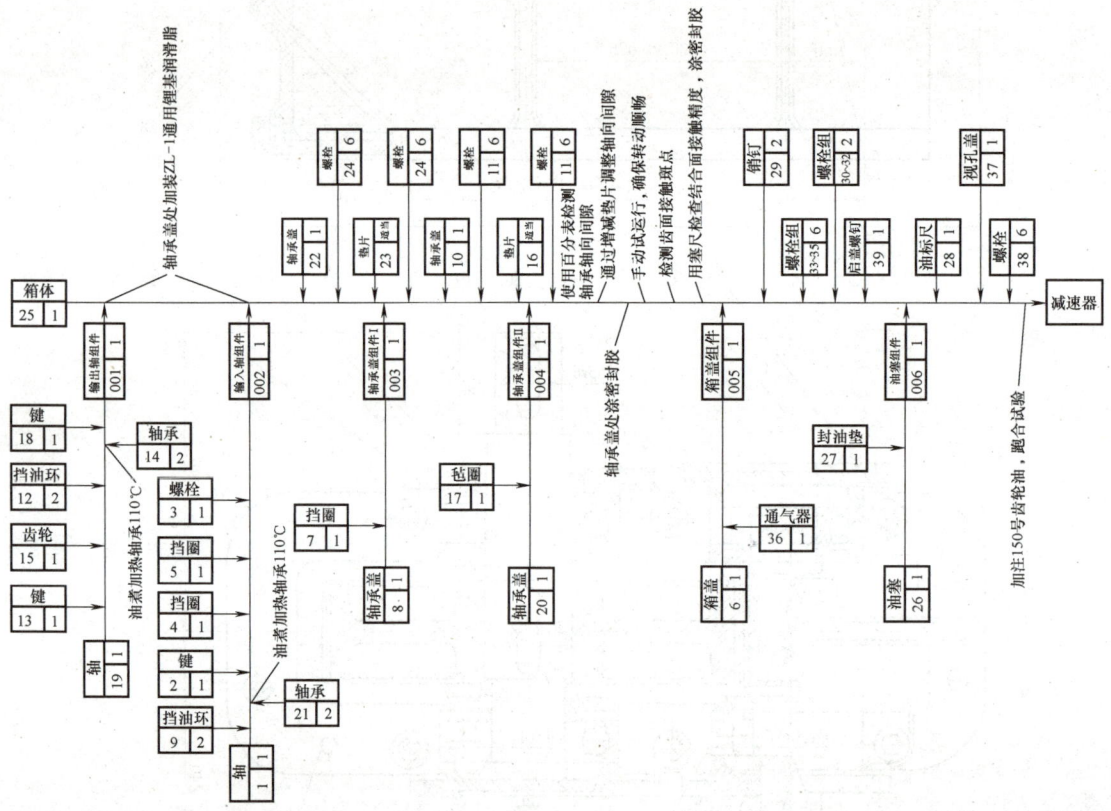

图 7-20 减速器装配工艺系统图

根据装配工艺系统图划分装配工序，并确定工序内容、设备、工装，编制装配工艺过程卡。减速器输出轴组件 001 和输入轴组件 002 的装配工艺过程卡片分别见表 7-7 和表 7-8。表 7-9 和表 7-10 给出了轴承盖组件 003 和 004 的装配工艺过程卡片。箱盖组件 005 和油塞组件 006 的装配工艺过程卡片见表 7-11 和表 7-12。最后，表 7-13 给出了减速器的整体装配工艺过程卡片。

表 7-7 输出轴组件 001 装配工艺过程卡片

装配工艺过程卡片		产品型号		零(部)件图号				
		产品名称		零(部)件名称		输出轴组件001	第(1)页	共(7)页
工序号	工序名称	工序内容		装配部门	设备与工艺装备		辅助材料	工时定额/min
10	组装	1. 将键 13 垂直压入输出轴 19 中间的键槽内		装配	锤子(铜质)			
		2. 将齿轮 15 装在输出轴 19 上			压力机			
		3. 将挡油环 12 装在输出轴 19 两端						
20	装轴承	1. 将轴承 14(两个)加热至约 110℃		装配	电热自动恒温油炉		机油	
		2. 将轴承 14(两个)套入输出轴 19 的轴颈处		装配	钳子			
30	装键	将键 18 垂直压入输出轴 19 端部的键槽内		装配	锤子(铜质)、扳手			
40	检	按标准检验组装质量		检验				
						设计(日期)	审核(日期)	标准化(日期)	会签(日期)
标记	处数	更改文件号	签字	日期	标记	处数	更改文件号	签字	日期

表 7-8 输入轴组件 002 装配工艺过程卡片

装配工艺过程卡片		产品型号		零(部)件图号				
		产品名称		零(部)件名称		输入轴组件002	第(2)页	共(7)页
工序号	工序名称	工序内容		装配部门	设备与工艺装备		辅助材料	工时定额/min
10	组装	将挡油环 9(两只)装在输入轴 1 两端		装配				
20	装轴承	将轴承 21(两只)加热至约 110℃		装配	电热自动恒温油炉		机油	
		将轴承 21(两只)装入输入轴 1 的轴颈处		装配	钳子			
30	装键	1. 将键 2 垂直压入输入轴 1 的键槽内		装配	锤子(铜制)、扳手			
		2. 将螺栓 3 和挡圈 5、挡圈 4 一起装在输入轴端部的螺纹孔内			扳手			
40	检	按标准检验组装质量		检验				
						设计(日期)	审核(日期)	标准化(日期)	会签(日期)
标记	处数	更改文件号	签字	日期	标记	处数	更改文件号	签字	日期

表 7-9 轴承盖组件 I 003 装配工艺过程卡片

装配工艺过程卡片		产品型号		零(部)件图号				
		产品名称		零(部)件名称	轴承盖组件I003	第(3)页	共(7)页
工序号	工序名称	工序内容		装配部门	设备与工艺装备	辅助材料	工时定额/min
10	组装	将毡圈7与轴承盖8装配在一起		装配			
20	检	按标准检验组装质量		检验			
						设计(日期)	审核(日期)	标准化(日期)	会签(日期)
标记	处数	更改文件号	签字	日期	标记	处数	更改文件号	签字	日期

表 7-10 轴承盖组件 II 004 装配工艺过程卡片

装配工艺过程卡片		产品型号		零(部)件图号				
		产品名称		零(部)件名称	轴承盖组件II004	第(4)页	共(7)页
工序号	工序名称	工序内容		装配部门	设备与工艺装备	辅助材料	工时定额/min
10	组装	将毡圈7与轴承盖8装配在一起		装配			
20	检	按标准检验组装质量		检验			
						设计(日期)	审核(日期)	标准化(日期)	会签(日期)
标记	处数	更改文件号	签字	日期	标记	处数	更改文件号	签字	日期

表 7-11 箱盖组件 005 装配工艺过程卡片

装配工艺过程卡片		产品型号		零(部)件图号				
		产品名称		零(部)件名称	箱盖组件005	第(5)页	共(7)页
工序号	工序名称	工序内容		装配部门	设备与工艺装备	辅助材料	工时定额/min
10	组装	将通气器36安装在箱盖6上		装配	扳手		
20	检	按标准检验组装质量		检验			
						设计(日期)	审核(日期)	标准化(日期)	会签(日期)
标记	处数	更改文件号	签字	日期	标记	处数	更改文件号	签字	日期

表 7-12 油塞组件 006 装配工艺过程卡片

装配工艺过程卡片		产品型号		零(部)件图号				
		产品名称		零(部)件名称		油塞组件006	第(6)页	共(7)页
工序号	工序名称	工序内容		装配部门	设备与工艺装备		辅助材料	工时定额/min
10	组装	将封油垫 27 和油塞 26 组合在一起		装配				
20	检	检查		检验				
				设计(日期)	审核(日期)		标准化(日期)	会签(日期)
标记	处数	更改文件号	签字	日期	标记	处数	更改文件号	签字	日期

表 7-13 减速器整体装配工艺过程卡片

装配工艺过程卡片		产品型号		零(部)件图号			
		产品名称	减速器	零(部)件名称		第(7)页	共(7)页
工序号	工序名称	工序内容	装配部门	设备与工艺装备		辅助材料	工时定额/min
10	装输出轴	将输出轴组件 001 装在箱体 25 上	装配				
20	装输入轴	将输入轴组件 002 装在箱体 25 上，注意齿轮啮合应良好，不能有磕碰	装配				
30	装输入轴轴承盖	1. 将轴承盖组件 003 套在输入轴 002 的伸出端	装配				
		2. 使用 6 个螺栓 24 将轴承盖组件 003 固定		扳手			
		3. 将轴承盖 22 套在输入轴 002 盲端一侧的箱体 25 上，使用 6 个螺栓 24 将轴承盖 22 固定；使用百分表检测轴承轴向间隙，通过增减垫片的数量调整轴向间隙，使其在规定范围内（0.05～0.1mm）	装配	扳手、百分表及底座			
40	装输出轴轴承盖	1. 将轴承盖组件 004 套在输出轴组件 001 的伸出端	装配				
		2. 使用 6 个螺栓 11 将轴承盖组件 004 固定在箱体 25 上		扳手			
		3. 将轴承盖 10 套在输出轴组件 001 盲端一侧的箱体 25 上，使用 6 个螺栓 11 将轴承盖 22 固定；使用百分表检测轴承轴向间隙，通过增减垫片的数量调整轴向间隙，使其在规定范围内（0.05～0.1mm）		扳手、百分表及底座			
		4. 检测齿面接触斑点是否在规定范围内				红丹油	

（续）

工序号	工序名称	装配工艺过程卡片 / 工序内容	产品型号 / 产品名称 减速器 / 装配部门	零（部）件图号 / 零（部）件名称 / 设备与工艺装备	辅助材料	第(7)页 共(7)页 / 工时定额 /min
50	合箱	1. 拆下所有轴承盖		扳手		
		2. 擦净箱盖6和箱体25的结合面，将箱盖组005安装在箱体25上		起重机		
		3. 用塞尺检查结合面接触精度，最大缝隙不超过0.05mm		塞尺		
		4. 涂密封胶		刷子	密封胶	
		5. 将定位销29（两个）装入销孔内				
		6. 将螺栓30、弹垫31和螺母32（各两个）安装至箱盖6和箱体25的孔内		扳手		
		7. 将螺栓33、弹垫34和螺母35（各六个）安装至箱盖6和箱体25的孔内		扳手		
		8. 用手转动输入轴，试运转，确认转动顺畅				
60	加油	在所有轴承处加ZL-1通用锂基润滑脂		黄油枪	ZL-1通用锂基润滑脂	
70	再次装轴承盖	1. 擦净轴承盖结合面，涂抹密封胶		刷子	密封胶	
		2. 再次将所有轴承盖安装就位		扳手		
		3. 检查输入轴、输出轴，确认转动顺畅				
80	装启盖螺钉	安装启盖螺钉39		扳手		
90	装油塞	将油塞组件006旋入箱体25的放油孔内，并旋紧至规定力矩		力矩扳手		
100	装油标尺	安装油标尺28至相应孔内		扳手		
110	装视孔盖	安装视孔盖37至箱盖6上，并用6个螺栓38将其固定		扳手		
120	加油	加150号齿轮油，液位至齿轮的一个齿没入油液中		加油机	150号齿轮油	
130	试验	连上电动机，接上电源，进行空转试车减速器运转30min后，要求齿轮传动无明显噪声，轴承温度不超过规定要求以及符合装配后各项技术要求		试验台		

					设计（日期）	审核（日期）	标准化（日期）	会签（日期）
标记	处数	更改文件号	签字	日期	标记 处数 更改文件号 签字 日期			

思 考 题

1. 简述装配的基本要求。
2. 简述装配的基本内容。
3. 装配精度一般包括哪些内容？零件加工精度与装配精度的关系如何？
4. 什么是装配尺寸链？装配尺寸链是如何构成的？装配尺寸链封闭环是如何确定的？如何建立装配尺寸链？
5. 保证装配精度的装配方法有哪几种？各适用于什么装配场合？
6. 简述制订装配工艺规程的基本原则。
7. 简述制订装配工艺规程的步骤、方法及内容。
8. 蜗轮与锥齿轮减速器装配图如图 7-21 所示，画出减速器总装系统图，并编写减速器的装配工艺。

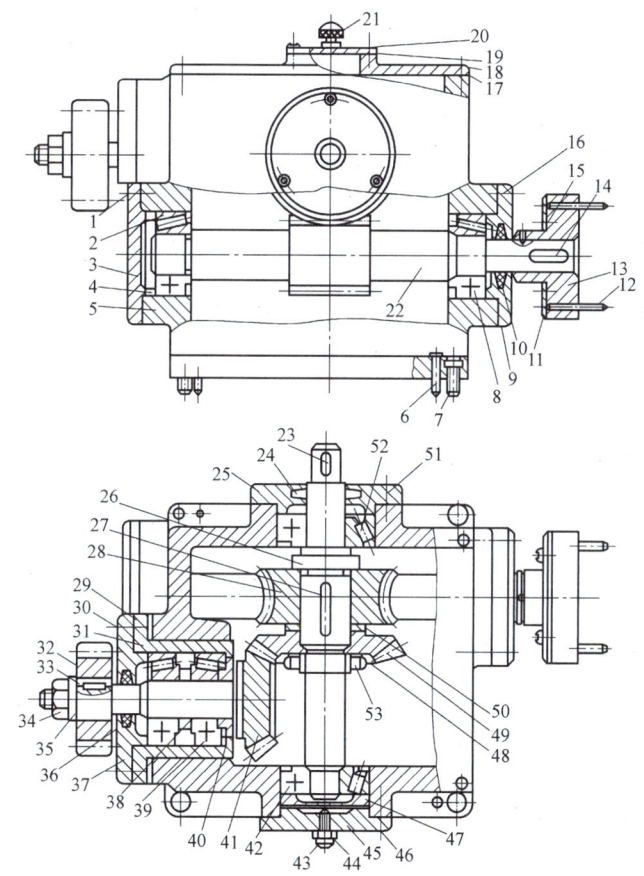

图 7-21 蜗轮与锥齿轮减速器装配图

1、7、15、16、17、20、30、43、46、51—螺钉　2、8、39、42、52—轴承　3、9、25、37、45—轴承盖
4、29、50—调整垫圈　5—箱体　6、12—销　10、24、36—毛毡　11—环　13—联轴器　28—蜗轮　14、23、27、33—键
18—箱盖　19—盖板　21—手把　22—蜗杆轴　26—轴　31—轴承盖　32—圆柱齿轮　34、44、53—螺母
35、48—止动垫圈　38—隔圈　40—衬垫　41、49—锥齿轮　47—压套

9. 某减速器锥齿轮轴组件如图 7-22 所示，编写减速器的装配工艺。

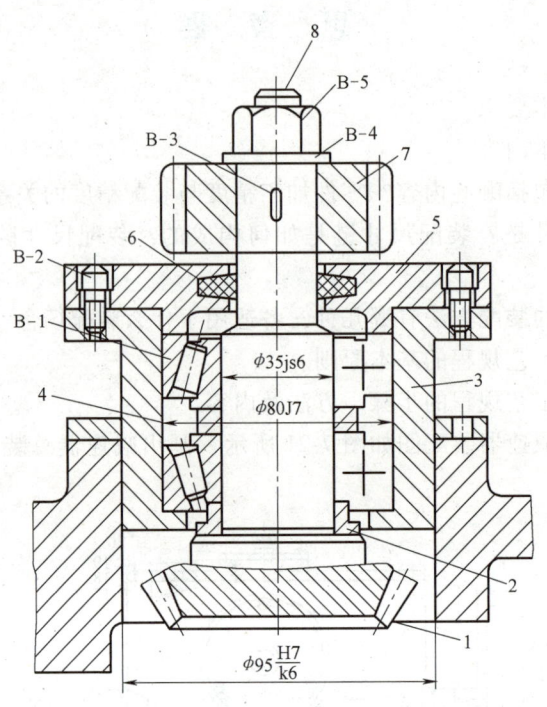

图 7-22　锥齿轮轴组件

1—锥齿轮　2—衬垫　3—轴承套　4—隔圈　5—轴承盖　6—毛毡圈　7—圆柱齿轮
8—主轴　B-1—轴承　B-2—螺钉　B-3—键　B-4—垫圈　B-5—螺母

素养提升

大国工匠——张德勇

张德勇是中国嘉陵工业股份有限公司（集团）的钳工高级技师。他 19 岁入行，20 岁开始独立承担项目，27 岁拿到技师资格，32 岁成为高级技师。"切、锉、削、磨、攻……钳工就是手上功夫，实践性强，所以工作时间越长、经验越多，解决问题的办法就越丰富。"张德勇把钳工比作"万金油"，那些机器不适宜或不能解决的加工，都可以由钳工来解决。2005 年，中核集团一个检测核反应堆里核燃料组件的高精密检测专用设备改造项目颇为棘手。张德勇主动承接了这项改造任务。通过查找大量资料，认真分析技术要点，仅用了半个月，就独立完成了 500 余个零部件的安装。最终，各项技术指标均达到或超过设备技术验收标准。

"人的价值不在于赚多少钱，而在于能在岗位上创造多少价值。"这是张德勇作为一个大国工匠的初心。

项目八

现代制造技术的运用

项目描述

图 8-1 所示为冲压模具上使用的落料凹模零件,厚度为 20mm,材料 Cr12MoV,热处理硬度 60~65HRC。试编制其加工工艺规程。

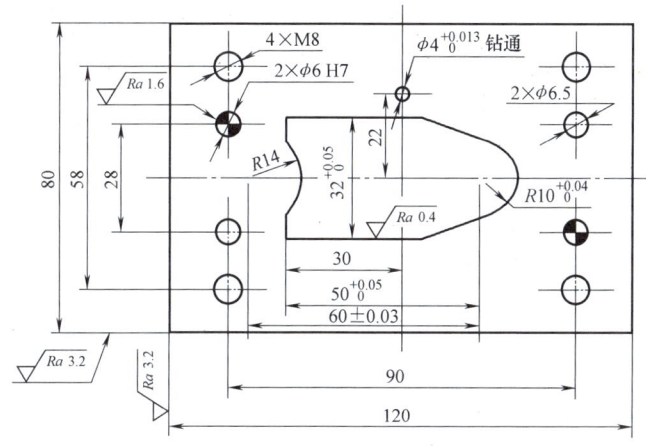

图 8-1 落料凹模

技能目标

能根据落料凹模零件的加工要求,编制机械加工工艺。

知识目标

掌握电火花加工的基本原理,了解先进的制造方法。

任务一 电火花加工方法的选择

任务描述

根据图 8-1 所示落料凹模零件图的要求,加工中间的型孔,选择加工参数。

任务分析

加工模具的型孔,要采用电火花线切割加工技术。

相关知识

在一定的绝缘液体介质中,利用工具电极和工件电极之间脉冲放电时的电腐蚀作用对工件进行加工,称为电火花加工,也称为电蚀加工或放电加工(Electrical Discharge Machining,EDM)。

1.1 电火花加工的基本原理

研究结果表明,要想利用火花放电产生的电蚀现象对工件进行加工,必须具备以下基本条件。

1)使火花放电为瞬时的脉冲性放电,并且脉冲放电的波形基本是单向的,如图 8-2 所示。

电压脉冲的持续时间 t_i 称为脉冲宽度(单位为 μs),在精加工时要选用较小的脉冲宽度,以提高加工精度和表面质量;在粗加工时应选用较大的脉冲宽度,以保证加工速度,但是不能过大,一般应小于 $10 \mu s$。这样可以使每一个放电点局限在很小的范围内,使放电产生的热量来不及传导和扩散到加工表面以外的部位,防止将工件表面烧伤。两个电压脉冲之间的间隔时间 t_o 称为脉冲间隙(单位为 μs),脉冲间隙的大小也应合理选用,如果间隔时间过短,会使绝缘介质来不及恢复绝缘状态,容易产生电弧放电,烧伤工件

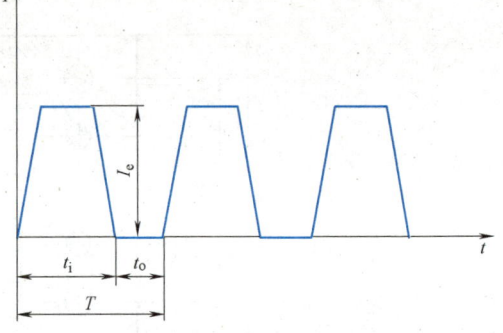

图 8-2 脉冲电压波形

t_i—脉冲宽度　t_o—脉冲间隔
T—脉冲周期　I_e—脉冲高度

和工具;脉冲间隔时间过长,又会降低加工生产率。一个电压脉冲开始到下一个电压脉冲开始之间的时间 T 称为脉冲周期(单位为 μs),显然 $T=t_i+t_o$。

2)脉冲放电要有足够的能量,也就是说放电通道要有很大的电流密度(一般为 $10^5 \sim 10^6 A/cm^2$)。这样可以保证在火花放电时产生较高的温度将工件表面的金属熔化或汽化,以达到加工的目的。

3)保证有合理的放电间隙。放电间隙指利用火花放电进行加工时工具表面和工件表面之间的距离,用 S 表示。放电间隙的大小与加工电压、工作介质等因素有关,一般在几微米到几百微米之间合理选用。间隙过大,会使工作电压不能击穿工作介质;而间隙过小,易形成短路,两者都将导致电极间电流为零,不能产生火花放电,从而不能对工件进行加工。

4)火花放电必须在具有一定绝缘性能的液体工作介质中进行。工作介质的作用有以下 4 点。

① 在达到要求的击穿电压之前,工作介质应保持电学上的非导电性,即起到绝缘的作用。

② 在达到击穿电压后,工作介质要尽可能地压缩放电通道的横截面积,从而提高单位面积上的电流强度。

③ 在放电完成后,迅速熄灭火花,使火花间隙消除电离,从而恢复绝缘。

④ 工作介质要具有较好的冷却作用，并将电蚀产物从放电间隙中带走。

目前大多数电火花机床采用煤油作为工作介质。但是加工大型复杂零件时，由于功率较大，可能引起煤油着火，这时可以采用燃点较高的机油或者是煤油与机油混合物等作为工作介质。另外，水基工作介质也逐渐应用在电火花加工中，这种工作介质可使粗加工效率大幅度提高，并且消除了因加工功率大而引起火灾的隐患。

综合以上基本条件，电火花加工原理如图 8-3 所示。

脉冲电源 1 的两个输出端分别与工件 2 和工具 4 连接。自动进给调节装置 3（此处为液压缸及活塞）使工件与工具之间保持一很小的放电间隙，当加在两极间的脉冲电压足够大时，便使两极间隙最小处或绝缘强度最低处的工作介质被击穿，在该处形成火花放电，瞬时达到高温使工具和工件表面都蚀除掉一小部分金属，各自形成一个小凹坑。图 8-4a 所示为单个脉冲放电后的电极表面。脉冲放电结束后，经过一段时间间隔（即脉冲间隔 t_0），待工作介质恢复绝缘并清除电蚀产物后，第二个脉冲电压又加到两极上，又会使两极间隙最小处或绝缘强度最低处的工作介质被击穿，从而又形成小凹坑。这样随着相当高的频率，连续不断地重复放电，工具电极不断地向工件进给，从而保持一定的放电间隙，就可将工具端面和横截面的形状复制在工件上，加工出所需形状的零件，整个加工表面是由无数个小凹坑组成的。图 8-4b 所示为多次脉冲放电后的电极表面。

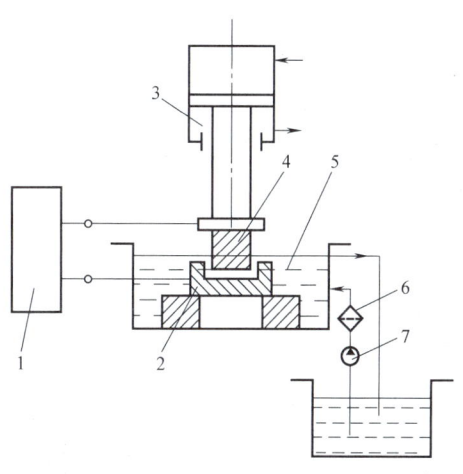

图 8-3　电火花加工原理图

1—脉冲电源　2—工件　3—自动进给调节装置
4—工具　5—工作介质　6—过滤器　7—液压泵

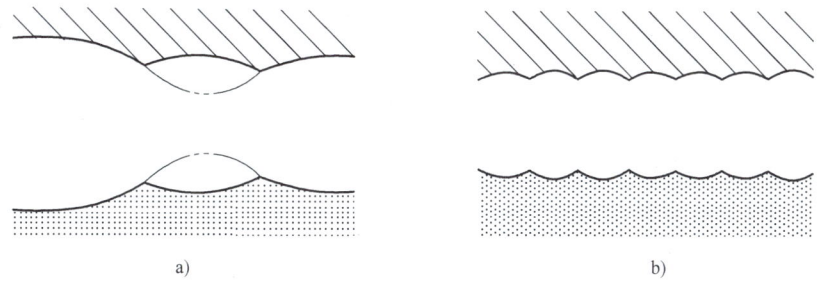

图 8-4　电火花加工表面局部放大图

a）单个脉冲的凹坑　b）多次脉冲放电后的电极表面

1.2　电火花加工的机理

在火花放电的过程中，电极表面是怎样被蚀除的呢？这一微观的物理过程就是电火花加工的机理。了解这一微观过程，有助于掌握电火花加工工艺的基本规律，对脉冲电源、进给装置、机床设备等提出合理的要求。大量实验研究表明，一次脉冲放电的过程可以分为极间介质的电离、放电通道的形成、热膨胀、电极材料的抛出和极间介质的消电离等几个连续的阶段。

1. 极间介质的电离

当两极间的电压足够大时,由于工件和电极表面存在着微观的凸凹不平,在两极相距最近的点上电场强度最大,会使附近的工作介质首先被电离为带负电的电子和带正电的正离子。

2. 放电通道的形成

在电场力的作用下,电子高速向阳极运动,正离子向阴极运动,从而产生火花放电,形成了放电通道。但由于放电通道受到放电时磁场力和周围工作介质的压缩,放电通道的横截面积极小,又由于两极间工作介质在被击穿的瞬间电阻从绝缘状态的几兆欧姆骤降到几分之一欧姆,最终造成单位面积上的电流强度极大,可以达到 $10^5 \sim 10^6 A/cm^2$。放电过程状态微观图如图8-5所示。

3. 热膨胀

脉冲电源使通道间的电子高速靠近向阳极,正离子靠近阴极,将电能变成动能;又由于放电通道中的电子和正离子高速运动时相互碰撞,以及高速电子和正离子流撞击阳极和阴极表面,从而将动能转化为热能。这就使两极之间沿放电通道在瞬间形成了一个温度高达 10000~12000℃ 的高温热源。热源将周围的工作介质一部分高温分解为游离的炭黑和 C_2H_2、C_2H_4 等气体,另一部分直接汽化,热源作用区的工件表面层也很快熔化甚至汽化。上述过程是在极短的时间内完成的,即在极短的时间产生大量的气体,这样就具有爆炸的特性。由此我们就很容易理解,为什么在观察电火花加工过程时,可以看到放电间隙间冒出气泡、工作介质变黑和听到轻微而清脆的爆炸声等现象了。

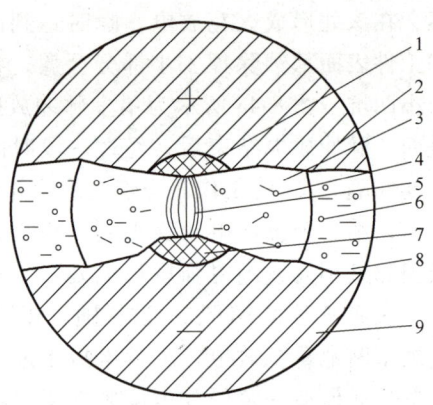

图 8-5 放电过程状态微观图
1—阳极气化、熔化区 2—阳极 3—气泡
4—熔化的金属微粒 5—放电通道
6—凝固的金属微粒 7—阴极气化、熔化区
8—工作介质 9—阴极

4. 电蚀产物的抛出

在上述热膨胀过程中,产生了很高的瞬时压力。通道中心的压力最高,气体不断向外膨胀,压力高处的熔融金属液体和蒸气就被排挤、抛出而进入工作液中。由于表面张力和内聚力的作用,抛出的材料倾向于具有最小的表面积,冷凝时凝聚成细小的圆球颗粒,其直径视脉冲能量而异(一般为 0.1~500μm),如图 8-6 所示。电极材料的一部分(汽化区和熔化区)被抛到液体介质中,而另一部分(凝固区)又重新冷却凝固在电极表面,并且在四周形成稍凸起的翻边。处于热影响区的电极材料,虽然没有熔化,但经历了温度升高又被冷却的过程,其分子的组织结构发生变化,类似于热处理过程。

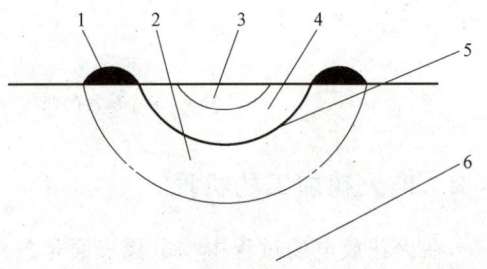

图 8-6 放电表面剖面示意图
1—凸起 2—热影响区 3—汽化区 4—熔化区
5—凝固区 6—无变化区

5. 极间介质的消电离

使放电区的带电粒子重新结合成为中性粒子的过程，称为消电离。在一次脉冲放电结束后应有一段时间间隔，使间隙介质消电离，从而恢复介质的绝缘状态。在加工过程中产生的电蚀产物（如金属微粒、碳粒子、气泡等）如果没有被及时排除、扩散，就会改变两极间介质的成分，并降低绝缘强度。脉冲火花放电时产生的热量不及时传出，也会使消电离过程不充分，这样就会使脉冲火花放电变为有害的电弧放电，从而烧伤工件。脉冲间隔时间 t_o 的大小取决于脉冲能量、脉冲爆炸力、放电间隙和加工面积。

1.3 电火花加工的特点

1. 电火花加工的优点

1）能加工用切削的方法难于加工或无法加工的高硬度导电材料。在电火花加工过程中，主要是靠电、热能进行加工，几乎与力学性能（硬度、强度等）无关。从而使工件的加工不受工具硬度、强度的限制，实现了用软质的材料（如石墨、铜等）加工硬质的材料（如淬火钢、硬质合金和超硬材料等）。

2）便于加工细长、薄、脆性零件和形状复杂的零件。由于加工过程中，工具与工件没有直接接触，这样就使工件与工具之间没有机械加工的切削力，机械变形小，因此可以加工复杂形状和进行微细加工。

3）工件变形小，加工精度高。目前，电火花加工的精度可达 0.01~0.05mm，在精密光整加工时可小于 0.005mm。

4）易于实现加工过程的自动化。电火花加工主要利用电能进行加工，而电能、电参数较机械量易于实现自动化控制。目前我国电火花加工机床大多都是数字控制。

2. 电火花加工的不足

1）只能对导电材料进行加工。通过对电火花加工原理的分析，我们可以看出，电火花加工所用的工具和工件必须是导体，所以塑料、陶瓷等绝缘的非导体材料不能用电火花进行加工。

2）加工精度受到电极损耗的限制。由于加工过程中，工具电极同样会受到电、热的作用而被蚀除，特别是在尖角和底面部分，蚀除量较大，又造成了电极损耗不均匀的现象，所以电火花加工的精度受到限制。

3）加工速度慢。由于火花放电时产生的热量只局限在电极表面，而且又很快被介质冷却，所以加工速度要比机械加工慢。

4）最小圆角半径受到放电间隙的限制。虽然电火花加工具有一定的局限性，但与传统的切削加工相比仍有巨大的优势，因此其应用领域日益扩大，目前已广泛应用于机械（特别是模具制造）、航空航天、电子、电器、仪器仪表等行业，用来解决难加工材料及复杂形状零件的加工问题。

1.4 电火花加工机床简介

电火花加工机床狭义上指能完成穿孔和成形加工的机床，而在广义上讲，电火花加工机床应该包括电火花穿孔机、成形加工机床、电火花线切割加工机床和电火花磨削机床以及各种专门用途的电火花加工机床，如加工小孔、螺纹环规和异形孔纺丝板等的电火花加工机床。这几种机床的工作原理都是用电火花放电加工来蚀除金属,但在工艺形式、机床结构和操作方法上存在着很大差别。

1. 机床名称、型号与分类

(1) 机床的名称和型号 我国早期生产的电火花机床按其用途分为两类,一类是采用 RC、RLC 和晶体管、闸流管脉冲电源,主要用于穿孔加工的电火花穿孔加工机床,被命名为 D61 系列(如 D6125、D6140 型等);另一类是采用长脉冲发电机电源,主要用于成形加工的电火花成形加工机床,被命名为 D55 系列(如 D5540、D5570 等)。20 世纪 80 年代开始,电火花加工机床大多采用晶体管脉冲电源,这样就使同一台电火花加工机床既能用于穿孔加工,也可用于成形加工。因此我国把电火花穿孔、成形加工机床定名为 D71 系列,统称为电火花成形加工机床,或简称电火花加工机床。

(2) 电火花加工机床的分类 电火花加工机床像其他加工机床一样,有很多分类方法。

1) 按照机床的数控程度可分为非数控型(手动型)、单轴数控型及多轴数控型等。

2) 按照机床的规格大小可分为小型(工作台宽度小于 250mm 以下)、中型(工作台宽度在 250~630mm 之间)和大型(工作台宽度在 630mm 以上)。

3) 按精度等级分为标准、精密和高精度电火花成形机床。

4) 按工具电极的伺服进给系统的类型分为液压进给、步进电动机进给、直流或交流伺服电动机进给驱动等类型。

5) 按应用范围可以分为通用机床、专用机床(如航空叶片零件加工机床、螺纹加工机床、轮胎橡胶模加工机床等)。

6) 根据机床结构分为龙门式、滑枕式、悬臂式、框形立柱式和台式电火花成形机床。其中立柱式应用最为广泛。图 8-7a 所示为龙门式大型电火花加工机床,工作台固定在床身上,主轴头可做横向坐标移动,根据加工的需要,可在机床的横梁上装设几个主轴头,以满足同时加工出几个型孔的需要。这种机床刚度好,可做成大、中型电火花加工机床。图 8-7b 所示为滑枕式结构电火花加工机床。它的主要特点是工件安装在床身工作台上不动,两主轴头安装在 X、Y 两个滑枕上运动,这样可以避免重大的工件和油槽中的煤油工作介质在 X、Y 方向快速运动时产生很大的惯性力。其缺点是行程大时机床刚度变差,电极装夹找正也因油箱体积大而不太方便。

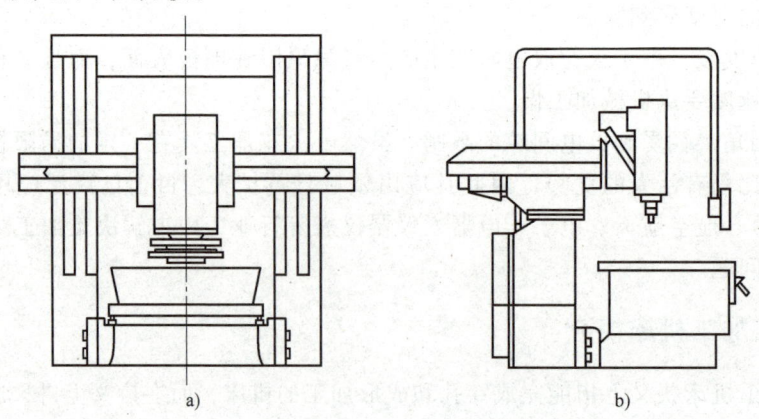

图 8-7 典型机床结构示意图

a) 龙门式大型电火花加工机床   b) 滑枕式结构电火花加工机床

随着机床工业的发展,模具行业对电火花加工机床的需求不断增加,电火花加工机床将朝着高精度、高稳定性和高自动化程度等方向发展。国外已经研制出带工具电极库,能按程序自动更换电极的电火花加工中心。

2. 电火花加工机床的结构

电火花加工机床主要由机床主体、脉冲电源、自动进给调节系统和工作介质净化及循环系统几部分组成。

立柱式电火花加工机床如图8-8所示。

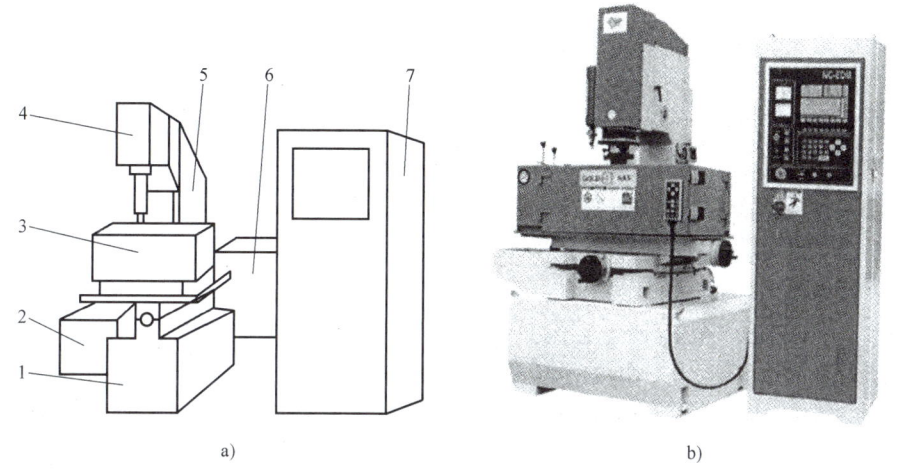

图8-8　立柱式电火花加工机床
a) 结构图　b) 外观图
1—床身　2—液压油箱　3—工作液槽　4—主轴头　5—立柱　6—工作液箱　7—电源箱

（1）机床主体　机床主体部分主要包括主轴头、床身、立柱、工作台及工作液槽几部分。其作用主要是支承、固定工件和工具电极,并通过传动机构实现工具电极相对于工件的进给运动。

主轴头是电火花加工机床中最关键的部件,是自动调节系统中的执行机构,对加工工艺指标的影响极大。一般对主轴头的要求是结构简单、传动链短、传动间隙小、热变形小、具有足够的精度和刚度、惯性小、灵敏度好、能承受一定负载的要求。主轴头主要由进给系统、导向防扭机构、电极装夹及其调节环节组成。我国目前生产的电火花加工机床大多采用液压主轴头。液压主轴头结构有两种,一种是液压缸固定、活塞连同主轴上下移动；另一种是活塞固定,液压缸体连同主轴上下移动。前者结构简单,但刚度差,主轴导向部分为滑动摩擦,灵敏度低。后者结构复杂,刚度好,灵敏度高。

（2）脉冲电源　脉冲电源的作用是把交流电转换成单向脉冲电流,以提供能量来蚀除金属。脉冲电源的输出端分别接电极和工件,在加工过程中向间隙不断输出脉冲电流。当电极与工件之间间隙达到一定值时,工作介质被击穿而形成脉冲火花放电,同时使工件材料被汽化而蚀除。电极向工件的不断进给,使工件被加工成所需形状。

脉冲电源对电火花加工的生产率、工件的表面质量、加工精度、加工过程中的稳定性和工具电极损耗等技术经济指标有很大的影响。常用的有张弛式、闸流管式、电子管式、可控硅式和晶体管式脉冲电源,目前以晶体管式脉冲电源使用最广。

1) 张弛式脉冲电源。这种电源最早在电火花穿孔加工机床中应用，采用张弛式或 RC 电路，后又逐步改进为 RLC、RLCL、RLC-LC 电路。图 8-9 所示为 RC 线路脉冲电源。它的工作原理是：首先直流电源 E 通过电阻 R 向电容器 C 充电，使电容器两端的电压不断升高，当电压上升到工作介质的击穿电压时，两极间的工作介质被击穿，形成放电通道，电容器上储存的能量瞬间释放，产生较大的脉冲电流。当电容 C 上积蓄的能量释放完时，间隙中的工作介质又迅速恢复绝缘状态。此后电容再次充电，又重复上述过程，达到加工的目的。

这种脉冲电源的优点是：结构简单、工作可靠、成本低、操作和维护方便，在小功率时可以获得很窄的脉冲宽度和很小的单个脉冲能量，加工精度高，可用作光整加工和微细加工。缺点是：生产率和电源利用效率低，工艺参数不稳定和工具损耗大等。因此，随着可控硅、晶体管脉冲电源的出现，这种电源的应用逐渐减少，目前多用于特殊材料加工和精密微细加工。

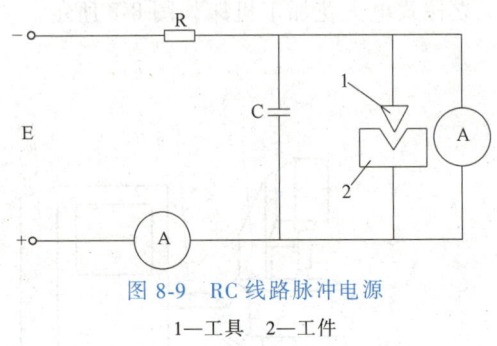

图 8-9　RC 线路脉冲电源
1—工具　2—工件

2) 闸流管式和电子管式脉冲电源。闸流管式和电子管式脉冲电源属于独立式脉冲电源，它们以末级功率级起开关作用的电子元件而命名。闸流管和电子管均为高阻抗开关元件，因此主回路中常为高压小电流，必须采用脉冲变压器变换为大电流的低压脉冲，才能用于电火花加工。

闸流管式和电子管式脉冲电源由于受到末级功率管以及脉冲变压器的限制，脉冲宽度比较窄，脉冲电流也不能大，且能耗也大，故主要用于冲模类穿孔加工等精加工场合，不适于型腔加工。因此，已为晶闸管式、晶体管式脉冲电源所替代。

3) 晶闸管式、晶体管式脉冲电源。晶闸管式脉冲电源是利用晶闸管作为开关元件而获得单向脉冲的。由于晶闸管的功率较大，脉冲电源所采用的功率管数目可大大减少，因此，200A 以上的大功率粗加工脉冲电源，一般采用晶闸管。

晶体管式脉冲电源的输出功率及其最高生产率不易做到晶闸管式脉冲电源那样大，但它具有脉冲频率高、脉冲参数容易调节、脉冲波形较好、易于实现多回路加工和自适应控制等自动化要求的优点，所以应用非常广泛，特别在中、小型脉冲电源中，都采用晶体管式电源。

近年来随着电火花加工技术的发展，为进一步提高有效脉冲利用率，达到高速、低耗、稳定加工以及一些特殊需要，在晶闸管式或晶体管式脉冲电源的基础上，派生出不少新型电源和线路，如高、低压复合脉冲电源，多回路脉冲电源以及多功能电源等。

(3) 自动进给调节系统　自动进给调节系统由自动调节器和自适应控制装置组成。主要的作用是在电火花加工过程中维持一定的火花放电间隙，保证加工过程正常、稳定地进行。主要体现在两个方面，一是在放电过程中，工具电极和工件电极不断被蚀除，造成两极间的间隙不断增大，当间隙过大时，则不会产生放电，此时自动进给调节装置将自动调节工具进行补偿进给，以维持所需的放电间隙；另一方面是当工具电极和工件电极距离太近或发生短路时，自动进给调节装置自动调节工具反向离开工件，再重新进给调节放电间隙。

对自动进给调节装置的要求是：有较广的速度调节跟踪范围、足够的灵敏度和快速性，必要的稳定性等。目前电火花加工常用的自动进给调节系统是电液自动进给调节系统和电-

机械式自动调节系统。其中采用步进电动机和力矩电动机的电-机械式自动调节系统，由于低速性能好，可直接带动丝杠进退，因而传动链短、灵敏度高、体积小、结构简单，而且惯性小，有利于实现加工过程的自动控制和数字程序控制，因而在中、小型电火花机床中得到越来越广泛的应用。

图 8-10 所示为步进电动机自动调节系统原理框图。其工作原理是：检测环节对放电间隙进行检测后，输出一个反映间隙状态的电压信号。变频电路则将该信号加以放大，并转换成不同频率的脉冲，为环形分配器提供进给触发脉冲。同时，多谐振荡器发出恒频率的回退触发脉冲。根据放电间隙的物理状态，两种触发脉冲由判别电路选其一种送至环形分配器，决定进给或是回退。当极间放电状态正常时，判别电路通过单稳电路打开进给与门；当极间放电状态异常（短路或形成有害的电弧）时，则判别电路通过单稳电路打开回退与门，分别驱动相对应的环形分配器的相序，使步进电极正向或反向转动，使主轴进给或退回。

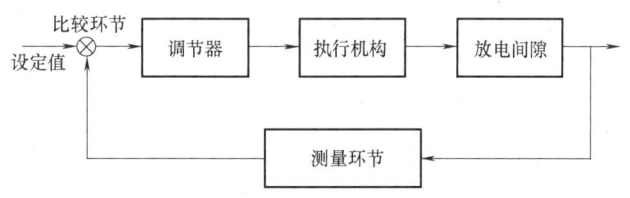

图 8-10 步进电动机自动调节系统原理框图

近年来随着数控技术的发展，国内外的高档电火花加工机床均采用了高性能直流或交流伺服电动机，并采用直接拖动丝杠的传动方式。再配以光电码盘、光栅、磁尺等作为位置检测环节。因而大大提高了机床的进给精度、功能和自动化程度。

（4）工作介质净化及循环系统 电火花加工用的工作介质净化及循环过滤系统由储液箱、过滤器、泵和控制阀等部件组成。工作介质循环的方式很多，主要有以下几种。

1）非强迫循环。工作介质仅做简单循环，用清洁的工作介质换脏的工作介质。电蚀产物不能被强迫排除，仅可应用在粗、中电规准时。

2）强迫冲油。将清洁的工作介质强迫冲入放电间隙，工作介质连同电蚀产物一起从电极侧面间隙中被排出，称为强迫冲油。这种方法排屑力强，但电蚀产物通过已加工区，排出时形成二次放电，容易形成大的间隙和斜度。此外，强迫冲油对主轴头的自动调节系统会产生干扰，过强的冲油会造成加工不稳定。如果工作介质中带有气泡，进入加工区域将会发生爆裂而引起"放炮"现象，并伴随有强烈振动，严重影响加工质量。

3）强迫抽油。将工作介质连同电蚀产物经过放电间隙和工件待加工面强迫吸出，称为强迫抽油。这种排屑方式可以避免电蚀产物的二次放电，故加工精度高，但排屑力较小，不能用于粗规准加工。

工作液循环过滤系统如图 8-11 所示，工作过程主要为冲油、抽油和放油三个过程。

当前我国常用的电火花加工的工作介质是煤油，它的作用是在电火花加工之前保证工具与工件之间的间隙绝缘；在加工过程中，形成火花放电通道，并在放电结束后迅速恢复间隙的绝缘状态；对放电通道产生压缩作用；帮助电蚀产物的抛出和排除；冷却工具和工件等。在大功率工作条件下，为了避免煤油着火，可以采用燃点较高的机油或煤油与机油的混合物等作为工作介质。近年来，新开发的水基工作介质可使粗加工效率大幅度提高。

介质过滤装置的作用是过滤掉工作介质中的电蚀产物和杂质，以前常采用木屑、黄砂或棉纱等作为过滤层，其优点是材料来源广泛，可以就地取材，但是其过滤能力有限，不适于大流量、粗加工，且每次更换介质，要消耗大量煤油。目前常用的是纸过滤器，它的过滤精度较高,阻力小,更换方便,本身的耗油量比木屑少得多,特别适合大、中型电火花加工机床,一般可连续应用150~500h,用后经反冲或清洗,仍可继续使用,而且有专业纸过滤器滤芯生产厂可供订购,故现已被大量应用。

随着数字控制技术的发展,电火花加工机床已数控化,并采用微型电子计算机进行控制。机床功能更加完善,自动化程度大为提高,实现了电极和工件的自动定位、加工条件的自动转换、电极的自动交换、工作台的自动进给、平动头的多方向伺服控制等。低损耗电源、微精加工电源、适应控制技术和完善的夹具系统的采用,显著提高了加工

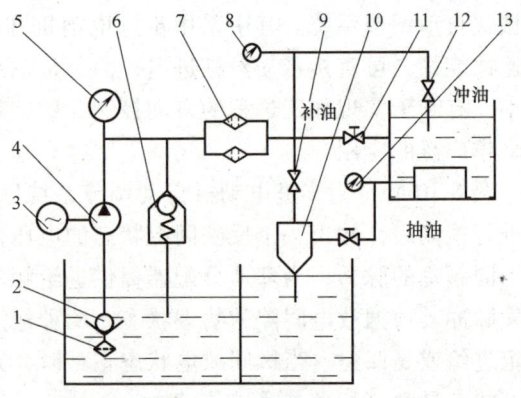

图8-11 工作液循环过滤系统

1—粗过滤器 2—单向阀 3—电动机 4—液压泵
5、8、13—压力表 6—安全阀 7—精过滤器
9—冲油选择阀 10—射流抽吸管
11—快速进油控制阀(补油) 12—压力调节器

速度、加工精度和加工稳定性,扩大了应用范围。电火花加工机床不仅向小型、精密和专用方向发展,而且向能加工汽车车身、大型冲压模的超大型方向发展。

1.5 电火花穿孔加工

随着电火花加工工艺和机床的发展,电火花成形穿孔加工应用也日趋广泛,主要应用于冲压模具零件(包括凸凹模、卸料板和固定板等)、粉末冶金模具零件、挤压模具零件和各种型腔模具(包括锻模、压铸模、塑料模等)零件的制造上。

电火花穿孔加工中的小孔加工,由于孔径小所以采用的加工工艺与其他穿孔加工有很多不同之处,所以一般单列出来。

用电火花方法加工通孔称为电火花穿孔加工。主要应用于加工那些用机械方法难以加工或无法加工的零件。比如硬质合金、淬火钢等硬度较大的金属材料和具有复杂形状的零件的通孔加工等。

冲裁模具在生产中应用较为广泛,但是由于冲裁模具具有形状复杂、硬度高和尺寸精度要求高等特点,所以用一般的机械加工方法加工是非常困难的,有时甚至无法用通用机床进行加工,而只能靠钳工进行加工,这样将增大劳动量、加工精度难以保证。采用电火花加工就能很好地解决上述困难。

对于冲裁模具来说,冲裁凸模与凹模配合间隙的大小和均匀性,直接影响到冲裁产品的质量和模具的寿命。在电火花加工过程中,为了满足这一要求,常用的加工工艺方法有直接电极法、混合电极法、修配凸模法和二次电极法。

1. 直接电极法

直接电极法就是直接用加长的钢凸模作为工具电极,去加工凹模型孔的一种工艺方法。加工时靠调节脉冲参数使火花放电间隙等于冲裁间隙,这样凹模的形状就会与凸模完全吻合,并且能获得均匀的凸、凹模配合间隙。之所以采用加长的凸模是因为凸模电极加工后也会被火花放电腐蚀,从而降低精度,所以在电火花加工后,应将凸模被腐蚀的部分切掉。

这种方法的优点是:可以加工出均匀的凸、凹模配合间隙,模具的质量高,不需另外制

造电极，工艺简单。缺点主要体现在两方面：一是由于工具电极材料不能任意选择，只能与凸模材料相同而采用钢质。用钢制作电极加工速度慢，在直流分量的作用下易产生磁性，使电蚀产物被吸附在电极放电间隙的磁场中，不容易排除，并形成不稳定的二次放电；二是不适合加工冲裁凸、凹模的配合间隙过小或过大的场合。当冲裁凸、凹模的配合间隙较小时，也应保证火花放电的间隙很小，这样就必须降低脉冲能量，使加工速度降低，甚至难以加工。当冲裁凸、凹模的配合间隙较大时，火花放电间隙也应调节得很大，这样又会使单个脉冲能量过大，造成加工表面的表面粗糙度值较大。

解决这一缺点的方法是：当加工小间隙模具时，在加工之前先将电极的工作部分用化学侵蚀法蚀除一层金属，使端面尺寸均匀缩小；当加工间隙较大时，可以用电镀的方法在电极的工作部分镀上一层金属，以满足加工时的间隙要求。直接电极法应用较为广泛，如电动机定子、转子、硅钢片冲模的制造等。

2. 混合电极法

混合电极法指的是用与凸模不同的材料作为凸模的加长部分。在制造凸模时，将电极材料（如铸铁等）粘接或钎焊在凸模上，并与凸模一起进行加工，获得所需形状后，用电极材料部分做电极。加工后，再将电极材料去除。这种方法与直接电极法的特点基本相同，电极材料虽然可以选择，但由于要与凸模一起加工，所以只能选用铸铁或钢，而不能采用性能较好的非铁金属（如铜）或石墨。

3. 修配凸模法

修配凸模法是指分别制造出凸模和工具电极，但凸模不要直接加工到尺寸，要留一定的修配余量。用工具电极加工好凹模型孔后，再根据凹模的实际尺寸，修配凸模以达到需要的配合间隙。这种方法的优点是电极材料的选择不受电极制造方法的限制，可以选用电加工性能较好的材料（如纯铜、黄铜等）作为工具电极。而且放电间隙也不再受到模具配合间隙的限制，可以合理地选择电参数。其缺点是很难得到均匀的配合间隙，模具质量较差；研配劳动量大，生产率低；另外冲头和电极分开制造，工时多，周期长，经济性差。

4. 二次电极法

二次电极法是首先按照要求制造出一次电极，然后利用一次电极制造出二次电极，用两个电极再分别制造出凹模和凸模，并保证模具的配合间隙。

图 8-12 所示为二次电极法的加工原理图，首先根据模具尺寸要求设计并制造一次凸模电极（图 8-12a），然后用一次电极加工出凹模（图 8-12b）；再用一次电极加工出凹型的二次电极（图 8-12c）；最后用二次电极加工出凸模（图 8-12d）。通过合理调节放电间隙 S_1、S_2、S_3 来保证凸、凹模的配合间隙。

由图 8-12 我们不难得出：

$$D_a = D_1 + 2S_1 \tag{8-1}$$

$$D_2 = D_1 + 2S_2 \tag{8-2}$$

$$D_t = D_2 - 2S_3 \tag{8-3}$$

$$Z = D_a - D_t \tag{8-4}$$

式中　　D_a——凹模孔口尺寸（mm）；

　　　　D_1——一次电极直径（mm）；

　　　　D_2——二次电极孔口尺寸（mm）；

D_t——凸模直径（mm）；
S_1，S_2，S_3——三次电火花放电加工的间隙（mm）；
Z——凸、凹模的配合间隙（mm）。

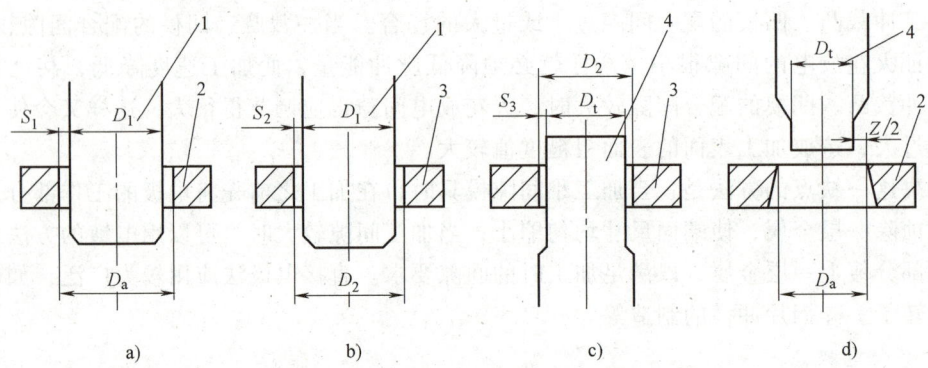

图 8-12　二次电极法加工原理图
1——次电极　2—凹模　3—二次电极　4—凸模

将式（8-1）~式（8-3）代入式（8-4）可得

$$Z = 2S_1 - 2S_2 + 2S_3 \tag{8-5}$$

由此可以看出，模具的配合间隙由三次火花放电的放电间隙决定，即使配合间隙较小甚至为零，而每次火花放电的放电间隙可以很大。这种方法的优点就是放电间隙不受配合间隙的限制，加工精度高，配合间隙均匀，适合加工小间隙或无间隙的精密模具。缺点是操作过程较为复杂，需要制造二次电极，生产周期长，经济性差。

由于电火花线切割加工技术的发展，冲模加工已主要采用线切割加工，但电火花穿孔加工冲模可以达到比电火花线切割更好的配合间隙、表面粗糙度和刃口斜度，因此，一些要求较高的冲模仍采用电火花穿孔加工工艺。

任务实施

由学生完成。

评价

教师点评。

任务二　落料凹模机械加工工艺的编制

相关知识

冲模的凹模型孔一般都是不规则的形状，用来成形制作的内、外表面轮廓。其加工质量的好坏直接影响模具的使用寿命和成形制作的质量。

型孔类模具零件在各种模具中都有大量的应用，如冲裁模具中凹模的型孔、落料型孔、塑料成形模具中的型腔拼块或型腔等。由于成形制件的形状繁多，所以型孔的轮廓也多种多样，按其形状可分为圆形型孔和异形型孔两类。

具有圆形型孔的模具零件又有单圆型孔和多圆型孔两种。单圆型孔加工比较容易，一般采用钻、镗等加工方法进行粗加工和半精加工，热处理后在内圆磨床上精加工；多圆型孔属于孔系加工，加工时除保证各型孔间的相对位置，一般采用高精度的坐标镗床进行加工。坐标镗床加工的孔距尺寸精度能保证到 0.005~0.01mm 范围内，表面粗糙度值可达 $Ra1.25\mu m$。采用普通立式铣床，在工作台纵横移动方向上安装块规和百分表测量装置，按坐标法进行各型孔的加工时，其空间距离的尺寸精度能保证到 0.02mm 左右，表面粗糙度值为 $Ra1.6\mu m$。

模具型孔的工作表面要求较高的硬度，其常用的材料为 T8A、T10A、CrWMn、Cr12、W18CrV 和硬质合金等，一般要进行淬硬处理，硬度为 58~62HRC。热处理后可在高精度坐标磨床上进行加工，也可在镗孔时留 0.01~0.02mm 的研磨余量，由钳工研磨。

异形型孔也可分为单型孔和多异型孔两种。单异型孔主要要求尺寸和形状精度；多异型孔除要求尺寸、形状精度外，还要有位置精度的要求。加工异型孔比加工圆型孔在制造技术上要复杂得多。

型孔的电火花加工主要是对各种模具成形孔的穿孔加工，如冲裁凹模型孔及卸料板、固定板孔等。

这里就电火花加工型孔的具体应用和采用的脉冲电源、参数及效果等举例说明。

图 8-13 所示为 35mm 电影胶片硬质合金冲孔模具型孔板。工件材料为硬质合金，共有 12 个 $2.8\times 2mm^2$ 的长方形孔，4 个 $\phi 3.2mm$ 的圆孔，板厚为 3.5mm，刃口高度为 0.6mm，刃口表面粗糙度值为 $Ra0.3~0.6\mu m$。

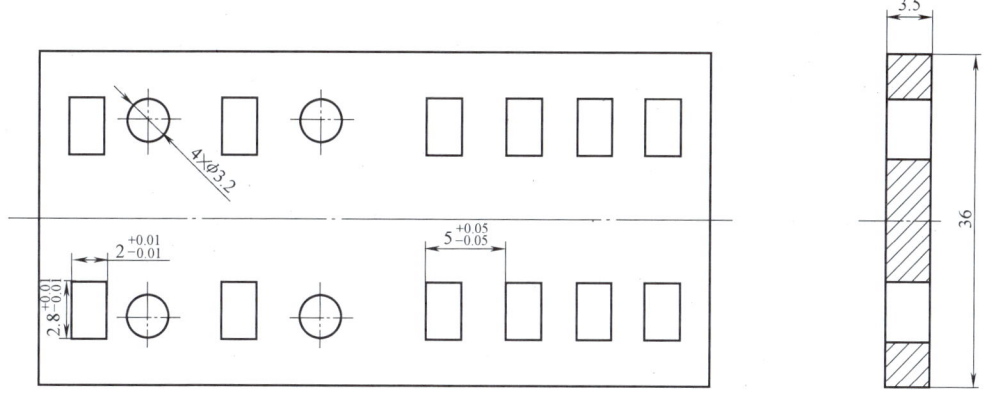

图 8-13　硬质合金冲孔模具型孔板

加工预孔采用 $\phi 1.5mm$ 的纯铜棒电极。型孔加工用淬硬钢凸模，采用弛张式脉冲电源，电参数见表 8-1。

表 8-1　硬质合金冲模型孔加工的电参数

参数工序	电源电压/V	限流电阻/Ω	电容量/μF	充电电感/H	放电电感/μH	工作电压/V
预孔加工	250	500	0.05	0.08	10	110
方孔加工	250	1200	0.004	0.08	10	85
圆孔加工	250	500	0.05	0.08	10	110

落料凹模机械加工工艺过程卡片见表 8-2。

表 8-2 落料凹模机械加工工艺过程卡片

（单位名称）	机械加工工艺过程卡片		产品型号		零件图号		备注
			产品名称		零件名称		
材料牌号	毛坯种类	毛坯外形尺寸			每毛坯件数	每台件数	备注
Cr12MoV	锻件	125mm×85mm×25mm					

工序号	工序名称	工序内容	车间	工段	设备	工艺装备	工时（准终/单件）
10	下料	下料 φ58mm×111mm	锻	下料	锯床		
20	锻造	反复锻造毛坯，尺寸为 125mm×85mm×25mm，使碳化物偏析不大于 3 级	锻	锻造	空气锤		
30	热处理	球化退火	热处理		箱式电阻炉		
40	刨	六面为 123mm×83mm×23mm	加工	刨	牛头刨床		
50	热处理	调质处理 217～255HBW	热处理		箱式电阻炉		
60	铣	六面为 120.6mm×80.6mm×20.6mm，棱边倒角 C1.5	加工	铣	立式铣床		
70	磨	平磨六面，留精磨量单边 0.05～0.1mm，保证相邻垂直度误差小于 0.01mm	加工	磨	平面磨床		

工序号	工序名称	工序内容	设备			
80	钳	装配	划线加工各孔、螺孔,保证图样要求;划中心线,加工穿丝孔	钻床		
90	热处理	热处理	防止脱碳和氧化,60~65HRC,变形量不大于0.01mm	盐浴炉		
100	磨	加工	以原平面为基准,精磨六面,保证垂直度,保证尺寸120mm×80mm×20mm	平面磨床		
110	线切割	电火花	找正基准面和中心,穿丝加工凹模内形,保证图样尺寸和表面粗糙度偏差和表面粗糙度Ra1.6μm的要求	电火花线切割机床		
120	钳	装配	修研、抛光凹模内形,保证图样尺寸和表面粗糙度Ra0.4μm的要求			
			设计(日期)	校对(日期)	审核(日期)	标准化(日期)	会签(日期)
标记	处数	更改文件号	签字	日期		
标记	处数	更改文件号	签字	日期		

任务三　制造执行系统认知

相关知识

制造执行系统（Manufacturing Execution System，MES）是面向车间级生产管控的支撑平台，是企业计算机集成制造系统（Computer Integrated Manufacturing System，CIMS）集成框架的关键组成环节，是实施企业敏捷制造战略和实现车间生产敏捷化的基本技术手段。MES 的主要功能包括实现生产调度、生产管理以及执行调度计划。在智能制造信息系统中，MES 是连接底层过程控制系统（Process Control System，PCS）与上层企业资源计划（Enterprise Resource Planning，ERP）的桥梁，通过它，制造系统可以有效掌控生产数据，并提升生产效率，实现精细化生产。MES 作为智能制造的枢纽，已经成为制造企业的核心应用。

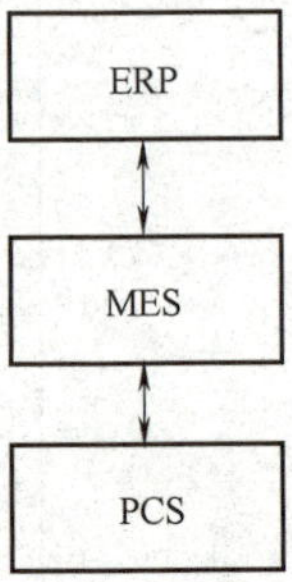

MES 与 ERP、PCS 的关系如图 8-14 所示。

图 8-14　MES 与 ERP、PCS 的关系

3.1　MES 的概念

MES 的概念最早于 20 世纪 90 年代初提出，不同的研究机构对 MES 的定义各具特点。美国先进制造研究机构（Advanced Manufacturing Research，AMR）对 MES 的定义为："位于上层计划管理系统与底层工业控制之间的面向车间层的管理信息系统"。国际制造执行系统协会（Manufacturing Execution System Association，MESA）对 MES 的定义为："MES 能通过信息传递，对从订单下达开始到产品完成的整个生产过程进行优化管理。当工厂里有实时事件发生时，MES 能对此及时做出反应、报告，并用当前的准确数据对它们进行指导和处理。这种对状态变化的迅速响应使得 MES 能够减少企业内部没有附加值的活动，有效地指导工厂的生产运作过程，从而使其既能提高工厂及时交货能力、改善物料的流通性能，又能提高生产回报率。MES 还为企业乃至整个产品供应链提供有关生产和产品的关键信息。"美国国家标准与技术研究所（National Institute of Standards and Technology，NIST）对 MES 的定义为："MES 是对从实际制造工作启动到产品完工的生产活动进行管理和优化的信息系统，通过掌控最新的准确数据，基于实际情况进行指导、发动、响应、报告工作，为辅助企业决策提供有关生产活动的关键信息"。目前 MES 还没有统一的定义，上述定义较为大众接受。

以上关于 MES 的定义，必须要强调三点：

1）MES 以整个车间制造过程为优化对象。

2）MES 能实时采集生产过程中的数据并进行精准的分析和处理。

3）MES 是计划层和控制层信息交互的关键纽带，企业的连续信息流通过 MES 的中介作用构成企业信息全集成中的关键一环。

AMR 组织提出了由计划层、执行层和控制层组成的企业信息集成模型，如图 8-15 所示。

企业的生产运作管理流程包括三个层次，即计划层、执行层和控制层。计划层按照客户订单、库存和市场预测情况，安排生产和组织物料。执行层根据计划层下达的生产计划、物

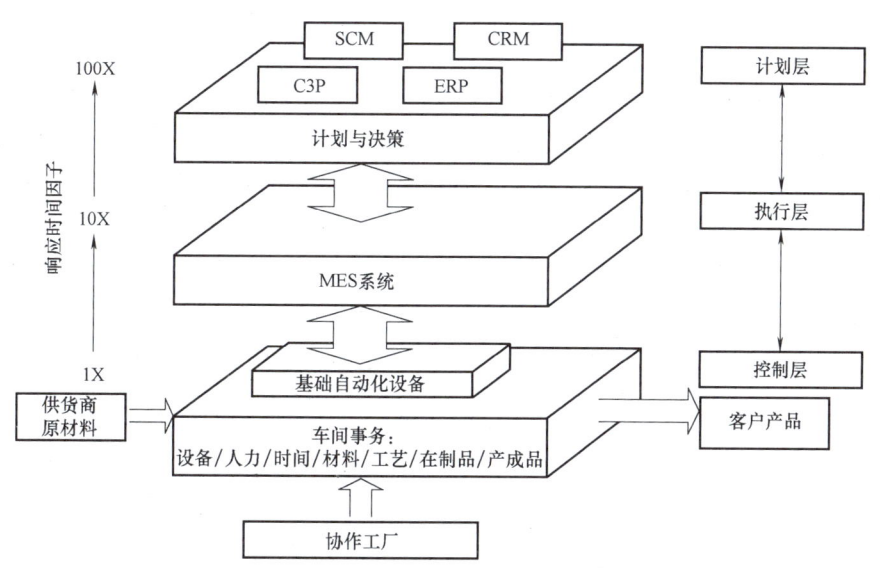

图 8-15　企业信息化的三层结构模型

料和控制层的工作情况，制订车间作业计划，安排控制层的加工任务，对作业计划和任务执行情况进行汇总和上报；当生产计划变更、物料短缺、设备发生故障、出现加工质量等问题时，执行层对作业计划进行及时调整，保证生产过程正常进行。执行层处于企业计划层与控制层之间，存在大量的信息传递、交互与处理的过程。控制层又称为设备层，完成产品零件的加工或装配。

在企业的信息化三层结构模型中，MES 在计划管理层与底层控制之间架起了一座桥梁，以实现两者之间的无缝连接。一方面，MES 可以对来自以 MRP-Ⅱ/ERP 为代表的企业管理信息系统的生产计划信息分解、细化，形成作业指令，控制层按照作业指令完成生产加工过程；另一方面，MES 可以实时监控底层设备的运行状态、在制品及作业指令的执行情况，并将它们及时反馈给计划层。企业信息化的三层结构模型的信息流动状况如图 8-16 所示。

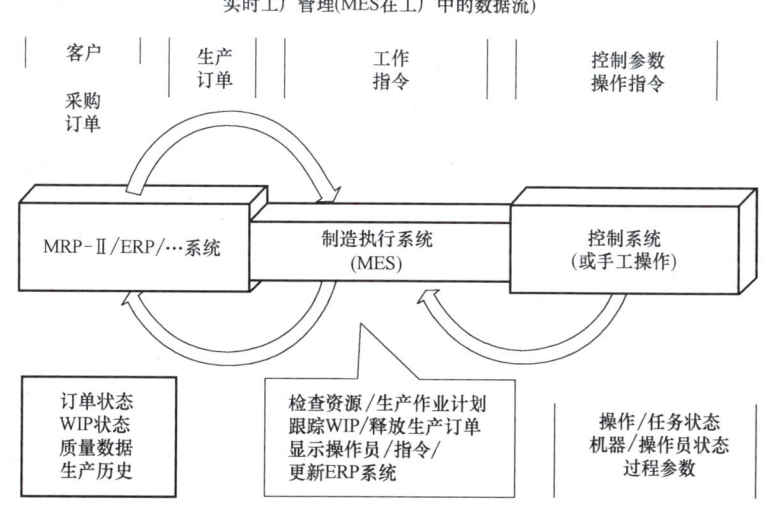

图 8-16　三层结构模型信息流

3.2 MES 在智能制造中的地位及作用

制造企业的"核心"信息化，主要是 ERP、CAx、和 MES 三大系统领域。ERP 把生产计划传给 MES，CAx 把 BOM 和工艺传给 MES。其中，CAX 是计算机辅助设计（Computer Aided Design，CAD）、计算机辅助工程（Computer Aided Engineering，CAE）、计算机辅助制造（Computer Aided Manufacture，CAM）、计算机辅助工艺计划（Computer Aided Process Planning，CAPP）、产品数据管理（Product Data Management，PDM）的统称。

制造信息化的 Y 字形架构如图 8-17 所示。

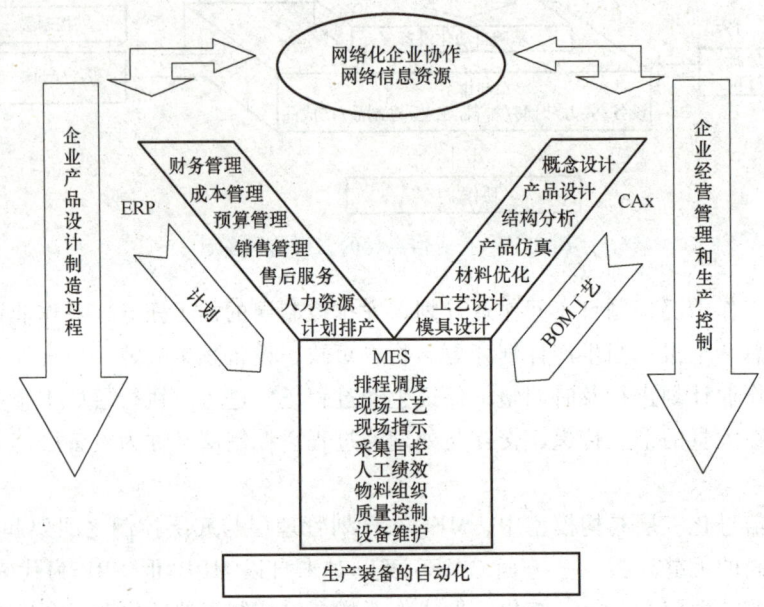

图 8-17　制造信息化的 Y 字形架构

3.3 MES 功能

MES 作为连接计划层和控制层的计算机辅助管理系统，包含了多方面的功能，MESA 提出的 MES 功能模型，如图 8-18 所示。

该模型包括资源分配和状态管理、工序详细调度、生产单元分配、过程管理、人力资源管理、维护管理、质量管理、文档控制、产品跟踪和产品清单管理、性能分析和数据采集等功能。

功能模块的简要说明见表 8-3。

表 8-3　MES 功能模块简要说明

序号	功能模块名称	功能模块介绍
1	资源分配和状态管理	管理车间资源状态及分配信息
2	工序详细调度	生成作业计划，安排作业顺序
3	生产单元分配	管理和控制生产单元的流程
4	过程管理	对生产过程进行监控

(续)

序号	功能模块名称	功能模块介绍
5	人力管理	提供最新的员工状态信息
6	维护管理	跟踪和指导设备及工具的维护活动
7	质量管理	记录、跟踪和分析产品及过程质量
8	文档控制	管理、控制与生产单元相关的记录
9	产品跟踪和产品清单管理	提供在制品的状态信息
10	性能分析	提供最新的生产过程信息
11	数据采集	采集生产过程中各种必要的数据

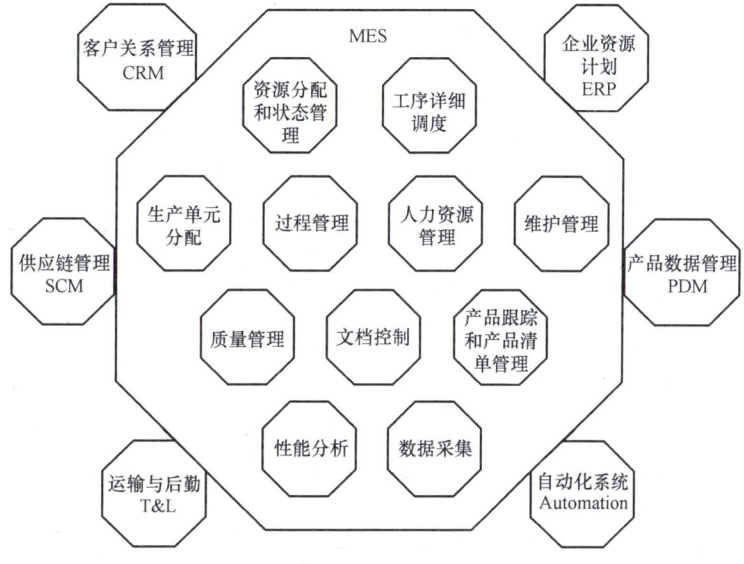

图 8-18 MESA 提出的 EMS 功能模型

MES 具有如下一些功能特点：

（1）实时指挥 基于生产要完成的目标和生产现场的实际情况，全面指挥人、机、物，包括：对机加、装配、测试、质检、物流、现场工艺和设备维护人员的指挥，以便大家协同高效地工作。

（2）精益生产 精益生产是 MES 的指导思想，MES 围绕精益生产展开，解决生产什么（计划、调度）、如何生产（工艺、现场指示、设备控制）、用什么生产（人工管理、物料调达和设备维护）、质量控制和完成情况的实时获取（同步采集），其核心目标是"保质保量低成本"地完成生产目标。

（3）即时协调 MES 通过调度和同步两个层次，完成详细进度计划的更新，使进度重新回到"协调"状态。MES 的即时协调功能如图 8-19 所示。

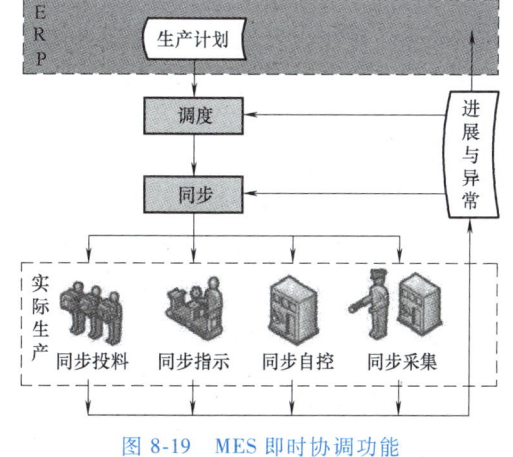

图 8-19 MES 即时协调功能

(4) 智能化　MES 对自控设备进行集中控制和采集,实现生产线的智能能化。MES 实现的智能化,在单个设备智能化或单个自控系统智能化之上,是设备联网以及设备与生产计划/进度的协同,是管控一体化。

(5) 同步(期)物流　物流管控是精益生产的重要内容,MES 的物流体系不但包括各种物料上线调达方式、在线库管理,而且支持从拉料指示、外购库/自制件库管理,直至成品库和成品物流的全方位物流管理,并与生产实绩关联实现同步(期)物流。

3.4　MES 标准

美国仪器、系统和自动化协会(Instrumentation, Systems, and Automation Society, ISA)从 2000 年开始陆续发布的 ISA-SP95 标准(简称 ISA95),后来成为 IEC/ISO 62264 国际标准。ISA-SP95 的功能层次如图 8-20 所示。

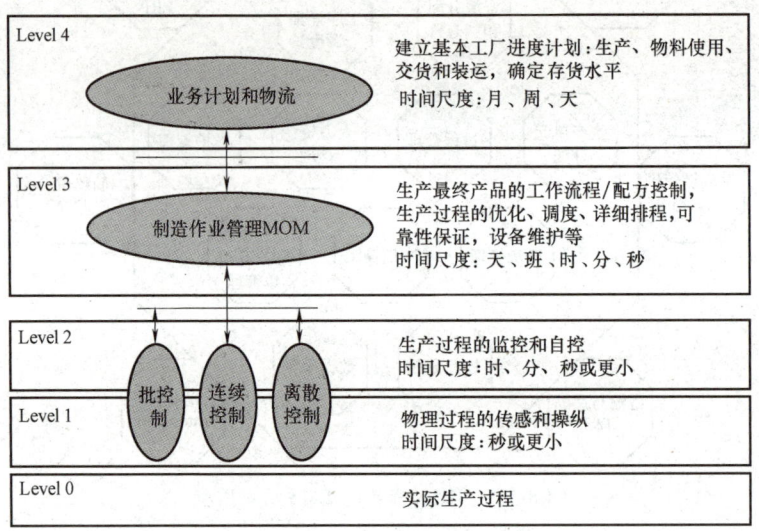

图 8-20　ISA-SP95 的功能层次

ISA-95 标准中首次明确提出了制造运行管理(Manufacturing Operations Management, MOM)的概念,其把制造运行管理的活动定义为:利用生产资源中可协调的人员,利用可使用的设备、物料以及能源把全部或者部分原料转化成产品的一系列活动。所以,制造运行管理包含可能由物理设备、人员和信息系统来执行的活动。

3.5　MES 目标

MES 一般可达成以下目标:
1) 远程掌控生产现场状况工艺参数。
2) 可溯源分析制造品质问题。
3) 可对物料损耗进行跟踪管理。
4) 可对生产排程进行管理,有助于合理安排订单。
5) 可对客户订单进行跟踪管理,保证按期出货。
6) 遇到生产异常可及时报警。

7）自动提示保养和进行设备维护管理。

8）可进行 OEE（设备综合效率）指标分析进而提升设备效率。

9）可进行自动数据采集。

10）可自动生成无纸化报表。

11）科学跟踪考察生产过程。

12）快速完成成本核算与订单报价决策。

13）精细化成本管理与预算分析。

任务四　数字孪生技术认知

相关知识

随着云计算、物联网、大数据等互联网技术，以及人工智能等智能技术的持续发展和深入应用，各行各业贯彻加速建设制造强国，加快发展先进制造业，推动互联网、大数据、人工智能和实体经济的深度融合。工业数字化、网络化、智能化演进趋势日益明显，催生了一批制造业数字化转型新模式、新业态，其中数字孪生日趋成为产业各界研究热点，未来发展前景广阔。

4.1　数字孪生的概念

数字孪生是一个物联网概念，指在信息空间内对一个结构、流程或者系统进行完全的虚拟映射，使得使用者可以在信息空间内对物理实体进行预运行，通过运行反馈回来的数据对物理实体的各方面进行评估，对产品或系统的设计进行优化。在物理实体运行过程中，数字孪生也可以通过传感器等数据源在虚拟空间里实时映射，通过异常数据实现数据精确快速的诊断和预测。数字孪生是现实世界中物理实体的配对虚拟体（映射），是现实世界和数字虚拟世界沟通的桥梁。

数字孪生的发展和实现是众多技术共同发展的结果，是虚实结合的产物，具有互操作性、保真度、可伸缩性、可扩展性等特征。主要特性有：

（1）对象理解　作为一种沟通和记录机制，数字孪生能够对物理实体的行为进行理解和解释，通过软件等手段动态模拟和检测物理实体的真实状态、行为和规则。

（2）虚实互动　实现物理实体与虚拟空间的信息交互，不仅能实时观测物理对象的状态，而且能在整个业务流程中依据制订的策略实现即时偏差控制。

（3）数据驱动　数据是数字孪生的核心价值。数字孪生的本质是在丰富的历史和实时数据中重构原子的运行轨道，以数据的流动实现物理世界的资源优化。这些数据具有更多粒度、更加及时、更加精确的特性。通过网络，数字孪生能够连接外部各类业务系统（如物流、生产制造、供应链），支撑物理对象的全生命周期管理，达到协同运作、提高生产效率、降低成本的目的。

（4）模型支撑　数字孪生的核心是面向物理实体和虚拟模型建立模型（机理模型、数据驱动模型、决策模型等），形成在网络空间的虚实交互。

（5）智能决策　通过数据分析技术以及建立的预测和决策模型，实现预测、趋势分析、模拟各种可能性和对业务持续优化。

4.2 数字孪生的意义与应用前景

1. 数字孪生的意义

自数字孪生的概念提出以来,数字孪生技术在不断地快速演化,无论是对产品的设计、制造还是服务,都产生了巨大的推动作用。具体表现在以下几个方面:

(1) 更便捷、更适合创新 数字孪生通过设计工具、仿真工具、物联网、虚拟现实等各种数字化的手段,将物理设备的各种属性映射到虚拟空间中,形成可拆解、可复制、可转移、可修改、可删除、可复制操作的数字镜像,这极大地加速了操作人员对物理实体的了解,从而激发人们去探索新的途径来优化设计、制造和服务。

(2) 更全面的测量 数字孪生技术可以借助物联网和大数据技术,通过采集有限的物理传感器的直接数据,借助大样本库,通过机器学习推测出一些原本无法直接测量的指标。例如,可以利用润滑油温度、绕组温度、转子转矩等一系列指标的历史数据,通过机器学习来构建不同的故障特征模型,间接推测出发电机系统的健康指标。

(3) 更全面的分析和预测能力 数字孪生可以结合物联网的数据采集、大数据的处理和人工智能的建模分析,实现对当前状态的评估、对过去发生问题的诊断,以及对未来趋势的预测,并给予分析的结果,模拟各种可能性,提供更全面的决策支持。

(4) 经验的数字化 数字孪生的一大关键进步,是可以通过数字化的手段,将原先无法保存的专家经验进行数字化,并提供了保存、复制、修改和转移能力。例如,针对设备运行过程中出现的各种故障特征,可以将传感器的历史数据通过机器学习训练出针对不同故障现象的数字化特征模型,并集合专家处理的记录,将其形成未来对设备故障状态进行精准诊断的依据,并可针对不同的新形态的故障进行特征库的丰富和更新,最终形成自治化的智能诊断。

2. 数字孪生应用前景

利用数据馈送来映射物理实体的数字孪生技术,正在对众多领域产生颠覆性影响。迎接数字孪生,需要用战略性的视角审视它与过去、未来诸多工业要素的关系,比如它与 PLM 软件、CAD 模型、工业云进行形态变换,它对物理实体、生产线生产以及工业之外的世界进行映射。另外,它能给智能制造、工业互联网和赛博物理系统(CPS)提供理论和技术支持。

在未来几年,数字孪生技术将飞速发展,以数字孪生为核心的产业、组织和产品将如雨后春笋般诞生、成长和成熟。每个行业、每个企业不管采用何种策略和路径,数字孪生将在未来几年之内成为标配,这也是数字化企业与产品差异化的关键。没有数字孪生战略的企业,是没有竞争力的。

4.3 数字孪生结构模型与内容

1. 数字孪生结构模型

通过数字孪生模型的仿真预测可以最大程度减少复杂产品的"不可预测的非期望行为",避免不可知负面事件发生。数字孪生模型是工业机理知识与数据科学融合的产物,是工业数据分析模型的典型代表。数字孪生落地应用的首要任务是创建应用对象的数字孪生模型。数字孪生五维结构模型如图 8-21 所示。

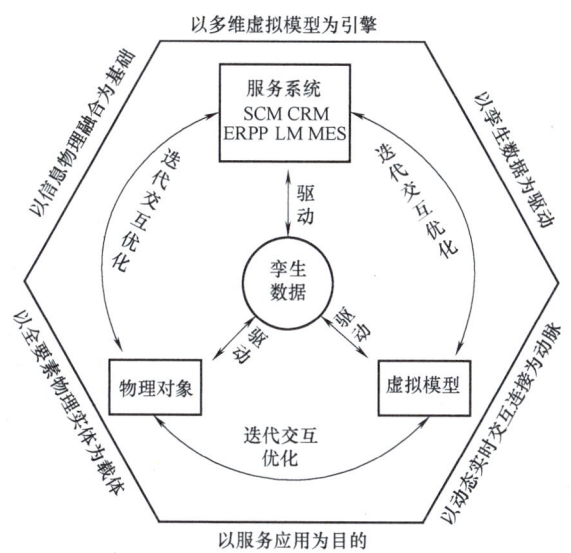

图 8-21　数字孪生五维结构模型

五维模型能够满足数字孪生相关需求，具体五维如下：

（1）物理对象　物理对象是数字孪生五维模型的基础，主要包括各子系统具备不同的功能，共同支持设备的运行以及传感器采集设备和环境数据。对物理对象的准确分析与有效维护是建立数字孪生模型的前提。

（2）虚拟模型　虚拟实体模型包括几何模型、物理模型、行为模型和规则模型，从多时间尺度、多空间尺度对物理实体进行描述和刻画，形成对物理实体的完整映射。可使用虚拟现实技术（Virtual Reality，VR）和增强现实技术（Augmented Reality，AR）实现虚拟实体模型与物理实体虚实叠加及融合显示，增强虚拟实体的沉浸性、真实性及交互性。

（3）服务系统　服务系统对数字孪生应用过程中面向不同领域、不同层次用户、不同业务所需的各类数据、模型、算法、仿真、结果等进行服务化封装，并以应用软件或移动端 App 的形式提供给用户，实现对服务的按需使用。

（4）孪生数据　孪生数据是数字孪生的驱动，集成融合了信息数据与物理数据，满足信息空间与物理空间的一致性与同步性需求，能提供更加准确、全面的全要素/全流程/全业务数据支持。

（5）驱动　驱动（或连接）模型包括连接使物理实体、虚拟实体、服务在运行中保持交互、一致与同步以及连接使物理实体、虚拟实体、服务产生的数据实时存入孪生数据，并使孪生数据能够驱动三者运行。

2. 应用准则

数字孪生的应用准则如下：

1）以信息物理融合为基础。

2）以多维虚拟模型为引擎。

3）以孪生数据为驱动。

4）以动态实时交互连接为动脉。

5）以服务应用为目的。

6）以全要素物理实体为载体。

3. 数字孪生的内容

数字孪生包含的内容如图 8-22 所示。

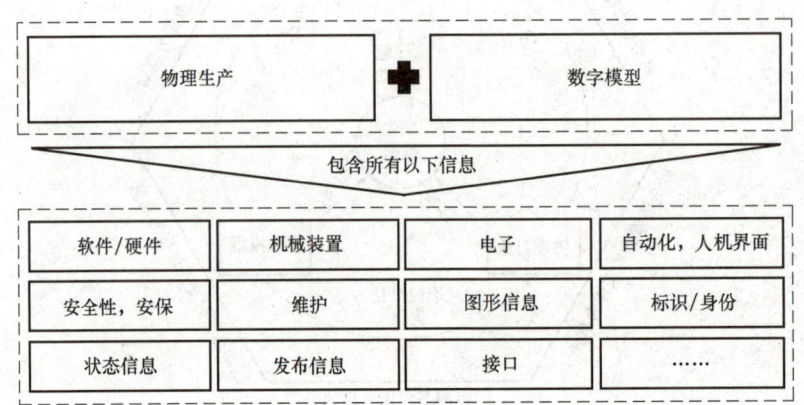

图 8-22　数字孪生包含的内容

4.4　基于数字孪生的智能制造

1. 智能制造

智能制造为一类新一代制造模式和制造方法的总称，是信息化和工业化的高度融合，贯穿产品全生命周期，包含制造及其服务各个环节，具有自学习、自组织和自适应等特征，是人、信息系统、物理系统高度融合的新兴生产方式。智能制造的目标是适应制造环境的变化、有效缩短产品研发周期、降低运营成本、提升产品质量、降低资源消耗、提高生产效率、满足用户对高品质产品的个性化需求。智能制造具有快速感知、自我学习、计算预测、科学决策、优化调整、自适应等特征。

智能制造标准体系结构如图 8-23 所示。

2. 数字孪生在产品全生命周期的应用

在产品或系统设计开发完成投入运营之前，可以使用数字孪生技术实现对设计的优化或者对生产性能的评估；在产品生产制造阶段（过程设计阶段），可以通过数字孪生技术将产品难以测量的数据进行虚拟映射，更加详细地将产品的状态刻画出来，降低生产难度，提高产品性能的稳定性；在产品或系统运行过程（生产运作过程）中，可以通过数字孪生技术在信息空间内对产品的运行参数和指标进行全方位监测，及时发现异常数据，从而指导产品的维护和故障预防；在后勤服务保障时，通过采集产品内部数据构建虚拟模型，与海量历史数据进行对比，从而实现精确快速的需求定位。通过对数字孪生技术的应用，使产品从设计到后勤保障都能从内到外清晰明确地展现在用户面前，将生产过程做到透明化、精确化和智能化。

数字孪生应存在于产品全生命周期中的每一个阶段，数字孪生在产品全生命周期的应用如图 8-24 所示。

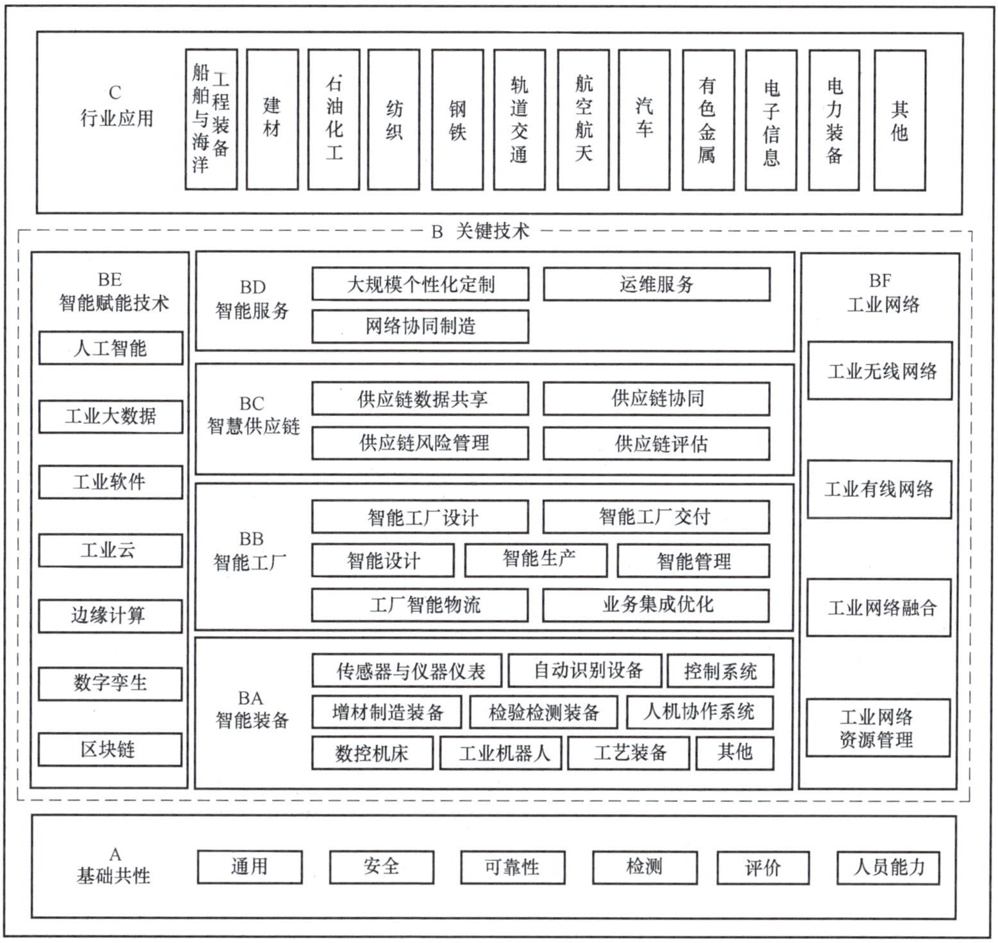

图 8-23　智能制造标准体系结构

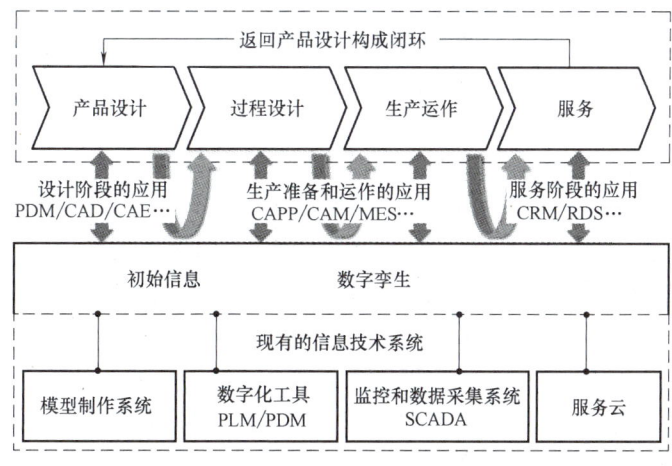

图 8-24　产品全生命周期数字孪生

4.5 数字化车间和数字孪生车间

1. 数字化车间

数字化车间纵向集成重点涵盖产品生产制造过程，其体系结构如图 8-25 所示，分为基础层和执行层，在数字化车间之上，还有企业的资源层。数字化车间内部各功能模块、基础设施之间，以及外部信息系统，均通过企业服务总线进行系统集成，形成有机整体。

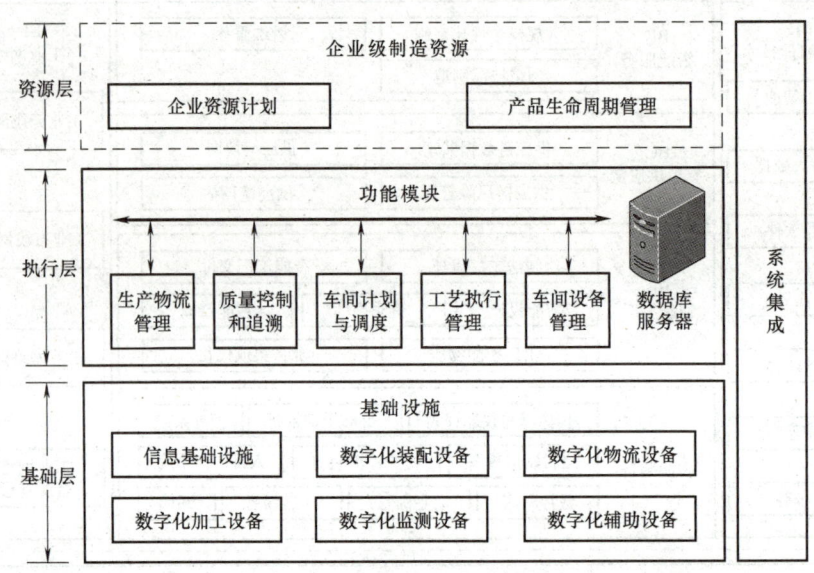

图 8-25 数字化车间体系结构

数字化车间的基础层包括了数字化车间生产制造所必须的基础设施，如信息基础设施与网络，生产、检验、物流等使用的各种数字化制造设备和辅助设备。它是实现数字化车间的基础，强调装备的控制与集成。

执行层对生产过程中的各类业务、活动或相关资产进行管理，如车间计划与调度、生产物流管理、工艺执行管理、质量控制和追溯、车间设备管理，实现车间制造过程的智能化、精益化及透明化。它是实现数字化车间的核心结构，突出对车间的管理控制。

2. 数字孪生车间

面向智能建造的数字孪生车间的系统构成框架如图 8-26 所示。

物理车间是车间客观存在的实体集合，主要负责接收生产任务，并严格按照虚拟车间仿真优化后的生产指令组织生产活动。虚拟车间是物理车间的忠实数字化镜像，它对生产计划、活动、指令等进行仿真、评估及优化，并对生产过程进行实时监测、调控与预测。车间服务系统在车间孪生数据的驱动下为车间的智能化管控提供支持。车间孪生数据是物理车间数据、虚拟车间数据、车间服务系统数据以及三者在综合、统计、关联、聚类、演化、回归及泛化等操作下产生的融合数据，它为数字孪生车间孪生数据的共享、集成与融合提供平台。数字孪生车间的运行是物理车间、虚拟车间以及车间服务系统在车间孪生数据的驱动下，两两之间不断交互与迭代优化的过程。

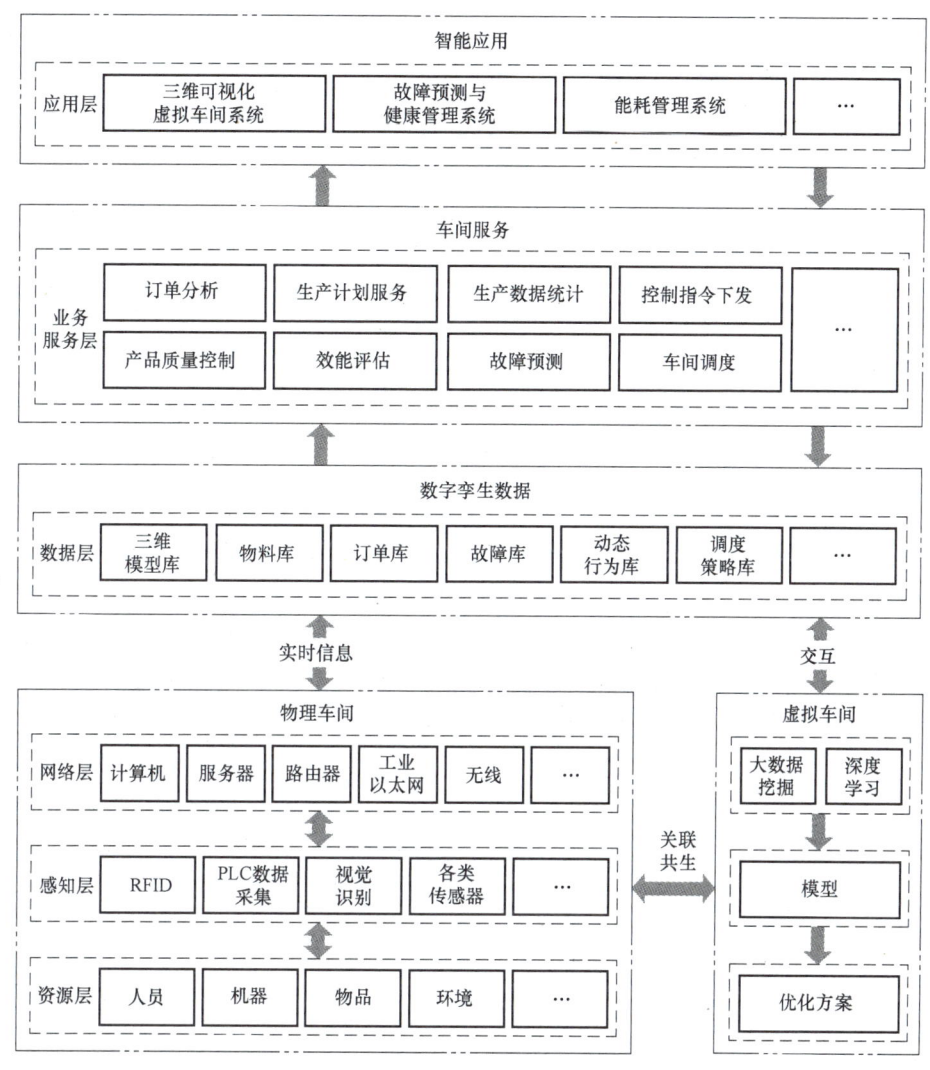

图 8-26　数字孪生车间构成框架

思 考 题

1. 简述电火花加工原理。
2. 一次脉冲放电的过程分哪几个阶段？
3. 电火花加工的特点有哪些？
4. 电火花加工机床主要由哪几部分组成？
5. 电火花加工机床工作介质循环方式有哪几种？
6. 电火花加工机床是如何分类的？
7. 常用的电火花加工工艺方法有哪几种？
8. 根据图 8-27 所示的凹模零件，编制该零件的机械加工工艺。

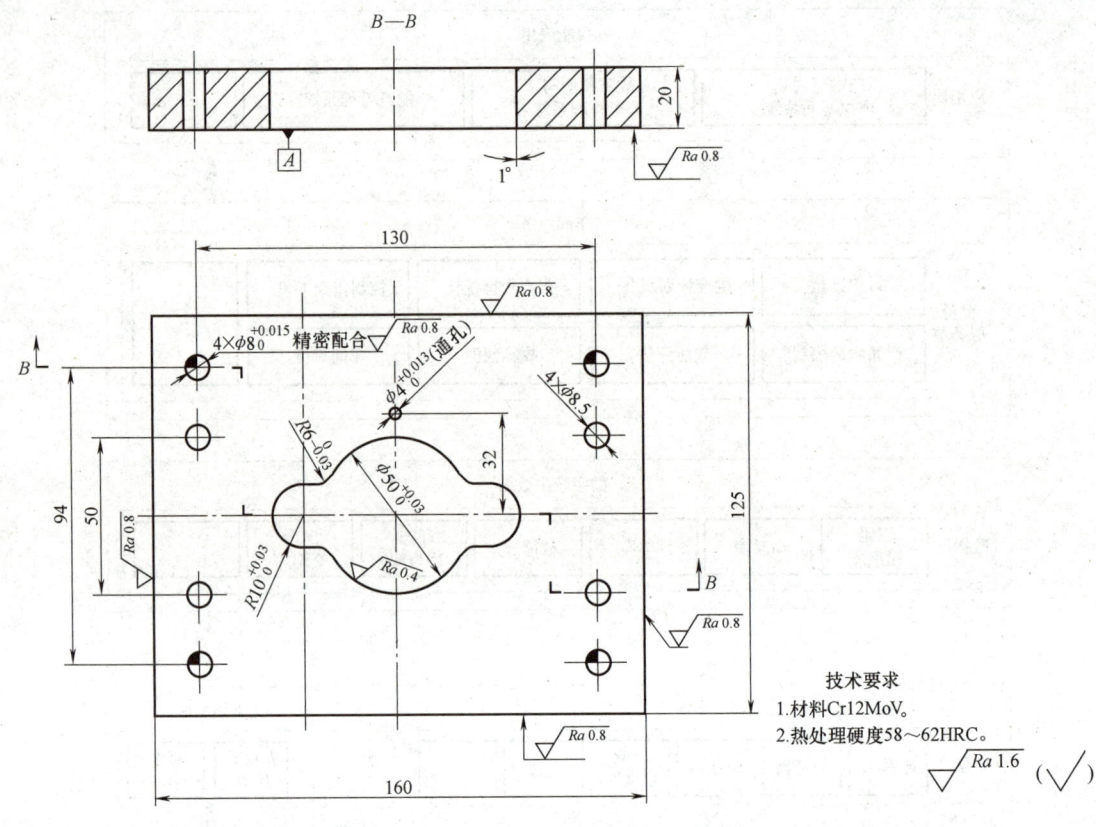

图 8-27 凹模零件图

素养提升

大国工匠——顾秋亮

顾秋亮在中国船舶重工集团公司第七〇二研究所从事钳工工作四十多年，先后参加和主持过数十项机械加工和大型工程项目的安装调试工作，是一名安装经验丰富、技术水平过硬的钳工技师。在蛟龙号载人潜水器的总装及调试过程中，顾秋亮同志作为潜水器装配保障组组长，工作兢兢业业，刻苦钻研，对每个细节进行精细操作，任劳任怨，以严肃的科学态度和踏实的工作作风，凭借扎实的技术技能和实践经验，主动勇挑重担，解决了一个又一个难题，保证了潜水器顺利按时完成总装联调。诚如顾秋亮所说，每个人都应该去寻找适合自己的人生之路。知识重要，手上的技艺同样重要。

参 考 文 献

［1］ 许大华，孙金海. 机械制造技术［M］. 北京：国防工业出版社，2015.
［2］ 郭彩芬，王伟麟. 机械制造技术［M］. 北京：机械工业出版社，2009.
［3］ 郑修本. 机械制造工艺学［M］. 3版. 北京：机械工业出版社，2011.
［4］ 恽达明. 金属切削机床［M］. 北京：机械工业出版社，2005.
［5］ 陆剑中，周志明. 金属切削原理与刀具［M］. 2版. 北京：机械工业出版社，2016.
［6］ 卢秉恒. 机械制造技术基础［M］. 4版. 北京：机械工业出版社，2018.
［7］ 孙学强. 机械制造基础［M］. 3版. 北京：机械工业出版社，2016.
［8］ 陈旭东. 机床夹具设计［M］. 2版. 北京：清华大学出版社，2014.
［9］ 巩亚东，史家顺，朱立达. 机械制造技术基础［M］. 2版. 北京：科学出版社，2017.
［10］ 赵显日. 机械制造技术基础［M］. 北京：化学工业出版社，2018.
［11］ 张绪祥，熊海涛. 机械制造技术基础［M］. 北京：人民邮电出版社，2012.
［12］ 李长河，丁玉成. 先进制造工艺技术［M］. 北京：科学出版社，2011.